智能产线虚拟构建

主　编　秦凯歌　雷红华　公　相

副主编　陈　舒　肖　勇　郭　成

张晓锐

北京理工大学出版社

BEIJING INSTITUTE OF TECHNOLOGY PRESS

内 容 简 介

本教材所指的智能产线是含有工业机器人的生产线，内容以北京华航唯实机器人科技股份有限公司的虚拟仿真软件 PQArt 作为载体，指导学生逐步掌握该软件的使用方法，完成智能产线的搭建和虚拟仿真。

主要学习任务为智能制造产线工作站搭建、智能制造产线系统工作轨迹规划、智能制造产线系统设备自定义、智能制造产线离线编程仿真软件联机调试等，通过项目式学习，让学生掌握 PQArt 的全部功能。本教材对接工业机器人 1+X 证书考试和全国职业技能大赛机器人系统集成赛项虚拟仿真内容，可以作为考试和比赛指导用书。

本教材既可作为应用型本科的机器人工程、自动化、机械设计制造及其自动化、智能制造工程等专业，高职高专院校的工业机器人技术、电气自动化技术、机电一体化、智能控制技术等专业的教材，也可作为相关工程技术人员的参考资料和培训用书。

图书在版编目（CIP）数据

智能产线虚拟构建 / 秦凯歌，雷红华，公相主编.

北京 ：北京理工大学出版社，2025.1

ISBN 978–7–5763–4757–9

Ⅰ. TP278

中国国家版本馆 CIP 数据核字第 2025NF1352 号

责任编辑：封 雪　　文案编辑：封 雪

责任校对：周瑞红　　责任印制：李志强

出版发行 / 北京理工大学出版社有限责任公司

社　　址 / 北京市丰台区四合庄路 6 号

邮　　编 / 100070

电　　话 / (010) 68914026（教材售后服务热线）

(010) 63726648（课件资源服务热线）

网　　址 / http://www.bitpress.com.cn

版 印 次 / 2025 年 1 月第 1 版第 1 次印刷

印　　刷 / 三河市天利华印刷装订有限公司

开　　本 / 787 mm × 1092 mm　1/16

印　　张 / 15.5

字　　数 / 355 千字

定　　价 / 79.00 元

前　言

为深入贯彻落实党的二十大精神以及《"十四五"智能制造发展规划》中制造业向数字化、网络化、智能化转型，培养相关技术技能人才，支撑智能制造产业发展，我们精心组织编写了本教材。

本教材所指的智能产线是含有工业机器人的生产线，内容以北京华航唯实机器人科技股份有限公司的虚拟仿真软件 PQArt 作为载体，指导学生逐步掌握该软件的使用方法，完成智能产线的搭建和虚拟仿真。

本教材的主要学习任务为智能制造产线工作站搭建、智能制造产线系统工作轨迹规划、智能制造产线系统设备自定义、智能制造产线离线编程仿真软件联机调试等。通过项目式学习，学生可掌握 PQArt 的全部功能。该教材对接工业机器人 1+X 证书考试和全国职业技能大赛机器人系统集成赛项虚拟仿真内容，可以作为考试和比赛指导用书。

本教材由秦凯歌、雷红华、公相担任主编，其中秦凯歌老师负责教材整体设计以及项目一～项目三的编写，雷红华老师负责项目四和项目五的编写，公相老师负责项目六和项目七的编写。感谢北京华航唯实机器人科技股份有限公司对该教材的资源支持。

本教材既可作为应用型本科院校的机器人工程、自动化、机械设计制造及其自动化、智能制造工程等专业，高职高专院校的工业机器人技术、电气自动化技术、机电一体化、智能控制技术等专业的教材，也可作为相关工程技术人员的参考资料和培训用书。

编　者

目　录

项目一 基础知识导入

项目引入

本项目通过两个任务，完成智能产线虚拟构建技术基础知识导入，通过任务 1，学生可了解智能产线虚拟构建是什么，PQArt 作为工业机器人离线编程软件和传统手动示教相比有什么优势，离线编程软件的未来发展等。通过任务 2，简单介绍 PQArt 软件的界面，以及软件的五分钟入门使用。引导学生了解 PQArt 软件的意义和基本使用方法，为后续学习打下基础。

项目目标

知识目标：了解智能产线虚拟构建的定义；了解 PQArt 软件的优势；认识 PQArt 软件界面，了解 PQArt 软件的使用逻辑。

技能目标：会下载安装 PQArt 软件；完成 PQArt 五分钟入门任务，学会新建、保存、基本路径规划和程序后置等功能。

素质目标：培养纪律意识；了解智能产线，以及认识虚拟仿真技术。

思政目标：具备良好的职业道德和安全操作意识。

任务 1.1　了解智能产线虚拟构建技术发展及应用

任务分析

本任务以理论知识学习为主，让学生了解智能产线虚拟构建技术，认识 PQArt 软件搭建智能产线、离线编程软件的优势及发展趋势等内容。最后根据安装教程完成 PQArt 的安装。

知识链接

1. 智能产线虚拟构建定义

智能产线虚拟构建是指用工业机器人离线编程软件（PQArt 软件）搭建含有工业机器人的智能产线及周边环境，然后在软件中完成工业机器人轨迹规划，最后仿真验证工业机器人轨迹干涉和可达性。智能产线虚拟构建是一门虚拟仿真技术，可以在线生成工业机器人程序，提高编程效率和精度，也可用于在线调试优化工业机器人程序，优化生产节拍。

图 1－1 所示为智能产线真实生产环境与虚拟构建对比。

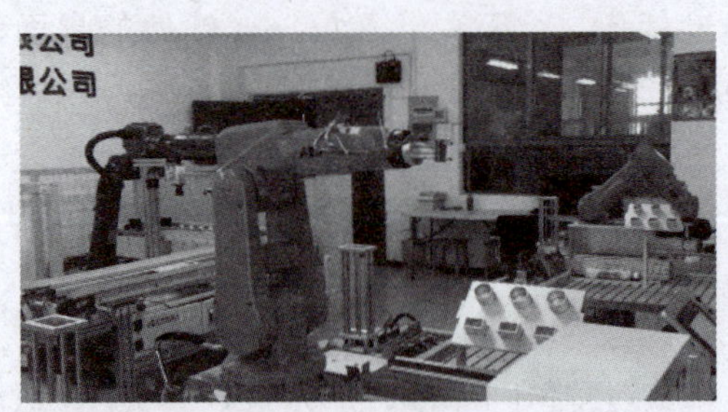

(a)

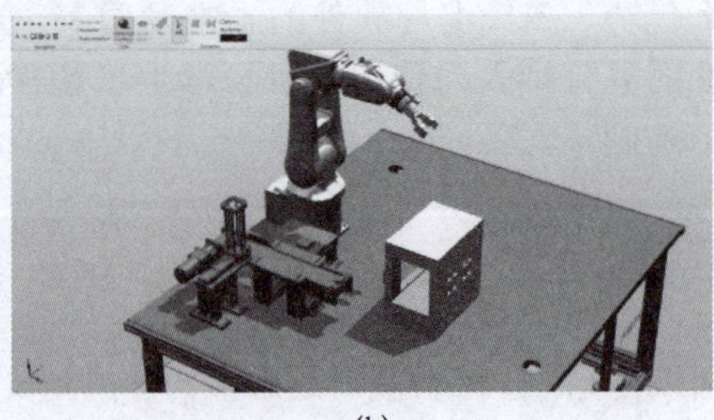

(b)

图 1－1　智能产线真实生产环境与虚拟构建对比

（a）真实生产环境；（b）虚拟构建

2. 工业机器人离线编程软件发展

20 世纪 80 年代，与数控机床和 CAM（Computer Aided Manufacturing，计算机辅助制造）软件的发展规律类似，工业机器人应用的早期，即出现离线编程软件的概念。

近些年，随着工业机器人的大规模应用，各大工业机器人厂商（ABB/FANUC/KUKA 等）均提供了适配自家品牌的机器人离线编程软件，这些软件可以和自家品牌设备直连，可以实现准确的节拍仿真，ABB 的 RobotStudio 更是可以做产线仿真。数控加工领域中各大 CAM

软件厂商（NX/UG、达索、Decam、Mastercam 等），利用自身在 CAM 功能上的多年积累优势，通过收购等方式，也提供了机器人 CAM（离线编程）软件。例如 Mastercam 下发展出的 Robot Master；又如西门子收购 Robcad 后，在自身 PM 体系中提供了机器人离线编程功能。

国内的科研团队及公司也推出了国产的离线编程软件：例如华航唯实开发的 PQArt，在教育市场中广泛应用；HiperMOS 软件在切割、抛光等实际工业应用场景中快速发展；华中数控旗下佛山机器人研究院推出的 InteRobot 也广泛应用于教育与工业领域。

工业机器人离线编程软件种类如图 1－2 所示。

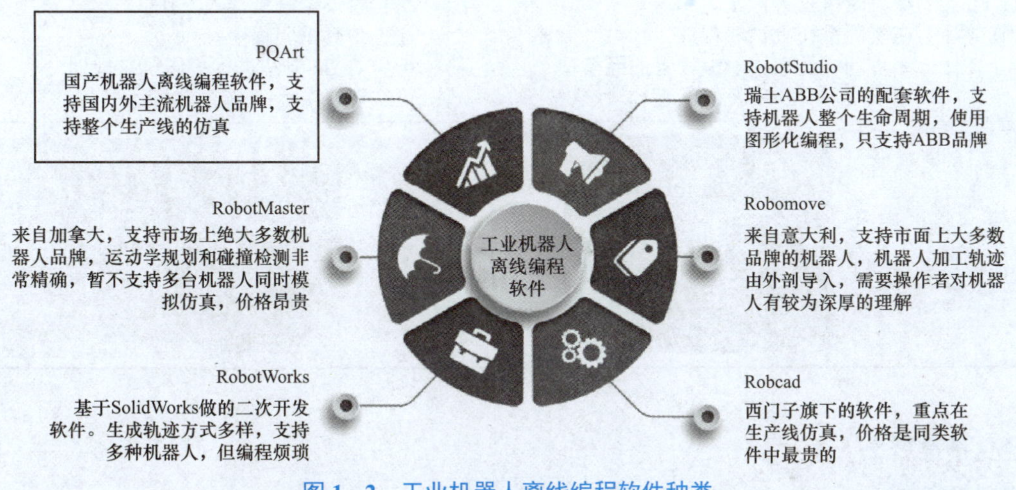

图 1－2　工业机器人离线编程软件种类

国内外工业机器人离线编程软件在计算轨迹和仿真方面越来越完善，但具体到工业生产中，还需要针对各种工艺应用逐步完善相应的工艺包，这样才能真正满足大多数情况下的实际生产。有些特殊的工艺还需要软件进行定制开发，在这方面，国内机器人离线编程软件在现场优势、技术沟通、性价比等方面占据了相当的优势。

未来发展对机器人智能化的要求越来越高，离线编程也会向着智能化的方向发展，工业机器人离线、在线编程将相互融合使用，人工智能、云计算技术将结合各种传感器，把离线编程与机器人控制器共同融入车间级的智能处理系统中。

3. 工业机器人离线编程软件优势

（1）减少工业机器人停机的时间，当对下一个任务进行编程时，工业机器人可仍在生产线上工作。

（2）使编程者远离危险的工作环境，改善了编程环境。

（3）离线编程系统使用范围广，可以对各种机器人进行编程，例如 RobotMaster、HiperMOS、RobotWorks、InteRobot、PQArt、RobMan 都可以支持多种品牌工业机器人离线编程操作，包括 ABB、KUKA、FANUC、YASKAWA、Staubi 及国产品牌机器人等。

（4）能方便地实现优化编程，如 RobotMaster、HiperMOS、PQArt 这样的离线编程软件都可以一键优化轨迹。

（5）可对复杂任务进行编程，RobotMaster、HiperMOS 能够基于 CAD 模型（stp/igs 等格

式）中的几何特征（关键点、轮廓线、平面、曲面等）自动生成轨迹。

（6）直观地观察机器人工作过程，判断包括超程、碰撞、奇异点、超工作空间等错误。RobotMaster、HiperMOS 等软件提供自动优化上述错误的功能。

表 1-1 所示为示教编程与离线编程优缺点对比。

表 1-1　示教编程与离线编程优缺点对比

种类	示教编程	离线编程
优缺点	需要实际机器人系统和工作环境 编程时机器人停止工作 在实际系统上试验程序 编程的质量取决于编程者的经验 难以实现复杂的机器人运行轨迹	需要机器人系统和工作环境的图形模型 编程时不影响机器人工作 通过仿真试验程序 可用 CAD 方法进行最佳轨迹规划 可实现复杂运行轨迹的编程
图例		

任务实施

1. 软件介绍

PQArt 是我国拥有自主知识产权的工业机器人离线编程软件。PQArt 始于 2013 年，经过多年的研发与应用，PQArt 具备了多项核心技术，包括 3D 平台、几何拓扑、特征驱动、自适应求解算法、开放后置、碰撞检测、代码仿真等。它的功能覆盖了机器人集成应用完整的生命周期，包括方案设计、设备选型、集成调试及产品改型。

本教材将使用 PQArt 离线编程软件搭建工业机器人及周边设备，完成生产线布局、工业机器人离线编程和仿真工作。

2. 软件下载安装

表 1-2 所示为 PQArt 软件安装步骤。

表 1-2　PQArt 软件安装步骤

步骤	操作内容	图示
步骤 1	登录 PQArt 官网：https://art.pq1959.com/	https://art.pq1959.com/Art/Download 华航筑梦 工业端 People Quotient　PQArt (原RobotArt)

续表

步骤	操作内容	图示
步骤 2	单击【立即下载】按钮	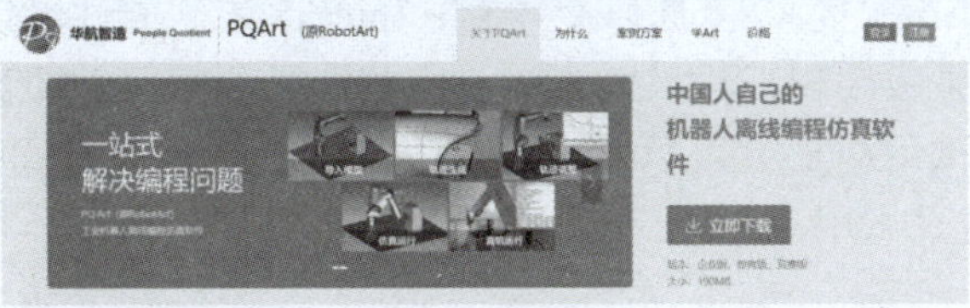
步骤 3	进入下载界面，选择要下载的软件版本	
步骤 4	打开 PQArt 软件的 zip 格式安装包	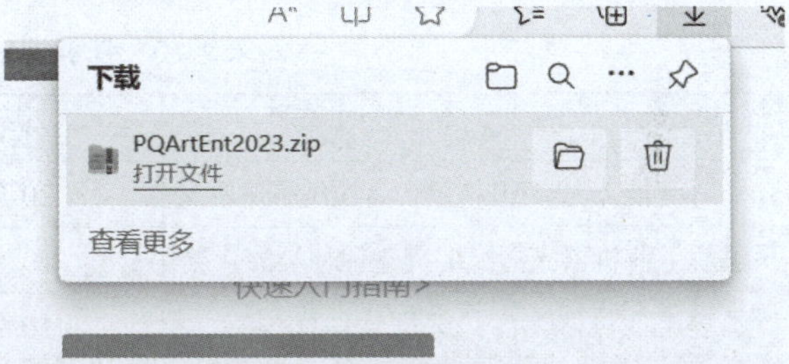
步骤 5	单击安装应用程序，勾选“同意 RobotArt 的用户许可协议”，快速安装	
步骤 6	安装完成后即可登录	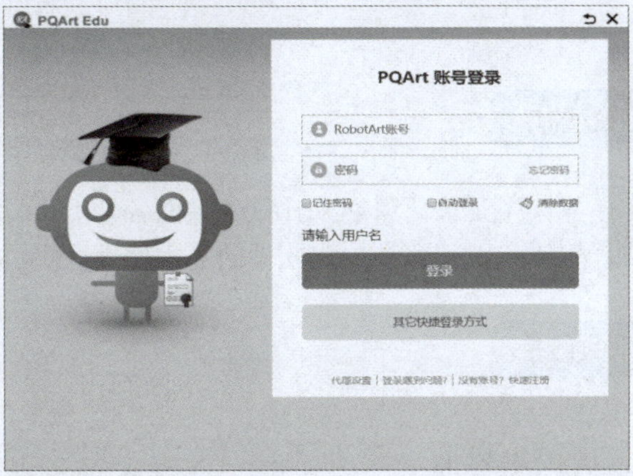

*为了确保能够正确地安装 PQArt，特别提醒一下软件的运行环境，建议如下：

系统：Win7/Win8/Win10（32 位、64 位）。

网络状况：联网，可访问 Internet。

推荐配置：8 GB 以上内存，Intel i5 或同类性能以上 CPU，1 GB 以上独立显卡。

*正版用户：输入购买时设定的账号和密码，即可登录。

*试用用户：可以通过单击“其他快捷登录方式”，借助“QQ”“微信”“手机号”实现快速登录试用。

任务评价

任务评价如表 1–3 所示。

表 1–3　任务评价

序号	评分扣分项	分值	打分	备注
1	了解智能产线虚拟构建（离线编程）定义	20 分		
2	了解工业机器人离线编程软件种类和特点	10 分		
3	了解工业机器人离线编程软件优势	10 分		
4	认识 PQArt 软件	20 分		
5	完成 PQArt 软件的安装	30 分		
6	综合素养	10 分		
总分				

任务 1.2　走进 PQArt

任务分析

本任务首先要求认识 PQArt 软件界面各功能区，了解该软件主要功能。然后通过 PQArt 五分钟入门任务，了解 PQArt 软件的基本使用逻辑。

知识链接

1. 认识主界面

界面主要分为八大部分：标题栏、菜单栏（机器人编程、工艺包、自定义）、绘图区、

工作单元加工管理面板、调试面板、机器人控制面板、输出面板和状态栏等，如图 1－3 和图 1－4 所示。

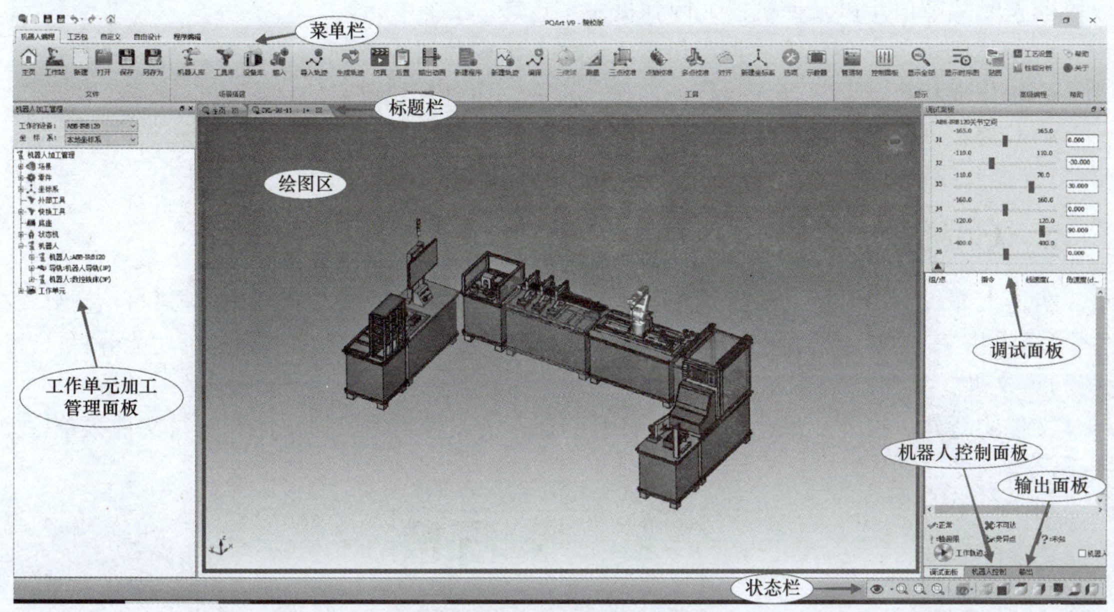

图 1－3　软件界面 1

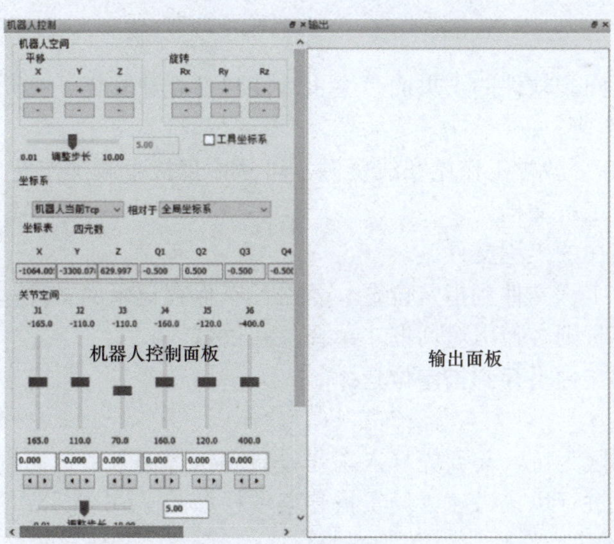

图 1－4　软件界面 2

● 标题栏：显示软件名称和版本号。

● 菜单栏：涵盖了 RobotArt 的基本功能，如场景搭建、轨迹生成、仿真、后置、自定义等，是最常用的功能栏。

● 绘图区：用于场景搭建、轨迹的添加和编辑等。

● 工作单元加工管理面板：由八大元素节点组成，包括场景、零件、坐标系、外部工具、快换工具、状态机、机器人以及工作单元等，通过面板中的树形结构可以轻松查看并管理机

器人、工具和零件等对象的各种操作。

● 机器人控制面板：控制机器人六个轴和关节的运动，调整其姿态，显示坐标信息，读取机器人的关节值，以及使机器人回到机械零点等。

● 调试面板：方便查看并调整机器人姿态、编辑轨迹点特征。

● 输出面板：显示机器人执行的动作、指令、事件和轨迹点的状态。

● 状态栏：包括功能提示、模型绘制样式、视向等功能。

*详细介绍请参考 PQArt 使用手册（https://art.pq1959.com/s/C）。

2. 认识机器人编程菜单栏

机器人编程，可进行场景搭建、轨迹设计、模拟仿真和后置生成代码等操作，包括“文件”“场景搭建”“基础编程”“工具”“显示”“高级编程”和“帮助”等七个功能分栏。

1）文件

文件的新建、打开和保存。PQArt 打开和保存的文件均为工程文件 robx。文件菜单栏如图 1－5 所示。

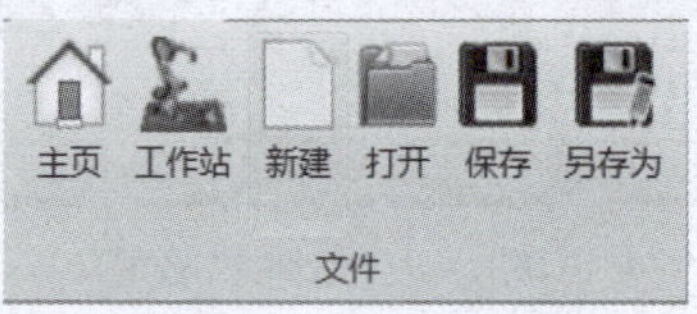

图 1－5　文件菜单栏

主页：该按钮可回到软件的主页面；主页功能包括新建文档、打开文档、PQArt 应用领域介绍、Art 帮助资料等。

工作站：包含 20 个教学工作站在线资源，可从中直接下载工作站文件。

新建：创建空白工程文档。

打开：打开已存在的工程文件。

保存：保存当前工程文件到指定位置。若是已有保存记录的文件，默认保存到原位置。若是新建文件，保存时则会弹出对话框，选择保存位置。

另存为：将当前文件另存到指定位置。

2）场景搭建

一般情况下绘图区为空，需要先导入工作设备和执行对象，包括机器人、工具、零件、底座、状态机等，即进行场景搭建。场景搭建菜单栏如图 1－6 所示。

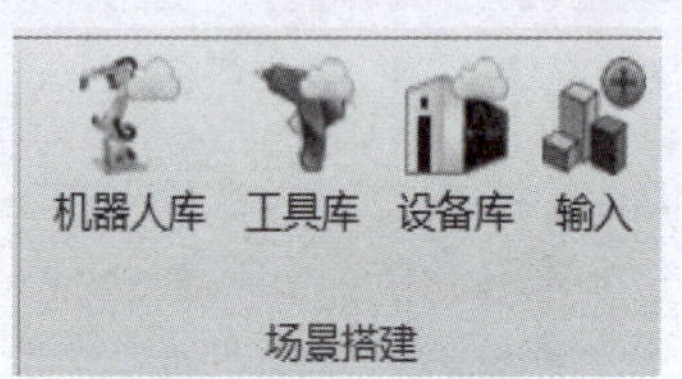

图 1－6　场景搭建菜单栏

机器人库：用于导入官方提供的机器人，如图 1－7 所示。

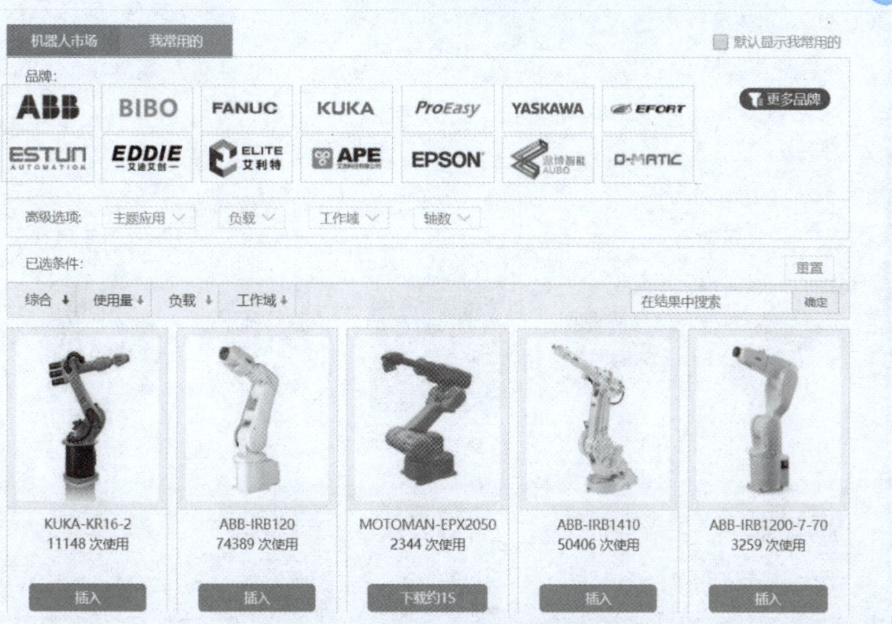

图 1-7 “选择机器人”界面

*列表中涵盖了众多市场上流行的机器人品牌，如 ABB、KUKA 等。

工具库：用于导入官方提供的工具。导入工具之前，必须先导入机器人，否则会弹出警告。“选择工具”界面如图 1-8 所示。

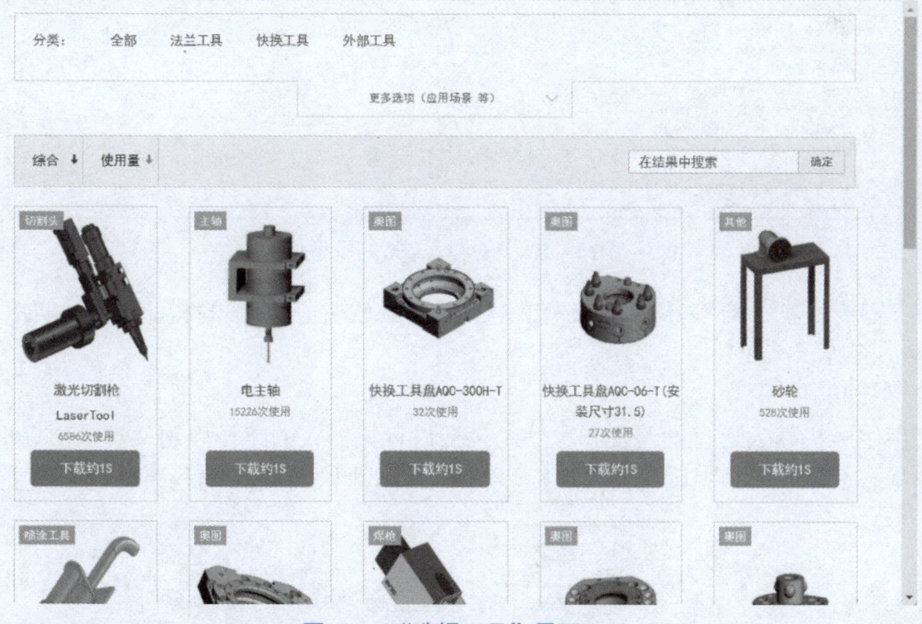

图 1-8 “选择工具”界面

设备库：用于导入官方提供的零件、底座、状态机等。其中，零件包括场景零件和加工零件。场景零件用来搭建工作环境，加工零件是机器人加工的对象。“选择设备”界面如图 1-9 所示。

图 1-9 “选择设备”界面

输入：支持多种格式的模型导入 PQArt 环境中。PQArt 支持的模型格式如图 1-10 所示。

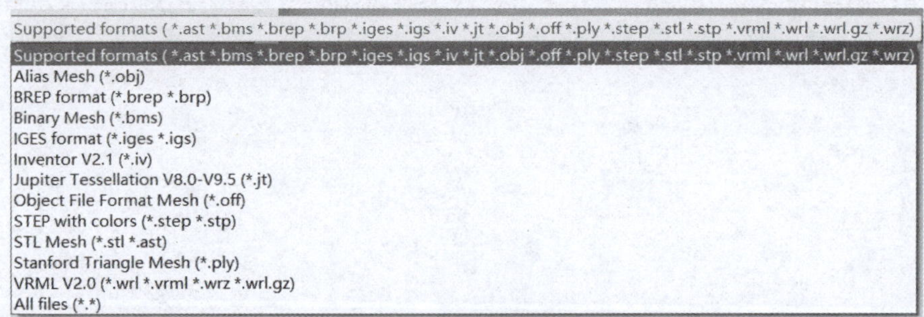

图 1-10 PQArt 支持的模型格式

*列表中涵盖了众多市场上流行的 3D 绘图软件所制作的模型格式，如 CATIA、SolidWorks 等。

3）基础编程

初步生成机器人运行的路径和程序，包括进行机器人的路径规划、模拟仿真机器人运动过程和状态、Web 动画观看机器人运行、生成后置代码等。基础编程菜单栏如图 1-11 所示。

图 1-11 基础编程菜单栏

导入轨迹：导入其他软件或 PQArt 中生成的轨迹。“导入轨迹”界面如图 1-12 所示。

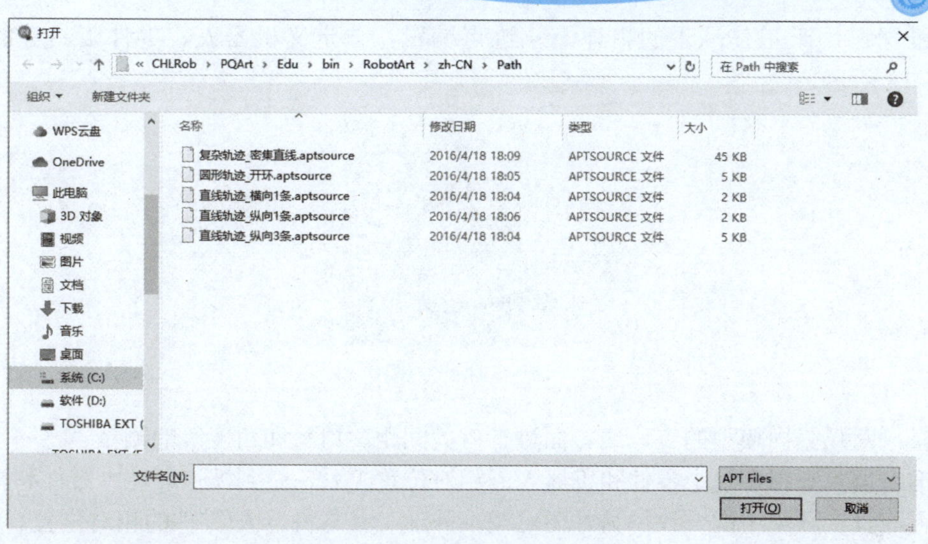

图 1－12　“导入轨迹”界面

*导入轨迹之前先导入机器人。软件目前支持的轨迹文件格式有 aptsource、nc 和 robpath。

生成轨迹：用于生成机器人工作的轨迹，即机器人运动的路径。

九种生成轨迹的方式：沿着一个面的一条边、面的环、一个面的一个环、曲线特征、边、等距测地线、截面线、打孔和点云打孔，如图 1－13 所示。

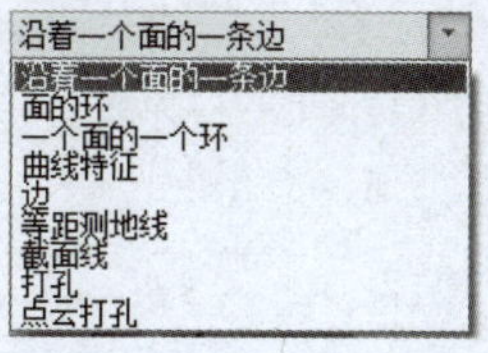

图 1－13　轨迹生成方式

仿真：形象逼真地模拟真实环境中机器人的运动路径和状态。

后置：用于生成机器人可执行的代码语言，可以复制到示教器控制真机运行。

输出动画：将机器人运动轨迹输出为动画，查看动画的方式有两种：微信扫码查看和复制链接用浏览器查看。

新建程序：添加新程序，在空白的程序文档中输入程序代码，然后实现真机运行。

新建轨迹：新建一条空白轨迹（不含轨迹点）。

编译：获悉轨迹点状态。

4）工具

辅助轨迹设计的实用工具。工具菜单栏如图 1－14 所示。

图 1－14　工具菜单栏

三维球：用于工作场景的搭建、轨迹点编辑、自定义机器人、零件工具等的定位，如图 1－15 所示。

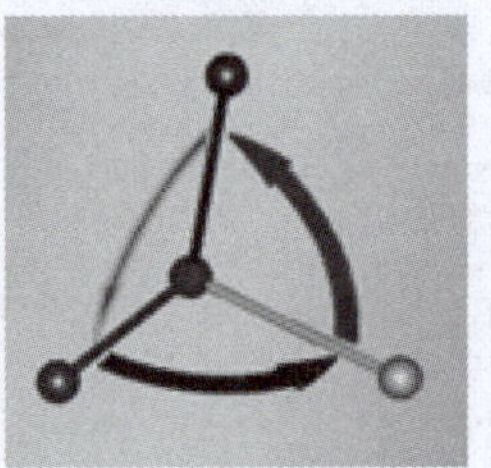

图 1－15　三维球

测量：对场景内模型的点、线、面进行有关间距、口径和角度等的测量。

校准：调整虚拟环境中零件和机器人的相对位置关系，做到模拟环境中零件和机器人的相对位置与真实环境中的一致；另外还可校准外部工具与机器人/零件的相对位置。

新建坐标系：用于自定义新的工件坐标系。

选项：控制轨迹点、轨迹点姿态和序号、轨迹线、轨迹间连接线、TCP 等的显示和隐藏。

5）显示

控制场景中所有设备、机器人加工管理面板、机器人控制面板、调试面板和输出面板等的显示和隐藏；控制时序图的显示与隐藏；为模型贴图等。显示菜单栏如图 1－16 所示。

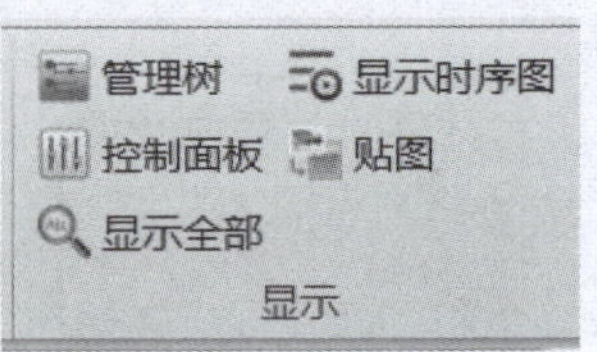

图 1－16　显示菜单栏

管理树：控制机器人加工管理面板的显示或隐藏。

控制面板：控制调试面板、输出面板和机器人控制面板的显示或隐藏。

显示全部：将绘图区中隐藏的模型对象全部显示出来。

显示时序图：显示所有机构的时序顺序。

贴图：将所选图片以指定的角度粘贴到目标模型上。

6）高级编程

进一步规划编辑机器人运动路径，并查看机器人的运动数据。高级编程菜单栏如图 1－17 所示。

图 1－17　高级编程菜单栏

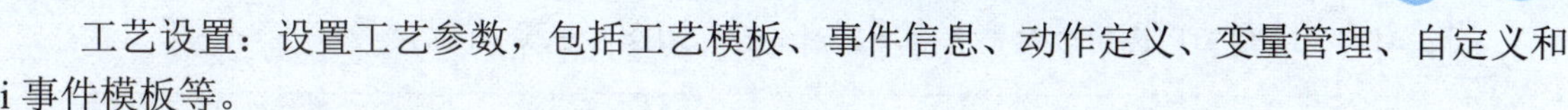

工艺设置：设置工艺参数，包括工艺模板、事件信息、动作定义、变量管理、自定义和i事件模板等。

性能分析：显示机器人运动数据，包括机器人名称、运动的平均速度、总轨迹数、总点数、总时间以及运动节拍等。

7）帮助

帮助用户迅速了解并入手PQArt，包含丰富的视频资料和文档资料。帮助菜单栏如图1－18所示。

图1－18　帮助菜单栏

帮助：提供与PQArt相关的学习视频和文档。

会员信息：显示PQArt账号的基本信息，包括用户角色，账号剩余天数，账号注册、激活、截止时间等。

个人信息：展示并支持修改用户个人信息，包括姓名、性别、单位等。

安全设置：用于PQArt账号绑定手机、QQ、微信、邮箱等；显示/修改用户名、密码等。

使用帮助：学习软件教程，疑难解答，如图1－19所示。

个人资产：显示PQ币的数量；了解赚币攻略；赚取PQ币。

消息中心：查看并处理系统消息与互动消息。

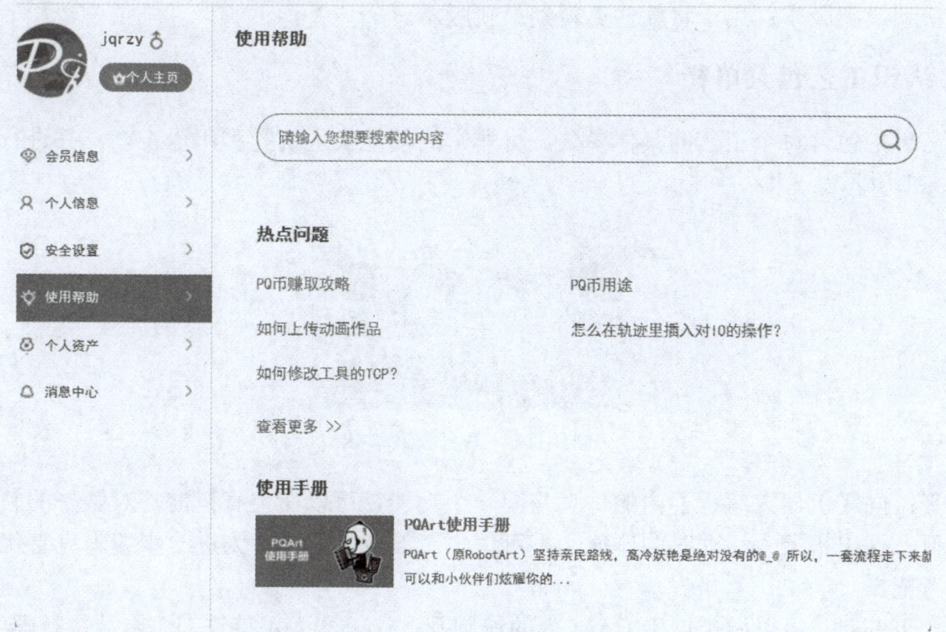

图1－19　“使用帮助”界面

关于：介绍 PQArt 版本号及账号的相关信息，如图 1-20 所示。

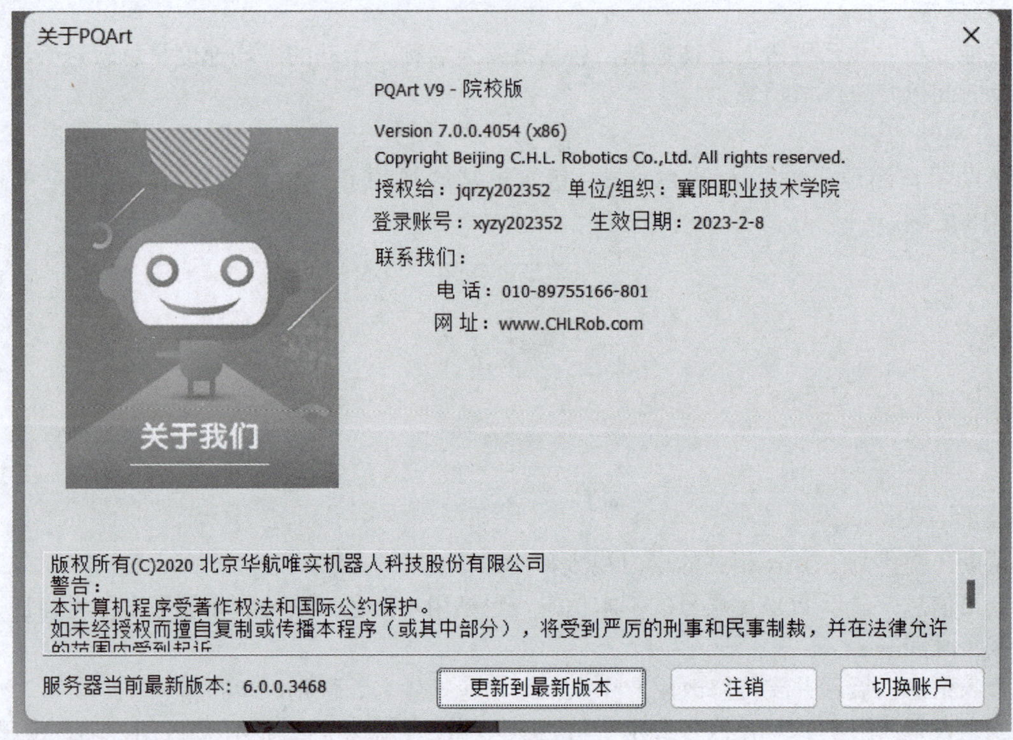

图 1-20 “关于”界面

注销：退出当前账号。

切换账户：使用其他账户登录软件。

更新到最新版本：用于将软件更新到最新版本。

3. 认识工艺包菜单栏

工艺包中包含每个工艺的具体参数，可非常简便地实现切孔和码垛工艺，并进行仿真，如图 1-21 所示。

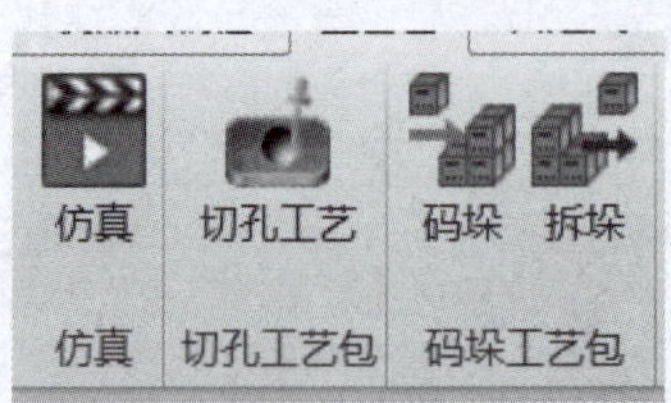

图 1-21 工艺包菜单栏

仿真：同【机器人编程】内的仿真是同一个功能，可以在上真机前，对做好的轨迹进行仿真模拟，找出机器人运动时的碰撞、不可达、奇异点等问题，为进一步编辑完善优化轨迹提供参考依据。

切孔工艺包：可以做类似于 CAM 内的铣圆孔，让机器人手持铣刀（末端执行器），进行

铣孔洞或铣外圆操作。

码垛工艺包：可以通过码垛和拆垛工艺快速生成码垛和拆垛的轨迹。

注意：需要事先做好抓取物块和放置物块的轨迹，并对抓取和放开物块的轨迹进行合并后，码垛轨迹才能使用；拆垛轨迹一旦生成，和码垛轨迹就无关联（可以删除它，或调整它们的次序），这样变通可以实现先拆垛，再码垛。

4. 认识自定义菜单栏

PQArt 支持但不限于自定义机器人、运动机构、工具、零件、底座以及后置，可以依据用户需求开发其他自定义功能，基本可以满足各种需求。自定义菜单栏如图 1－22 所示。

图 1－22　自定义菜单栏

导入机器人：导入自定义的机器人，支持的文件格式为 robrd；

定义机器人：定义通用六轴机器人、非球型机器人、SCARA 四轴机器人；

定义机构：定义 1～*N* 轴的运动机构；

定义工具：定义法兰工具、快换工具、外部工具；

定义零件：将各种格式的 CAD 模型定义为 robp 格式的零件；

定义底座：将各种格式的 CAD 模型定义为 robs 格式的底座；

自定义后置：用户自定义自家机器人的后置格式；

定义状态机：将各种格式的 CAD 模型定义为 robm 格式的状态机。

任务实施

ABB 机器人写“科”字

表 1－4 所示为 ABB 机器人写字（“科”字）步骤。

表 1－4　ABB 机器人写字（“科”字）步骤

步骤	操作内容	图示
步骤 1	单击 PQArt 机器人离线编程软件顶部的功能面板【机器人编程】/【文件】/【工作站】	

续表

步骤	操作内容	图示
步骤 2	在展开的“选择工作站”界面单击【分类：界面】，找到“ABB 机器人写字（“科”字）”工作站	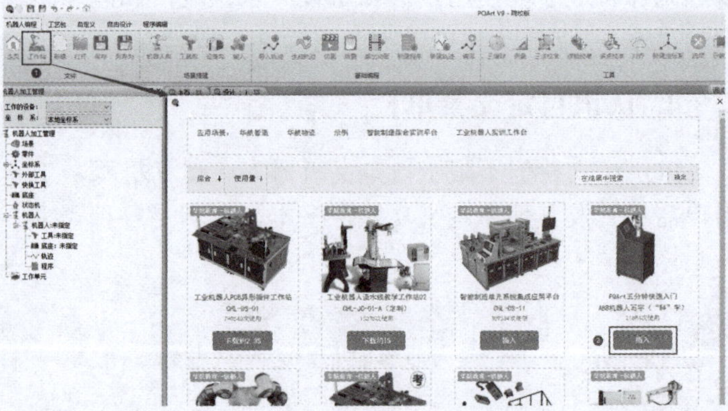
步骤 3	单击【插入】按钮，下载即可	
步骤 4	TCP 校准和工件校准：通过四点或五点校准法，把自身安装的和 PQArt 软件内的一致的工具的 TCP 进行校准，即 TCP 校准	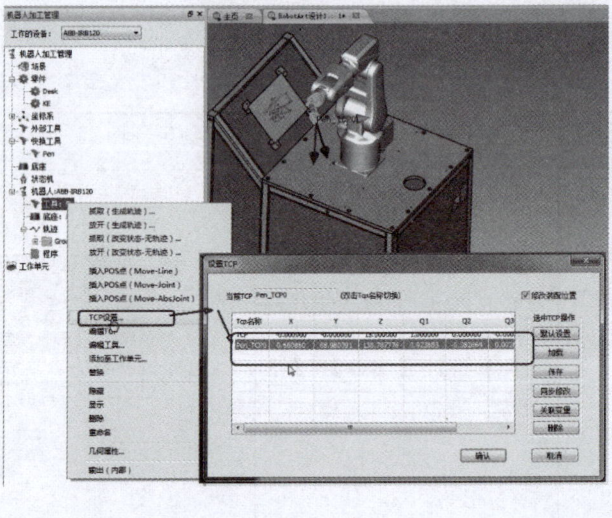

续表

步骤	操作内容	图示
步骤 5	工件的校准：通过三点法，校准“科”字纸张，保证设计环境中的纸张位置与真实环境对齐	
步骤 6	Home 点添加（起始点）：选中机器人的法兰工具，右键单击【插入 POS 点（Move-AbsJoint）】	
步骤 7	轨迹添加：单击 PQArt 机器人离线编程软件顶部的功能面板【工艺包】/【绘画工艺包】/【写字工艺】	
步骤 8	拾取曲线： 在左侧【写字工艺】面板上，类型下拉菜单内选中【曲线特征】；按要求拾取元素（曲）线、面	

续表

步骤	操作内容	图示
步骤 9	完成创建： 然后单击面板左上角的【对钩】按钮，弹出设置出入刀点的界面，直接单击【确定】按钮，完成轨迹创建	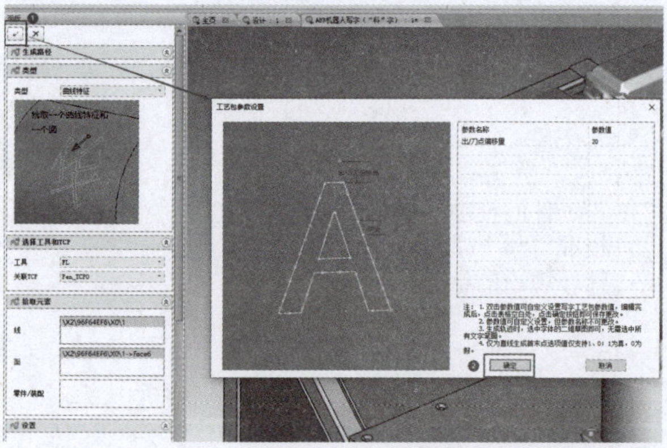
步骤 10	Home 点添加（结束点）：方法同添加起始点	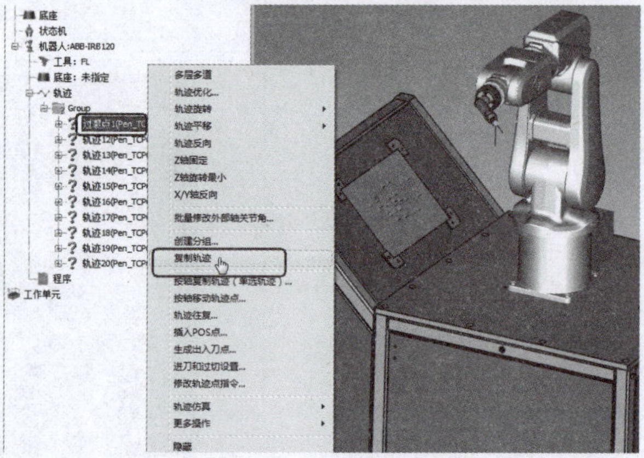
步骤 11	仿真调试： 单击 PQArt 机器人离线编程软件顶部的功能面板【机器人编程】/【基础编程】/【仿真】	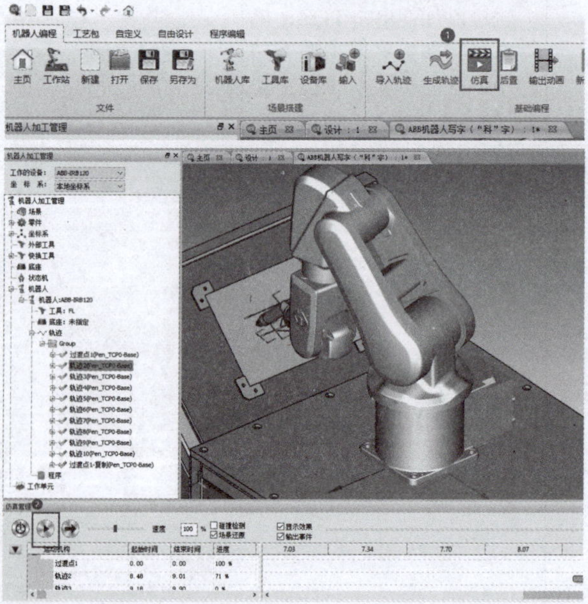

续表

步骤	操作内容	图示
步骤 12	后置生成程序：单击 PQArt 离线编程软件顶部的功能面板：【机器人编程】/【基础编程】/【后置】，生产后置代码，如右图所示	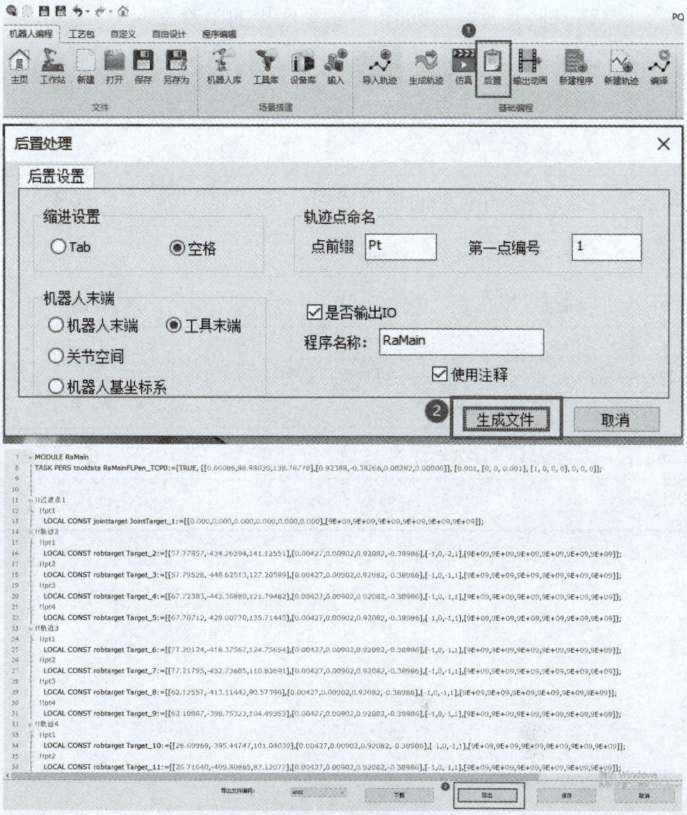
步骤 13	导出后置代码：单击“后置代码编辑器”界面下侧的【导出】按钮，可以导出、存储后缀为“.mod”的 ABB 后置代码文件	
步骤 14	保存或另存工作站	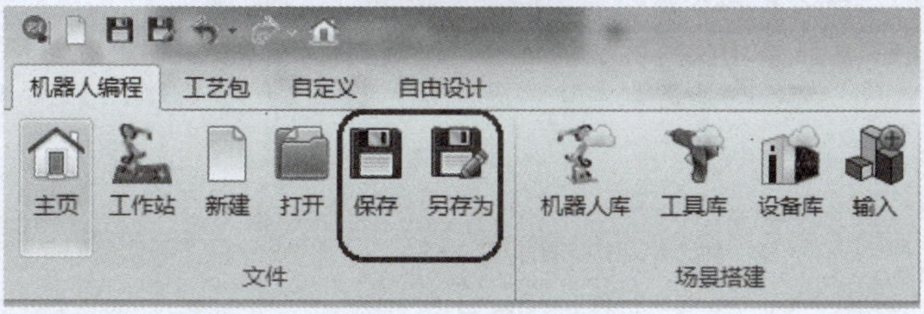

任务评价

任务评价如表 1－5 所示。

表 1-5　任务评价

序号	评分扣分项	分值	打分	备注
1	认识主界面各面板，了解每个面板的用途	10 分		
2	认识菜单栏上机器人编程、工艺包、自定义等功能区的作用	20 分		
3	完成 ABB 机器人写字（科）工作站搭建	10 分		
4	完成写“科”字的轨迹规划	20 分		
5	仿真调试轨迹	10 分		
6	后置程序	10 分		
7	保存文档	10 分		
8	综合素养	10 分		
9	仿真调试时出现异常点位	-2 分/处		扣分项
总分				

项目二 PQArt 的简单应用

项目引入

在深入学习 PQArt 软件之前，通过完成两项 PQArt 简单应用任务：ABB 机器人写字（“梦”字）和 CHL－GY－11 工作站搭建，学习 PQArt 软件的基本操作和应用，让大家感受这款软件功能强大、易上手的特点。

项目目标

知识目标：了解工作站搭建、轨迹规划、仿真、后置的意义；了解工具和工件校准的意义；了解工件校准常见问题；掌握不同轨迹点颜色的含义；掌握三维球的结构和基本操作。

技能目标：会灵活运用三维球；会用三维球搭建 ABB 机器人写字（梦字）工作站和 CHL－GY－11 工作站；会 TCP 校准和工件校准；会使用写字工艺进行工业机器人的轨迹规划；会仿真调试；会输出程序和输出动画。

素质目标：具有好学的学习态度；具有创新思维能力；对智能产线虚拟仿真的认知与实际应用能力有所提升。

思政目标：具有爱国情怀、工匠精神。

任务 2.1　ABB 机器人写字（梦字）

任务分析

通过完成机器人写梦字任务，简单熟悉 PQArt 的工作站搭建、轨迹规划、仿真、后置等基本功能。任务主要为以下几步：

（1）导入 ABB 机器人写字（梦字）工作站；

（2）对工具坐标 TPC 和工件位置进行校准；

（3）完成机器人写梦字的轨迹规划；

（4）对机器人写字进行仿真调试；

（5）生成后置程序，输出动画。

知识链接

1. 轨迹点颜色的含义

生成轨迹后，在调试面板会显示每个轨迹点的状态信息，包含编译后是否存在奇点、轨迹指令和速度等信息，如图 2－1 所示。

组/点	指令	线速度(...	角速度(r...
分组1			
点1<	Move-Line	200.00	0.10
点2<	Move-Line	200.00	0.10
点3<	Move-Line	200.00	0.10
点4<	Move-Line	200.00	0.10
点5<	Move-Line	200.00	0.10
点6<	Move-Line	200.00	0.10
点7<	Move-Line	200.00	0.10
点8<	Move-Line	200.00	0.10
点9<	Move-Line	200.00	0.10
点10...	Move-Line	200.00	0.10
点11...	Move-Line	200.00	0.10
点12...	Move-Line	200.00	0.10
点13...	Move-Line	200.00	0.10
点14...	Move-Line	200.00	0.10
点15...	Move-Line	200.00	0.10
点16...	Move-Line	200.00	0.10
点17...	Move-Line	200.00	0.10
点18...	Move-Line	200.00	0.10

✓：正常 ✗：不可达 !：轴超限 奇异点 ?：

图 2－1　调试面板轨迹

（1）绿色✓：轨迹点完全正常。

（2）黄色！：表示轴超限，机器人某个关节超过了它的运动范围。

（3）红色✖：表示不可达点，机器人距离零件太远，此时需要调整机器人与零件之间的距离。

（4）灰色？：轨迹点的当前状态未知。

（5）紫色：表示奇异点。

2. 轨迹点指令类型的含义

机器人有诸多的运动方式，如直线运动、关节角运动等。轨迹（点）作为机器人的运动路径，自然也有不同的运动指令类型，主要有MoveL、MoveJ、MoveAbsj、MoveC四种，如表2–1所示。

表2–1　轨迹点指令类型

指令类型	含义
MoveL：Move-Line	机器人以线性移动方式运动至目标点，当前点与目标点成为一条直线；机器人运动状态可控，运动路径保持唯一
MoveJ：Move-Joint	机器人以最快捷的方式运动至目标点；机器人运动状态不完全可控，但运动路径保持唯一，常用于机器人在空间大范围移动
MoveAbsj：Move-Absjoint	绝对运动指令，机器人按照角度指令来移动；机器人运动状态完全不可控
MoveC：Move-Circle	圆弧运动指令，机器人通过中间点以圆弧移动方式运动至目标点，当前点、中间点与目标点三点决定一段圆弧；机器人运动状态可控，运动路径保持唯一

3. 仿真管理面板按键功能介绍

表2–2所示为仿真部分功能介绍。

表2–2　仿真部分功能介绍

图标	功能
	关闭仿真管理面板
	开始仿真和暂停仿真
	循环仿真
速度 100 %	通过拖动滑块来控制机器人仿真时的速度。百分比越大，速度越快
碰撞检测	对装配体各零部件、各相对运动部分进行实际仿真，并在发生碰撞时发出警示声，碰撞部分以暗红色高亮显示

任务实施

ABB 机器人写字（梦）

1. 搭建 ABB 机器人写字（梦字）工作站

1）产线搭建

由于 ABB 机器人写字（梦字）产线在软件工作站库内已经搭建好了，所以可以直接从工作站库内下载名为“ABB 机器人写字（梦字）”至绘图区。下载工作站操作步骤如表 2-3 所示。

表 2-3　下载工作站操作步骤

步骤	操作内容	图示
步骤 1	单击 PQArt 机器人离线编程软件菜单栏的【机器人编程】，在文件模块单击【工作站】	
步骤 2	在展开的“工作站分类”界面单击【示例】，找到“ABB 机器人写字（梦字）”工作站	
步骤 3	单击【插入】按钮，下载即可	

下载后的 ABB 机器人写字（梦字）工作站如图 2－2 所示。

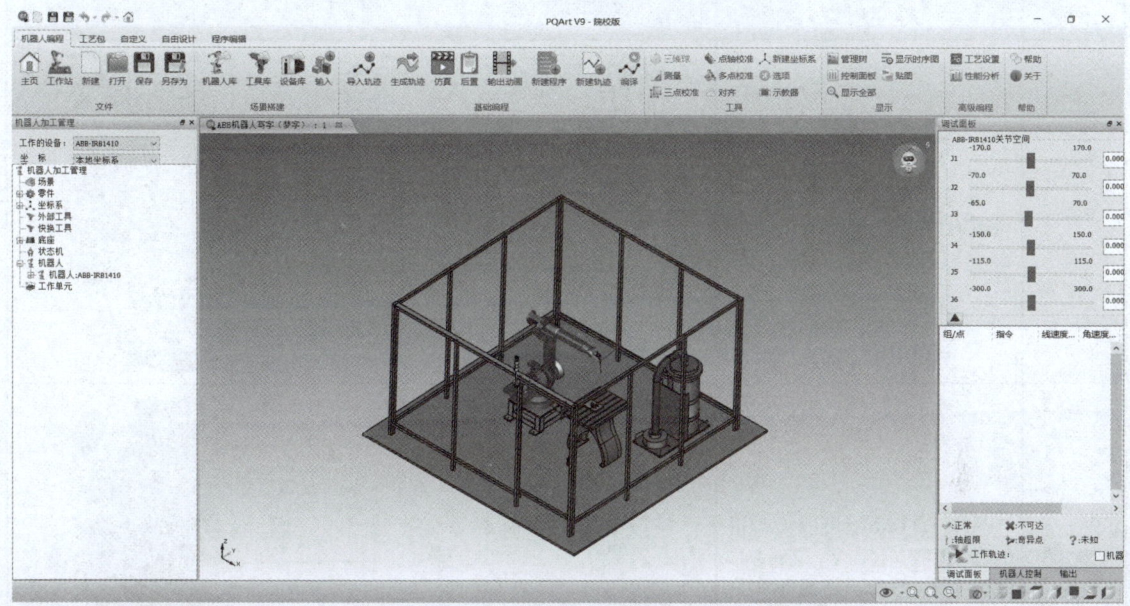

图 2－2　下载后的 ABB 机器人写字（梦字）工作站

2）位置校准

为了确保虚拟设计环境中机器人与工件的相对位置与真实环境中两者的相对位置保持一致，在添加轨迹前需要对 PQArt 设计环境内的工具坐标 TPC 和工件位置进行校准。校准作为连接离线编程软件和真机运行之间重要的桥梁，有着重要意义。

（1）工具坐标 TCP 校准（TCP 设置）。

工具坐标 TCP 校准即校准工具的位置和姿态，以确保虚拟环境中工具的位置与真实环境中工具的位置保持一致（位置是相对于机器人的基坐标系/法兰坐标系来说的）。工具坐标 TCP 校准操作步骤如表 2－4 所示。

表 2－4　工具坐标 TCP 校准操作步骤

步骤	操作内容	图示
步骤 1	对真实环境机器人进行机械零点校准	E　B4　A4　B6　A6　轴5　轴4　轴6　B3　A3　轴3　B2　A2　轴2　B1　A1　轴1

续表

步骤	操作内容	图示
步骤 2	通过四点或五点校准法，设置真实环境机器人的 TCP	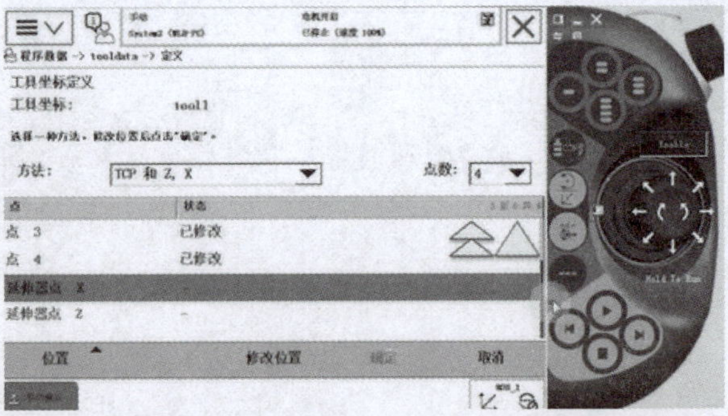
步骤 3	打开真实环境机器人校准的 TCP 值（X、Y、Z、Q1、Q2、Q3、Q4），记录下来	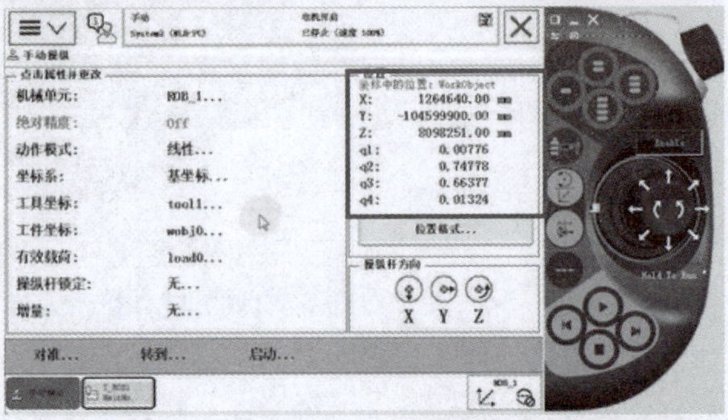
步骤 4	打开 PQArt【工作单元加工管理】面板，打开机器人管理树，右键单击【工具】，左键单击“TCP 设置”	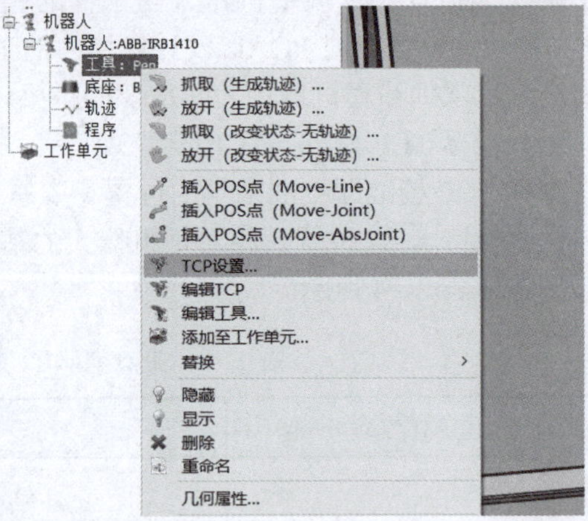
步骤 5	打开设置 TCP 后，将步骤 3 记录的 TCP 值抄录到软件内	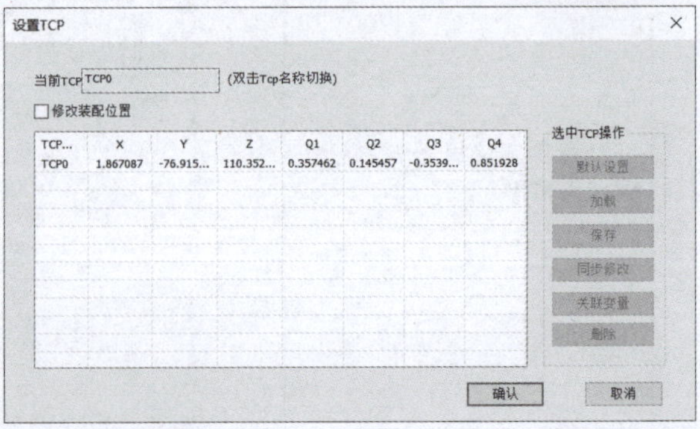

续表

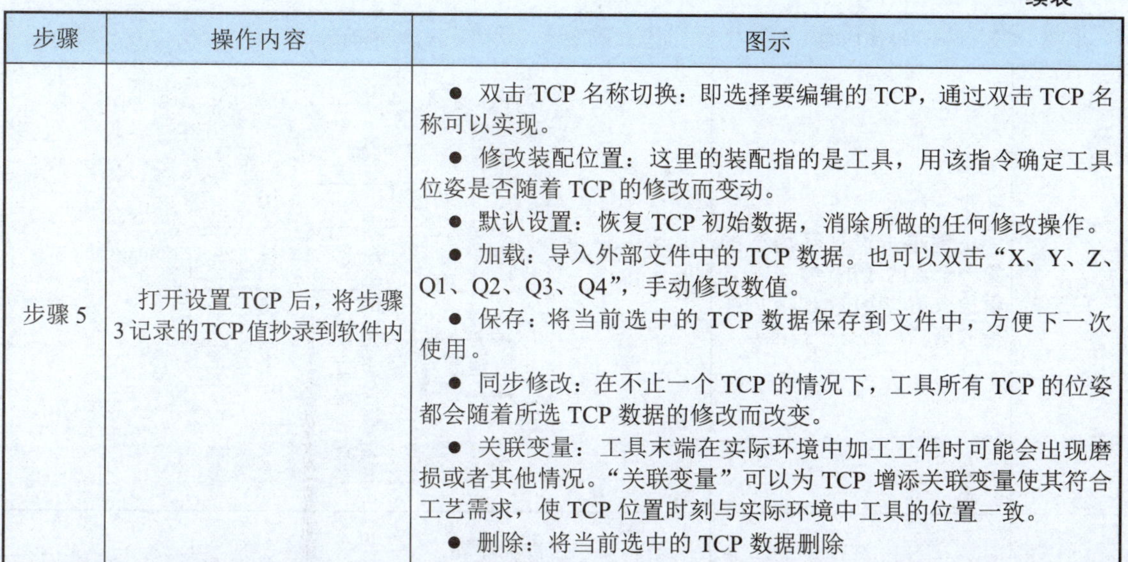

步骤	操作内容	图示
步骤 5	打开设置 TCP 后，将步骤 3 记录的TCP值抄录到软件内	● 双击 TCP 名称切换：即选择要编辑的 TCP，通过双击 TCP 名称可以实现。 ● 修改装配位置：这里的装配指的是工具，用该指令确定工具位姿是否随着 TCP 的修改而变动。 ● 默认设置：恢复 TCP 初始数据，消除所做的任何修改操作。 ● 加载：导入外部文件中的 TCP 数据。也可以双击“X、Y、Z、Q1、Q2、Q3、Q4”，手动修改数值。 ● 保存：将当前选中的 TCP 数据保存到文件中，方便下一次使用。 ● 同步修改：在不止一个 TCP 的情况下，工具所有 TCP 的位姿都会随着所选 TCP 数据的修改而改变。 ● 关联变量：工具末端在实际环境中加工工件时可能会出现磨损或者其他情况。“关联变量”可以为 TCP 增添关联变量使其符合工艺需求，使 TCP 位置时刻与实际环境中工具的位置一致。 ● 删除：将当前选中的 TCP 数据删除

（2）工件校准。

工件校准可以确保软件的设计环境中机器人与零件的相对位置与真实环境中两者的相对位置保持一致。工件校准方法有多种，如三点校准法、点轴校准法、多点校准法等。在这里我们选用三点校准法，具体操作步骤如表 2－5 所示。

表 2－5　工件校准操作步骤（三点法）

步骤	操作内容	图示
步骤 1	在设计环境中选取工件上不共线的三个点作为校准点	
步骤 2	左键单击菜单栏中的【三点校准】	

续表

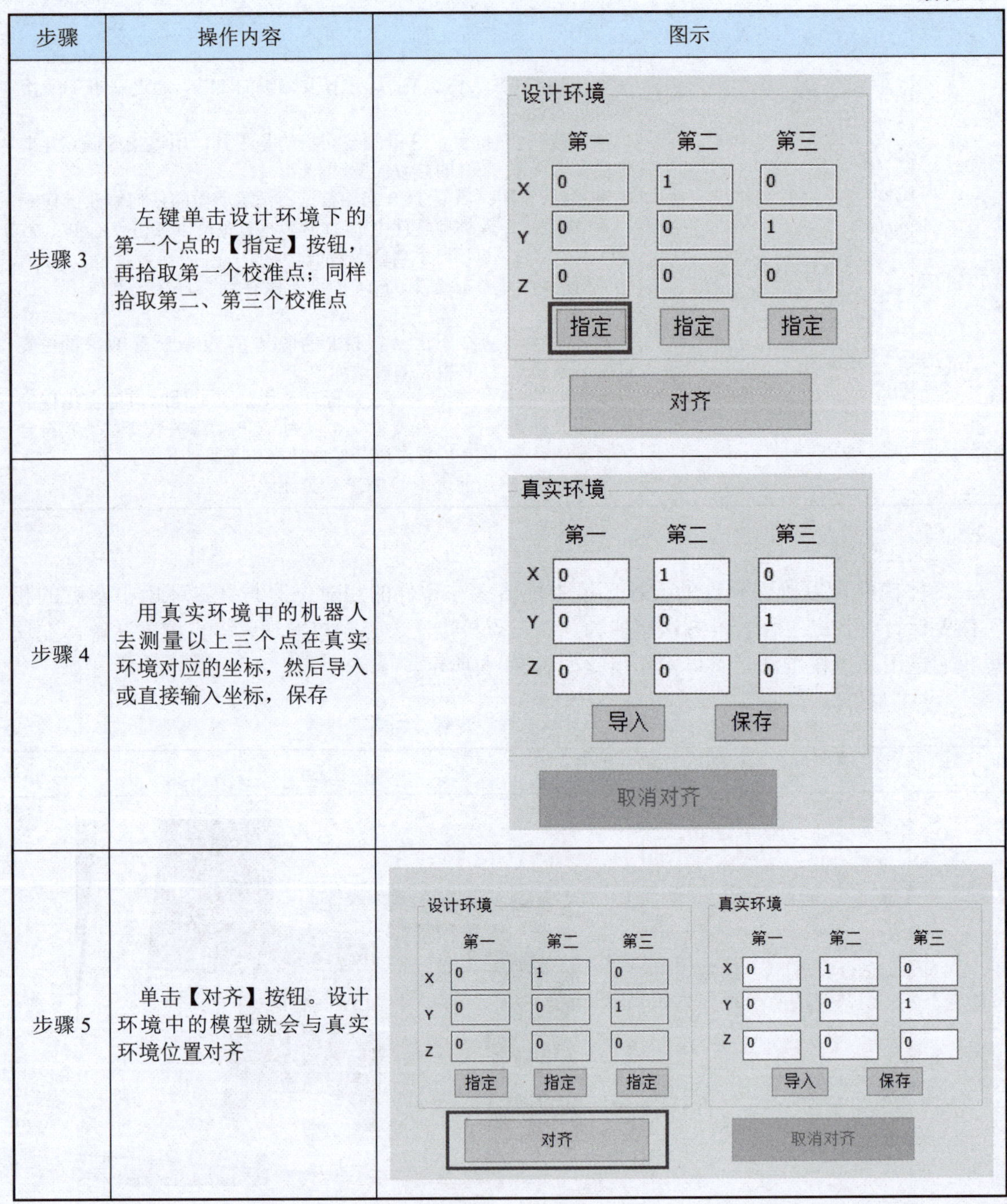

步骤	操作内容	图示
步骤 3	左键单击设计环境下的第一个点的【指定】按钮，再拾取第一个校准点；同样拾取第二、第三个校准点	设计环境 第一 第二 第三 X 0 1 0 Y 0 0 1 Z 0 0 0 指定 指定 指定 对齐
步骤 4	用真实环境中的机器人去测量以上三个点在真实环境对应的坐标，然后导入或直接输入坐标，保存	真实环境 第一 第二 第三 X 0 1 0 Y 0 0 1 Z 0 0 0 导入 保存 取消对齐
步骤 5	单击【对齐】按钮。设计环境中的模型就会与真实环境位置对齐	设计环境 第一 第二 第三 X 0 1 0 Y 0 0 1 Z 0 0 0 指定 指定 指定 真实环境 第一 第二 第三 X 0 1 0 Y 0 0 1 Z 0 0 0 导入 保存 对齐 取消对齐

2. 完成写字（梦字）的路径规划

运动轨迹决定了产线的运动路径和状态，生成运动轨迹之后，为了达到更好的效果，可能还需要对其进行编辑。运动轨迹设计好之后，可以后置生成代码，我们就可以通过代码指挥机器人运动了。轨迹设计操作步骤如表 2-6 所示。

表 2-6　轨迹设计操作步骤

步骤	操作内容	图示
步骤 1	添加 Home 点（起始点）。机器人工作前，一般处于近似机械零点或者一个安全位置，这个点需要用轨迹点记录下来。选中机器人，单击右键，选择【插入 POS 点（Move-AbsJoint）】	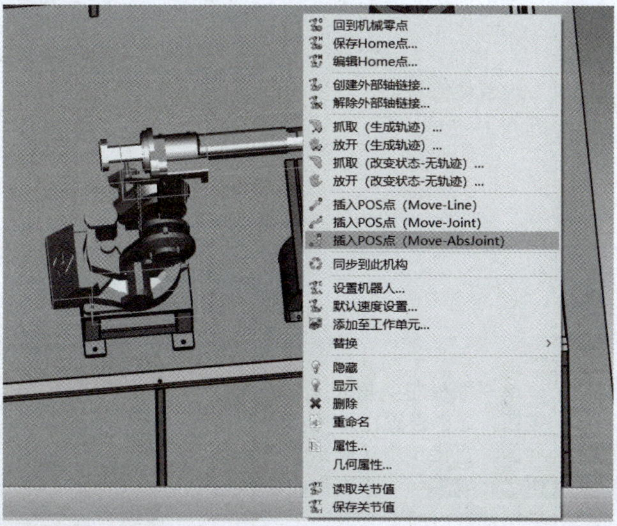
步骤 2	单击菜单栏中的【工艺包】，在【工艺包】下选择【写字工艺】	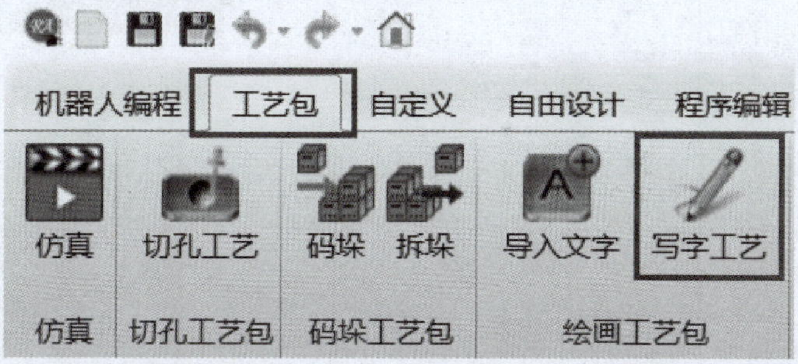
步骤 3	在左侧弹出的面板栏里，类型选择【一个面的一个环】	
步骤 4	按要求拾取“梦”字上“木”的线、面元素	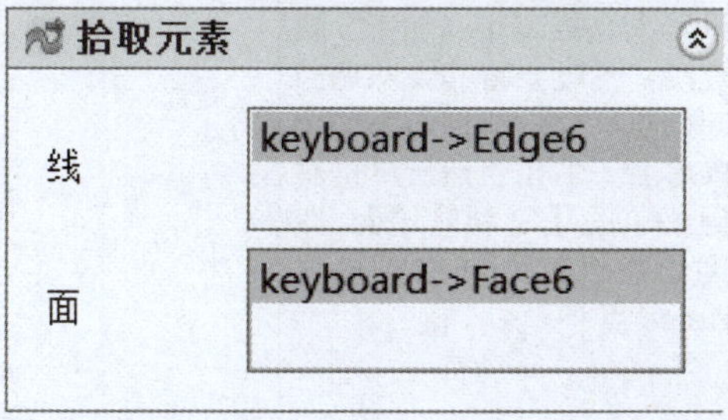

续表

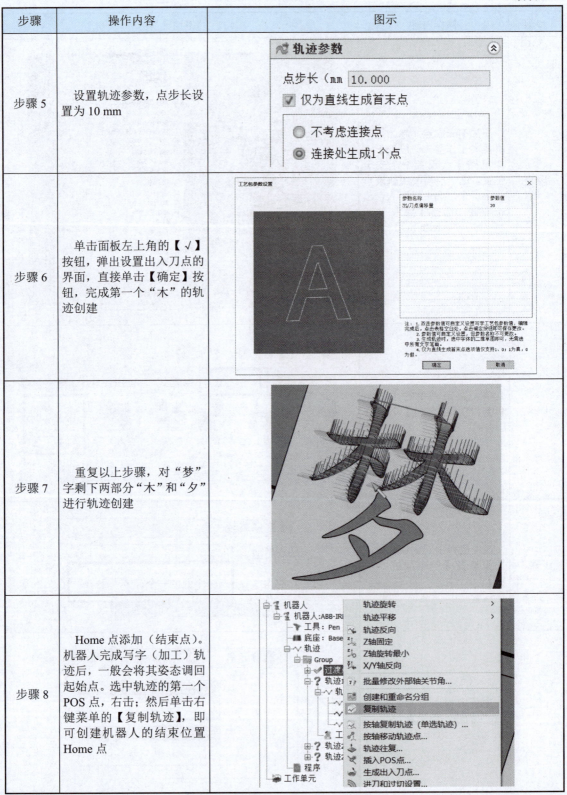

步骤	操作内容	图示
步骤 5	设置轨迹参数，点步长设置为 10 mm	
步骤 6	单击面板左上角的【√】按钮，弹出设置出入刀点的界面，直接单击【确定】按钮，完成第一个“木”的轨迹创建	
步骤 7	重复以上步骤，对“梦”字剩下两部分“木”和“夕”进行轨迹创建	
步骤 8	Home 点添加（结束点）。机器人完成写字（加工）轨迹后，一般会将其姿态调回起始点。选中轨迹的第一个 POS 点，右击；然后单击右键菜单的【复制轨迹】，即可创建机器人的结束位置 Home 点	

3. 仿真及后置

1）仿真调试

仿真即形象逼真地模拟机器人在真实环境中的运动路径和状态，查看机器人是否以正确的姿态工作。如果出现超限点、不可达点或奇异点，可以及时调整轨迹或机器人姿态。

接下来对机器人工作轨迹进行仿真，操作步骤如表 2–7 所示。

表 2–7　仿真调试操作步骤

步骤	操作内容	图示
步骤 1	在软件菜单栏左键单击【机器人编程】，在【基础编程】模块找到【仿真】按钮，左键单击	
步骤 2	出现仿真界面，在【仿真管理】模块左键单击【▸】	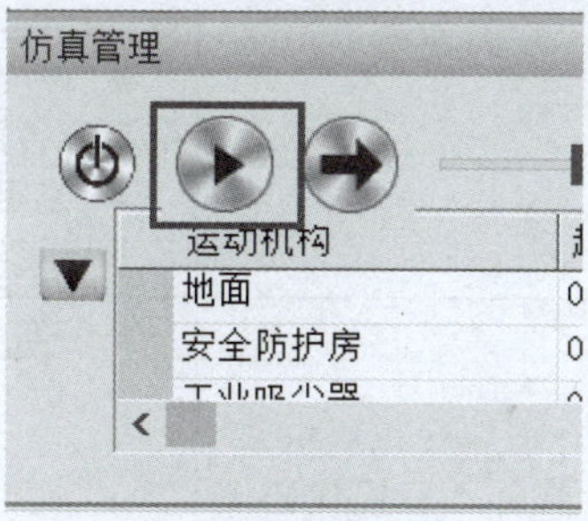
步骤 3	检查轨迹是否有报错，如果有报错，需要对机器人点位姿态进行调整。(详细的轨迹调整、优化的办法，请看 PQArt 官网的“学 Art”下的《PQArt 使用手册》)	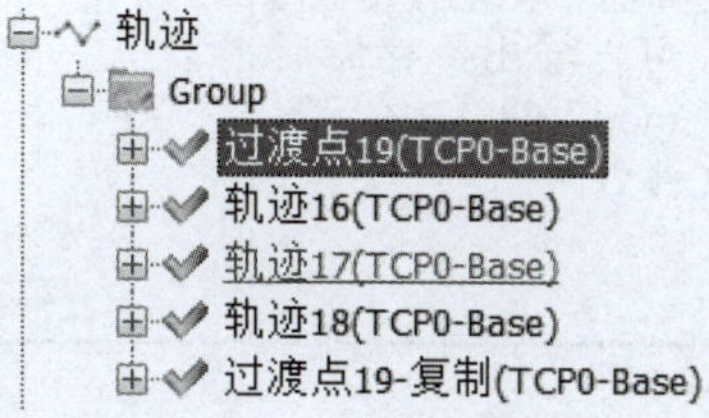

2）生成程序

“后置”功能将在软件中生成的轨迹、坐标系等一系列信息生成机器人可执行的代码语言，可以复制到示教器控制真机运行。具体操作步骤如表 2–8 所示。

表 2–8　后置生成程序操作步骤

步骤	操作内容	图示
步骤 1	在软件菜单栏左键单击【机器人编程】，在【基础编程】模块下左键单击【后置】	

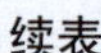
续表

步骤	操作内容	图示
步骤 2	在弹出的“后置处理”对话框中单击【生成文件】按钮	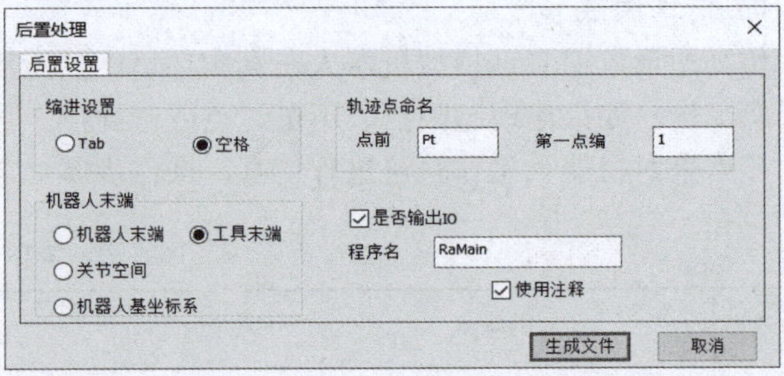 ● 缩进设置：缩进设置主要是编辑后置文件的格式，一般选择默认的【空格】。 ● 机器人末端后置和工具末端后置：选择输出的代码以机器人末端坐标（法兰坐标系）为准还是以工具末端坐标为准。 ● 轨迹点命名：轨迹点命名由前缀和编号组成，可根据个人喜好进行设置，一般在这个界面会选择默认的选项。 ● 程序名称：程序的名称可自行输入和修改。一般来说，该名称为示教器所识别的模块名称。 ● 使用注释：注释是指解释代码语言的文字是否使用注释根据需要设定
步骤 3	弹出“后置代码编辑器”界面，单击“后置代码编辑器”界面下侧的【导出】按钮，可以导出、存储后缀为“.mod”的 ABB 后置代码文件	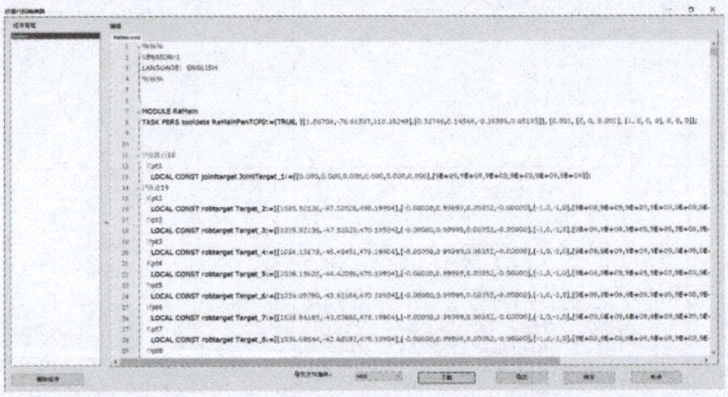

3）保存文件及输出动画

机器人的运动轨迹可以输出为动画。查看动画的方式有两种：微信扫码查看，复制链接用浏览器打开查看。输出动画功能可将轨迹仿真的动画过程上传到云端，同时生成二维码链接，后续可用手机扫码观看动画。下面介绍保存及输出动画的详细操作步骤，如表 2－9 所示。

表 2－9 保存及输出动画操作步骤

步骤	操作内容	图示
步骤 1	保存工作站	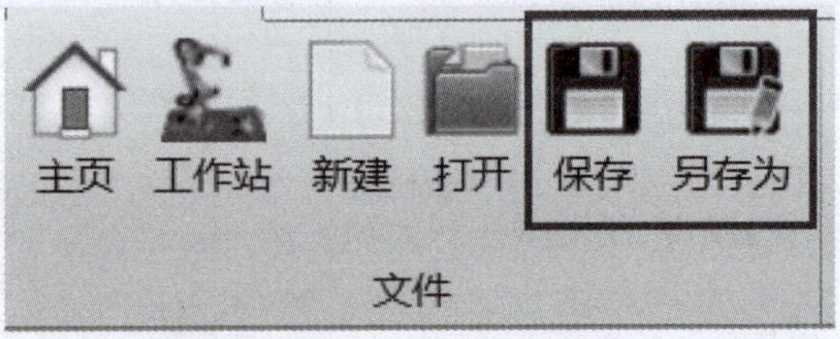

续表

步骤	操作内容	图示
步骤 2	输出动画。单击功能面板【机器人编程】/【基础编程】/【输出动画】，即可以输出动画	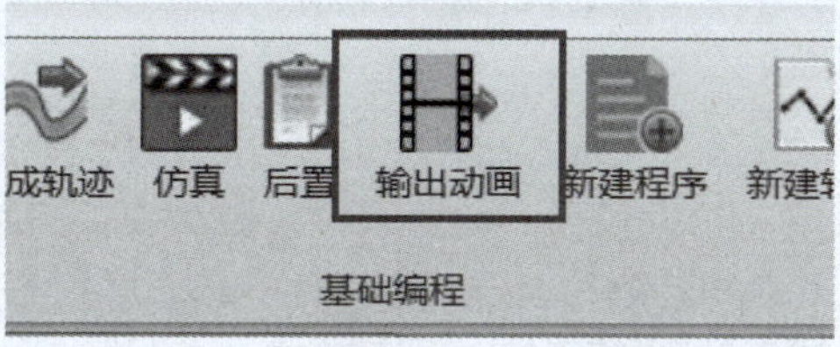
步骤 3	输入作品名称，填写作品描述，然后设置应用场景，最后单击【开始】按钮	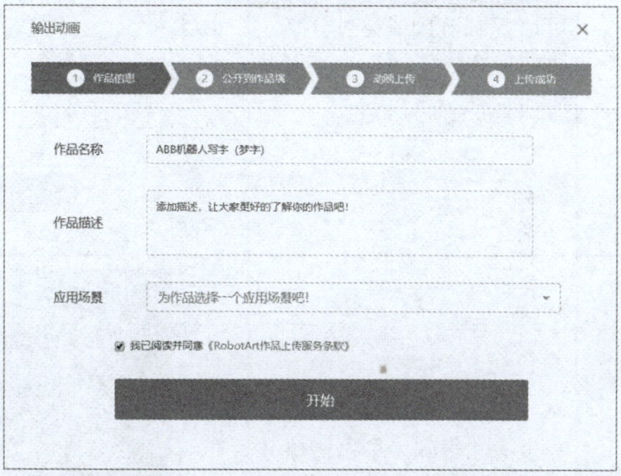
步骤 4	选择“公开到作品墙”还是“仅个人可见”，单击【下一步】按钮	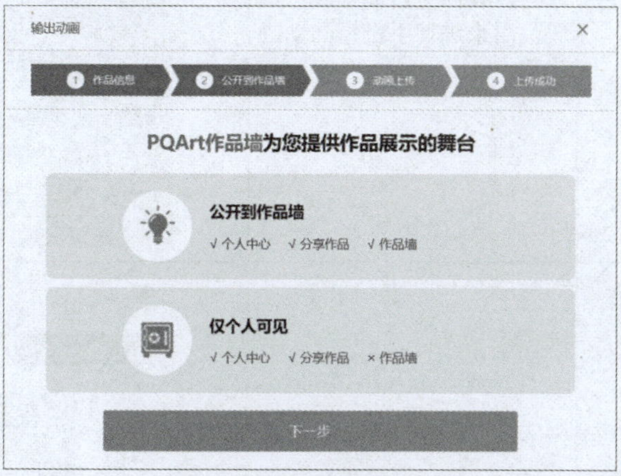
步骤 5	等待动画上传	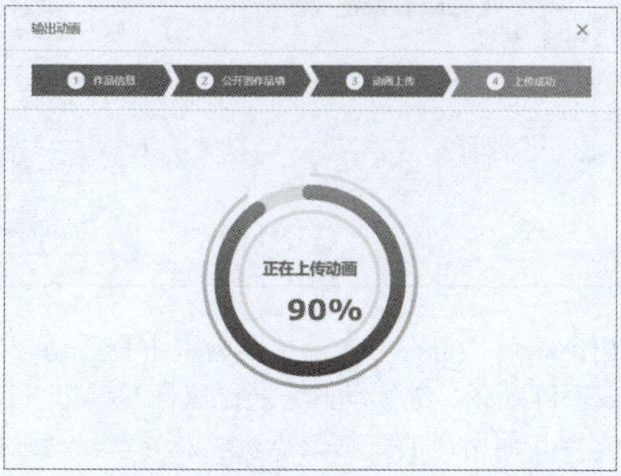

续表

步骤	操作内容	图示
步骤 6	上传成功后，单击播放键可以直接播放视频，同时也可以复制链接或通过分享，将动画分享给 QQ、微信好友	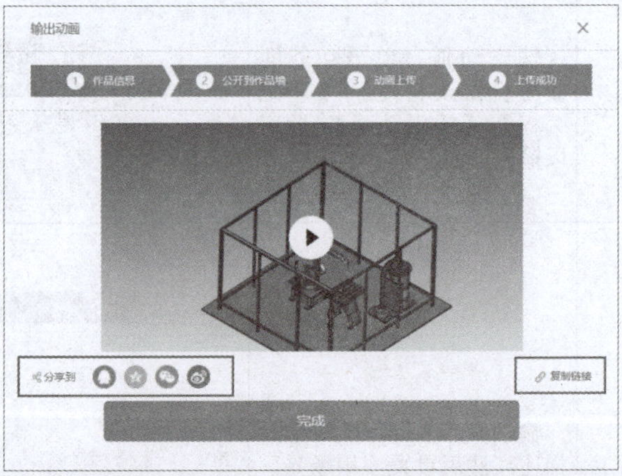
步骤 7	生成二维码。单击微信分享后，软件会自动生成二维码，用来进行手机端的动画播放	
步骤 8	单击【完成】按钮，输出动画完成	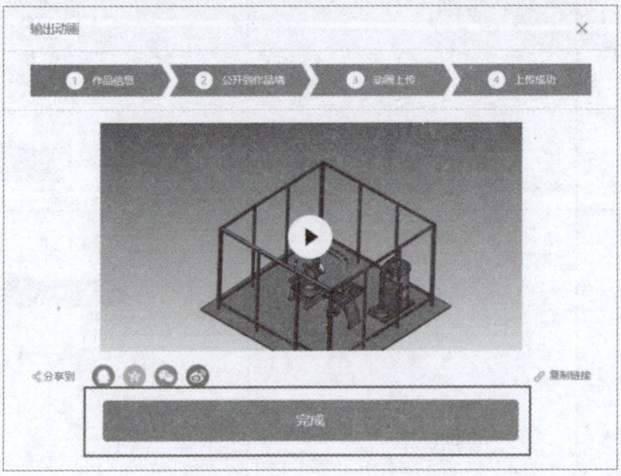

输出动画后，可在 3D 虚拟实验室中查看动画，通过右上角的【动画开始】按钮可以开始动画、暂停动画、继续动画。通过鼠标左键可以切换视角，还可使用滚轮进行缩放。同时，该页面支持其他用户的打赏、点赞以及分享。动画播放页面如图 2－3 所示。

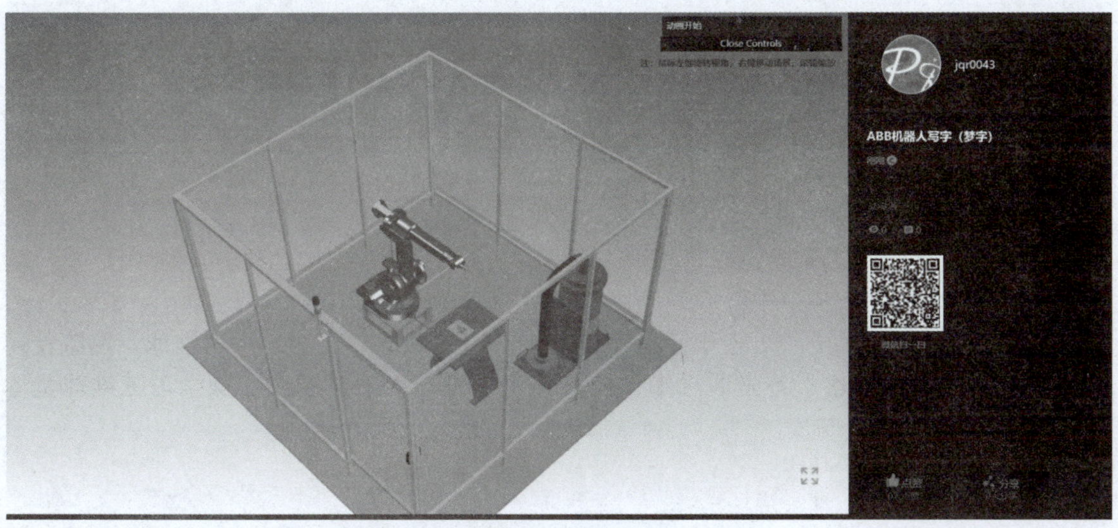

图 2-3　动画播放页面

任务评价

任务评价如表 2-10 所示。

表 2-10　任务评价

序号	评分扣分项	分值	打分	备注
1	搭建机器人写梦字工作站	10 分		
2	完成画笔的工具校准	10 分		
3	完成“梦”字书写板的工件校准	10 分		
4	完成写梦字的轨迹规划	30 分		
5	仿真调试轨迹	10 分		
6	后置程序	10 分		
7	输出动画	10 分		
8	综合素养	10 分		
9	仿真调试时出现异常点位	-2 分/处		扣分项
总分				

任务 2.2　CHL－GY－11 工作站搭建

任务分析

通过完成 CHL－GY－11 工作站搭建任务，认识三维球，灵活运用三维球，熟练使用三维球完成工作站搭建。首先通过知识链接认识三维球；然后通过实操学习三维球基本使用。

任务主要分为以下几步：

（1）学习三维球的基本使用方法；

（2）导入 CHL－GY－11 工作站设备；

（3）使用三维球完成设备摆放；

（4）安装机器人工具。

知识链接

1. 三维球的定义

三维球是一个强大而灵活的三维空间定位工具，它可以通过平移、旋转和其他复杂的三维空间变换精确定位任何一个三维物体。

在菜单栏下单击工具模块按钮 三维球 可以打开三维球，如图 2－4 所示，使三维球附着在三维物体之上，从而方便地对它们进行移动和相对定位。

图 2－4 【三维球】按钮位置

2. 三维球的结构

三维球有一个中心点，三个平移轴和三个旋转轴。默认状态下三维球的结构如图 2－5 所示。

表 2－11 所示为三维球结构介绍及使用方法。

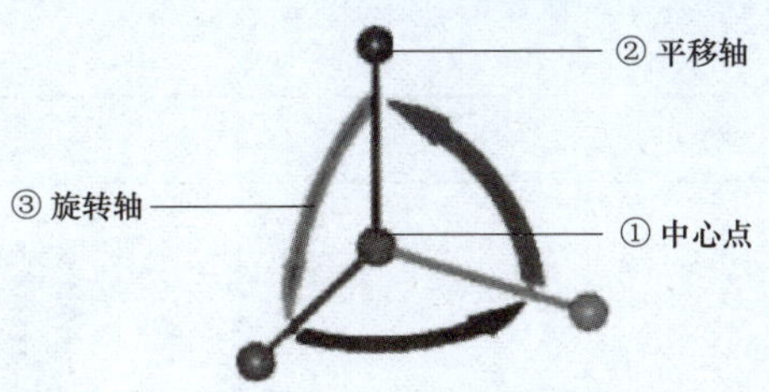

图 2－5　三维球结构图

表 2－11　三维球结构介绍及使用方法

结构	使用方法	图示
中心点	主要用来进行点到点的移动。使用的方法是对着三维球中心点右击鼠标，然后从弹出的菜单中挑选一个选项进行操作。例如：到点可以使三维球携带物体到下一个指定的点	编辑位置 到点 到中心点 点到点 到边的中点 Z向垂直到点
平移轴	拖动平移轴运动。鼠标左键点中平移轴后，其变为黄色，其他轴虚化，可以开始拖动，物体沿着平移轴线运动	
	鼠标右键选择平移轴菜单。首先鼠标左键选中轴后，轴变为黄色，然后单击鼠标右键，从弹出的菜单中选择一个项目进行定向。例如：与边平行，则平移轴与指定的边平行	编辑位置 到点 到中心点 与边平行 与面垂直 与轴平行 反向 点到点 到边的中点 平移 旋转

续表

结构	使用方法	图示
旋转轴	拖动旋转轴运动。鼠标左键点中旋转轴后，其他轴虚化，拖动旋转轴运动，这时物体绕着旋转轴方向旋转	
	鼠标右键选择旋转轴菜单。鼠标对准需要操作的旋转轴单击右键，然后从弹出的菜单中选择一个项目进行操作。例如：到点，则与选中的旋转轴颜色相同的平移轴指向指定的点	

3. 三维球的状态

使用三维球时，必须先选中三维模型，将三维球激活。默认的三维球图标是灰色的，激活后显示为彩色，如图 2-6 所示。

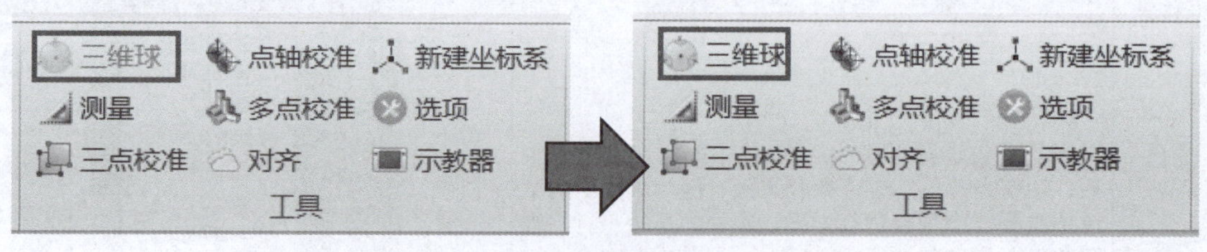

图 2-6　激活三维球

三维球打开后有三种状态，分别对应三种颜色：① 默认颜色（X、Y、Z 三个轴对应的颜色分别是红、绿、蓝）；② 白色；③ 黄色，如表 2-12 所示。

三维球被激活后，将依附在三维模型上，默认颜色为彩色。

表 2－12　三维球三色状态

颜色	说明	图示
默认颜色（X－红，Y－绿，Z－蓝）	三维球与物体关联。三维球移动，物体会跟着三维球一起移动	
白色	鼠标左键单击默认颜色的三维球，按空格键，三维球将变为白色。此时三维球与物体互不关联。三维球移动，物体不跟随移动	
黄色	单击轴，轴将变为黄色。表示该轴已被固定（约束），三维物体只能在该轴的方向上进行定位	

4. 三维球的菜单栏

打开三维球后，对着中心点和轴单击鼠标右键，均会出现菜单栏，如图 2－7 和图 2－8 所示，这使三维球的功能大大增多。在接下来的任务中，将会使用到菜单栏中的大多数功能。

5. 三维球基本使用方法

学习以上三维球理论知识后，接下来在 ABB 机器人写字（梦字）示例工作站中使用三维球，学习其结构、状态，以及零件的定位和移动的操作方法。

1）打开三维球

打开三维球的操作步骤如表 2－13 所示。

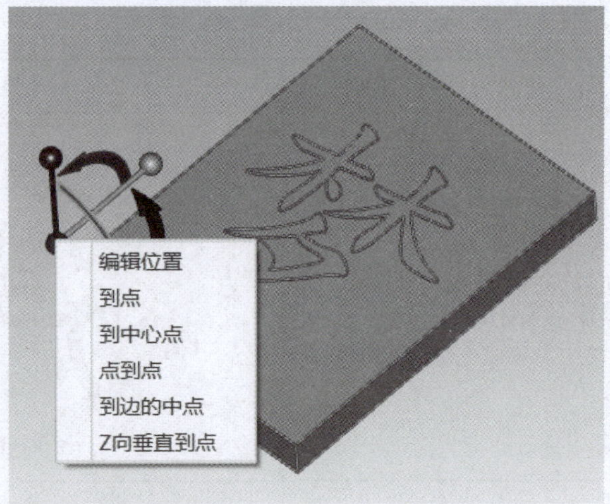

图 2-7　三维球中心点鼠标右键菜单

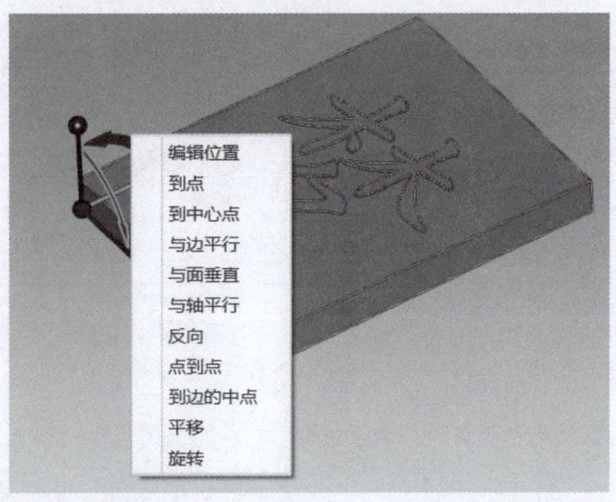

图 2-8　三维球轴的鼠标右键菜单

三维球的基本操作

表 2-13　打开三维球的操作步骤

步骤	操作内容	图示
步骤 1	打开 ABB 机器人写字（梦字）工作站	

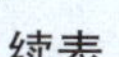

续表

步骤	操作内容	图示
步骤 2	鼠标左键单击需要移动的零件，该零件变为黄色	
步骤 3	菜单栏中的【三维球】图标被激活，由灰色变为彩色。 鼠标左键单击【三维球】图标	 
步骤 4	此时零件上附着一个彩色的三维球，此状态三维球可以带着零件移动	

2）使用三维球拖动零件

使用三维球拖动零件的操作步骤如表 2－14 所示。

表 2－14　使用三维球拖动零件的操作步骤

步骤	操作内容	图示
步骤 1	打开三维球后，三维球显示彩色，此时三维球可以带着零件移动	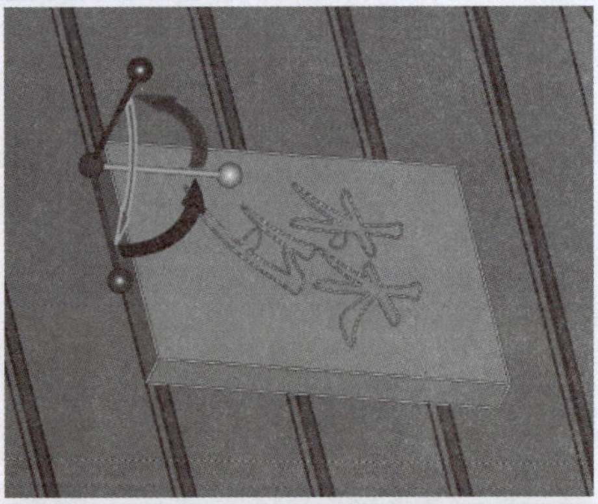
步骤 2	鼠标左键点中 X 轴后（红色轴），X 轴变为黄色，其他轴虚化，可以开始拖动，物体沿着 X 轴线运动	
步骤 3	采用同样的方法，可以拖动零件沿 Y 轴、Z 轴方向移动	
步骤 4	鼠标左键按住旋转轴，可以控制零件旋转。 例：鼠标左键按住蓝色旋转轴（Z 轴），Z 轴和 Z 轴旋转轴保持蓝色，其他轴虚化。 拖动轴，零件绕 Z 轴旋转	

续表

步骤	操作内容	图示
步骤 5	采用同样的方式，可以使零件绕 X 轴、Y 轴旋转	

3）改变三维球在零件上的位置

改变三维球在零件上的位置的操作步骤如表 2－15 所示。

表 2－15　改变三维球在零件上的位置的操作步骤

步骤	操作内容	图示
步骤 1	单击鼠标左键，选中“梦”字零件，模型变为黄色	
步骤 2	单击菜单栏中的【三维球】图标，三维球弹出	三维球　点轴校准　新建坐标系 测量　多点校准　选项 三点校准　对齐　示教器 工具
步骤 3	三维球在默认颜色下，处在零件的 A 点，由于操作需要，将三维球移到 B 点	A　B

续表

步骤	操作内容	图示
步骤 4	单击键盘上的空格键，此时三维球变为白色	
步骤 5	鼠标对准三维球中心，单击右键，选择【到点】	
步骤 6	鼠标左键单击 *B* 点，此时三维球移动到 *B* 点	
步骤 7	单击空格键，三维球变回默认颜色。此时就可以以 *B* 点为基准，带动零件移动了	

4）三维球中心点菜单栏功能

（1）编辑位置。

将零件定位到世界坐标系下的任意一点，在彩色状态下，将中心点菜单栏中【编辑位置】的 *X*、*Y*、*Z* 数值改为需要的位置，三维球将带着零件移动至该位置。在白色状态下，则只有三维球位置发生变化。

零件定位到原点的操作步骤如表 2-16 所示。

表 2-16 零件定位到原点操作步骤

步骤	操作内容	图示
步骤 1	打开零件三维球，三维球默认为彩色状态	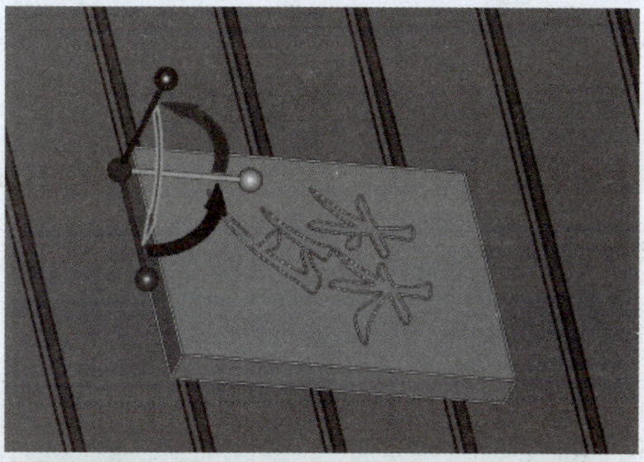
步骤 2	鼠标对准三维球中心，单击右键，选择三维球中心点右键菜单的【编辑位置】	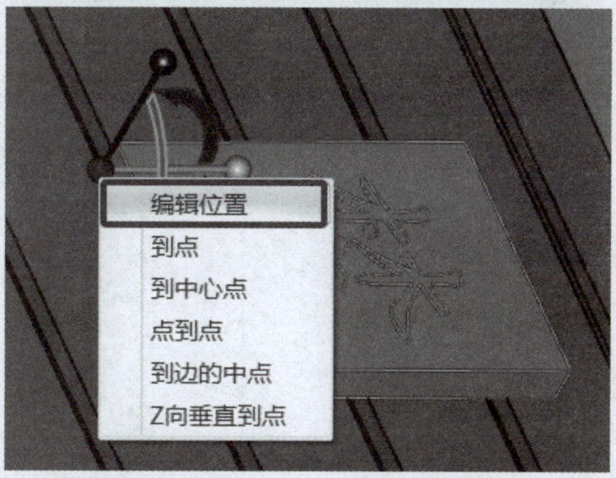
步骤 3	弹出位置输入框，在输入框内输入 *X*、*Y*、*Z* 三个轴方向的向量值，即可将三维球移动到需要的位置。 为了将零件定位到世界坐标系原点，将 *X*、*Y*、*Z* 改为（0，0，0）	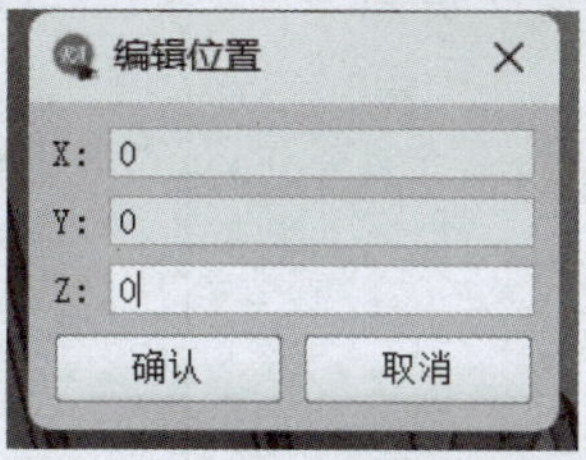
步骤 4	确认后，三维球中心点带着零件移动至世界坐标系原点	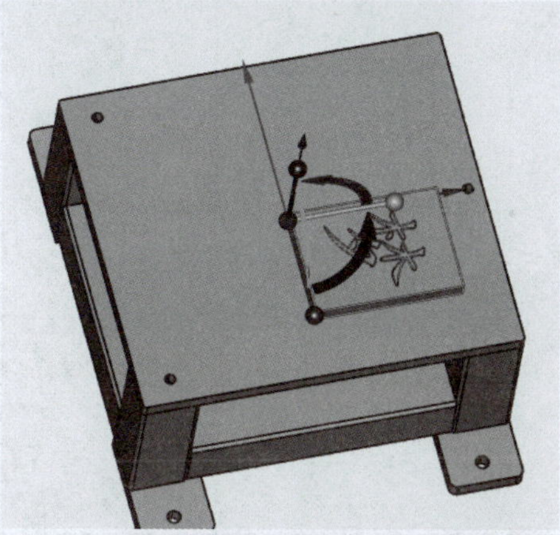

（2）到点。

三维球在彩色状态下通过【到点】功能可使三维球带着零件移动到第二个操作对象上的选定点，在白色状态下只有三维球自身移动。前面我们将零件移动到原点，现在需要将零件放回桌面。其操作步骤如表 2－17 所示。

表 2－17　到点的操作步骤

步骤	操作内容	图示
步骤 1	选择“梦”字零件，打开三维球	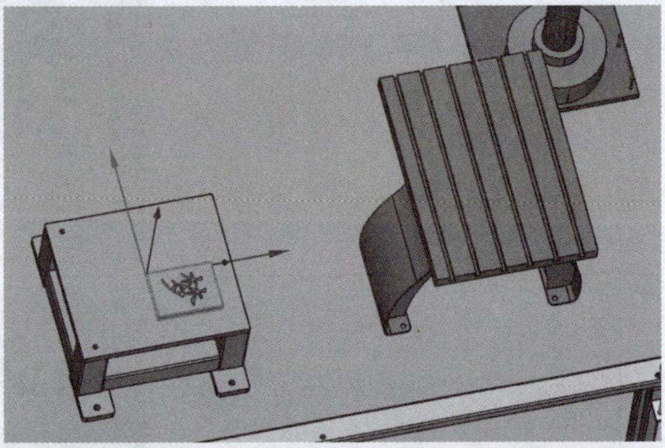
步骤 2	需要将零件从原点移动到桌面上 A 点	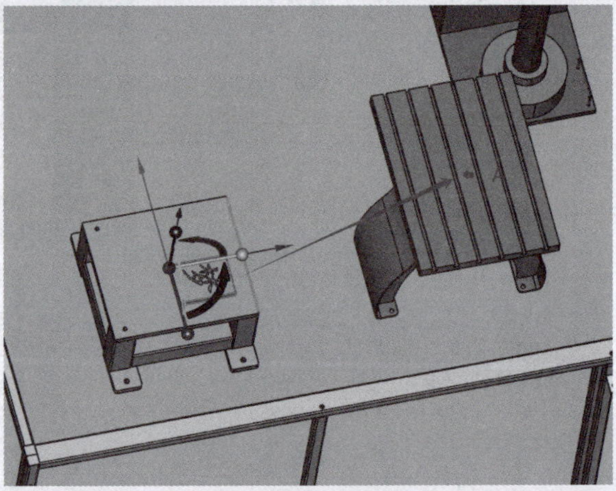
步骤 3	鼠标对准三维球中心，单击右键，选择三维球中心点右键菜单的【到点】	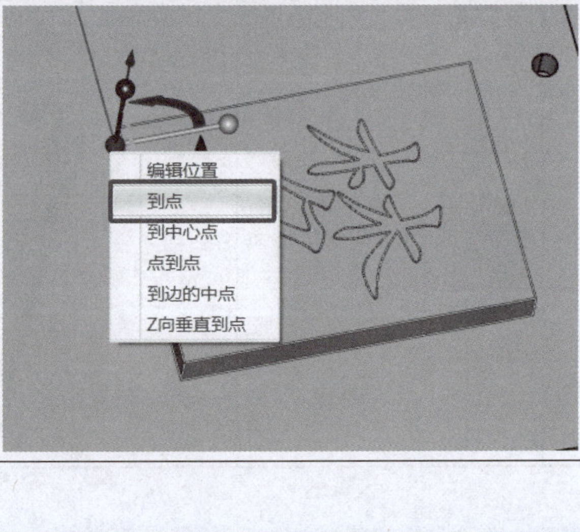

续表

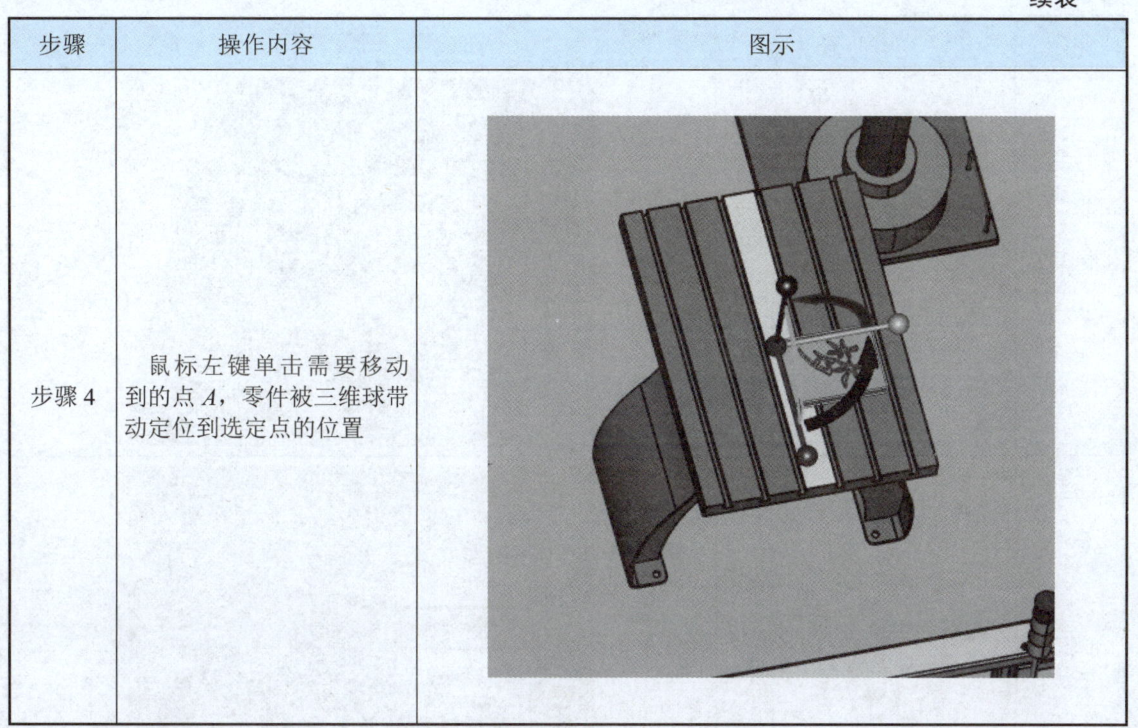

步骤	操作内容	图示
步骤 4	鼠标左键单击需要移动到的点 A，零件被三维球带动定位到选定点的位置	

（3）到中心点。

使三维球移动到第二个操作对象上直线段中心点或圆的圆心（默认颜色状态下，三维球携带三维模型一起移动；白色状态下，只有三维球本体移动）。如果选中第二个操作对象上的直线段，三维球移动到直线段的中点；如果选中第二个操作对象上的圆，三维球移动到圆的圆心点。

现在将使用三维球将零件移动到桌面正中心，其操作步骤如表 2－18 所示。

表 2－18　到中心点操作步骤

步骤	操作内容	图示
步骤 1	首先打开零件三维球	

续表

步骤	操作内容	图示
步骤 2	改变三维球在零件上的位置，将三维球移动至零件的中心。 按空格键，三维球变白	
步骤 3	鼠标右键单击中心点，出现菜单栏，选择到中心点	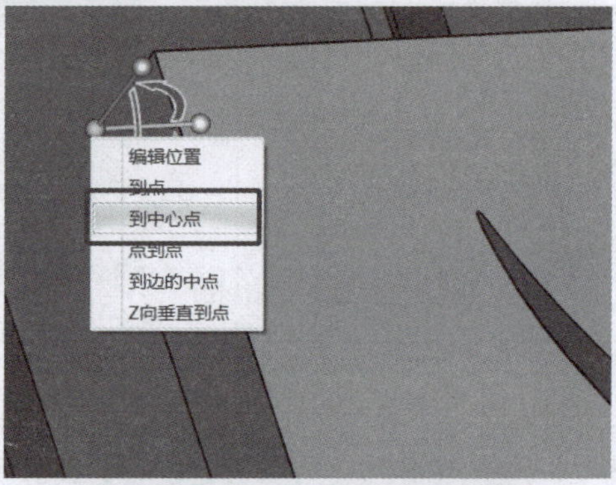
步骤 4	选择零件下边线（绿色线），三维球移动至下边线中心点	 

续表

步骤	操作内容	图示
步骤 5	单击三维球 *Y* 轴，该轴变为黄色。此时三维球在 *Y* 轴上固定，只能沿 *Y* 轴移动	
步骤 6	继续使用【到中心点】功能，目的是使三维球中心点到梦字下面的中心点	
步骤 7	鼠标左键选择梦字底面另外一条边线（绿色线）	
步骤 8	三维球沿 *Y* 轴移动，三维球中心点与选中的边线中心点对齐。此时，三维球中心点到达梦字下面的中心点	

续表

步骤	操作内容	图示
步骤 9	按空格键，将三维球恢复彩色，此时三维球可以带动零件移动	
步骤 10	鼠标右键单击三维球，选择【到中心点】功能	
步骤 11	鼠标左键选择桌面上一条边（绿色），选中后，零件移动至这条边的中点	
步骤 12	鼠标左键选中 Y 轴，Y 轴变为黄色，Y 轴固定	

续表

步骤	操作内容	图示
步骤 13	鼠标右键单击三维球中心点，选择【到中心点】功能	
步骤 14	选择桌子的另外一条边（绿色），零件与此边中心点对齐	
步骤 15	移动完成，单击【工具】模块中的【三维球】，关闭三维球	

以上是到直线段中心点的操作步骤，还可以找一个圆柱形物体作为第二个操作对象，练习操作到圆的圆心。

（4）点到点。

此选项可使三维球移动到第二个操作对象上两点之间的中点位置，具体操作步骤如表 2－19 所示。

表 2－19　点到点操作步骤

步骤	操作内容	图示
步骤 1	单击鼠标左键，选中三维模型，模型变为黄色	
步骤 2	单击菜单栏中的【三维球】图标，三维球弹出	 三维球　点轴校准　新建坐标系 测量　多点校准　选项 三点校准　对齐　示教器 工具
步骤 3	鼠标对准三维球中心，单击右键，左键选择三维球中心点右键菜单的【点到点】	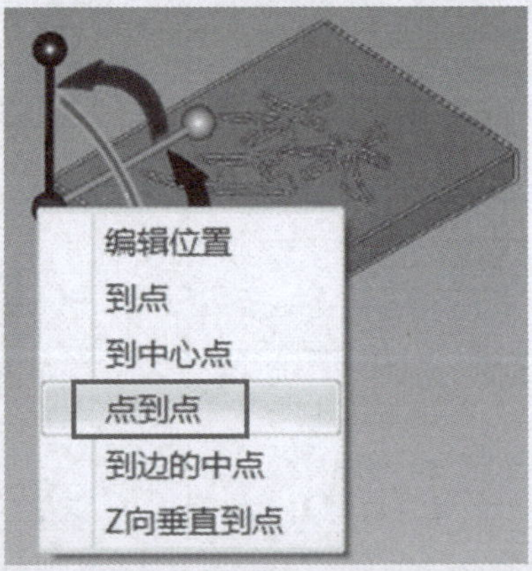 编辑位置 到点 到中心点 点到点 到边的中点 Z向垂直到点
步骤 4	鼠标左键分别单击第二个操作对象上的两点（点 *A*、点 *B*）	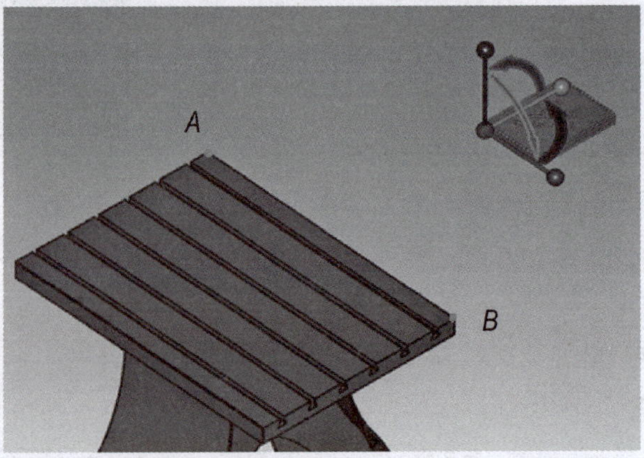 A B

续表

步骤	操作内容	图示
步骤 5	三维球带着三维模型移动到 *A*、*B* 两点的中点位置	

（5）到边的中点。

此选项可使三维球移动到第二个操作对象上某一条边的中点，与到中心点中选择某边的中心点操作类似，此处不再赘述。

5）平移轴、旋转轴菜单功能

（1）编辑位置。

编辑位置操作步骤如表 2－20 所示。

表 2－20　编辑位置操作步骤

步骤	操作内容	图示
步骤 1	单击鼠标右键选取 *Y* 轴，弹出菜单栏，选择【编辑位置】	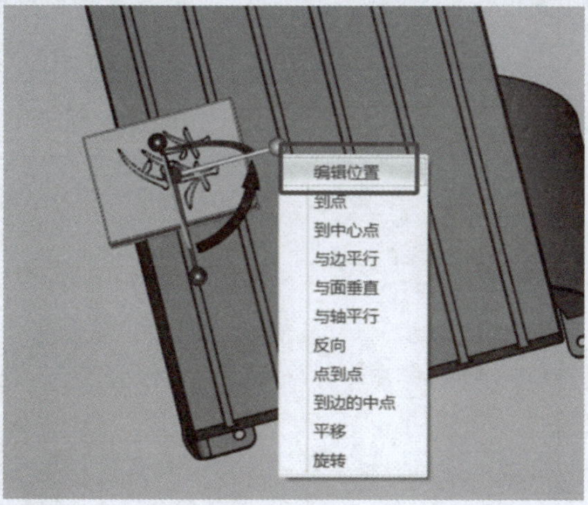

续表

步骤	操作内容	图示
步骤 2	出现“编辑方向”对话框，修改 X、Y、Z 值，可以修改零件方向。 例如将 X 轴的 1 改为 −1，则 X 轴反向	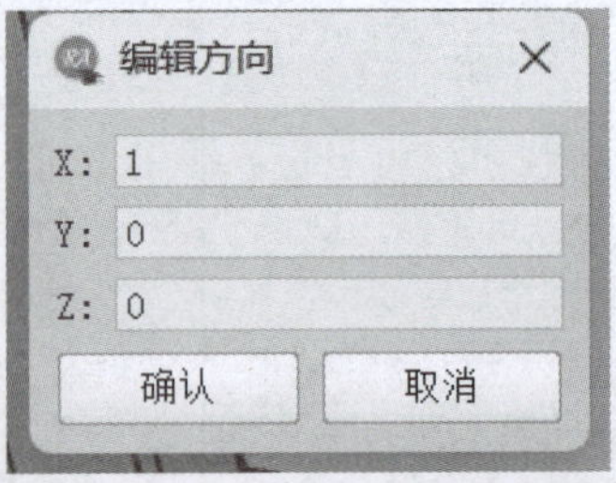 

（2）到点。

指鼠标选取的轴指向捕捉的点，具体操作步骤如表 2−21 所示。

表 2−21　轴到点的操作步骤

步骤	操作内容	图示
步骤 1	单击鼠标左键选取 X 轴，可以看出 X 轴由红色变为黄色	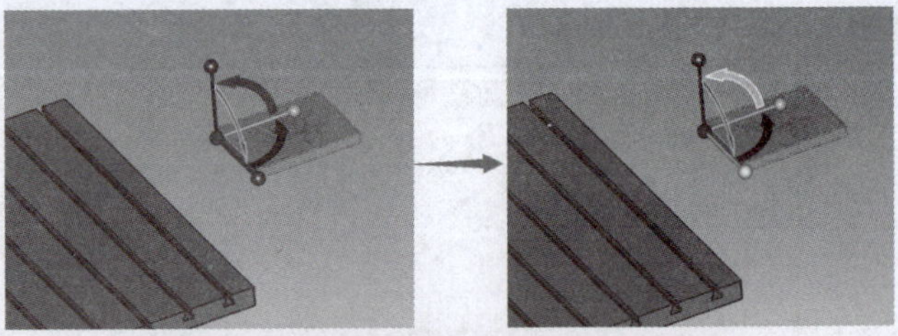
步骤 2	单击鼠标右键出现菜单栏，选择【到点】	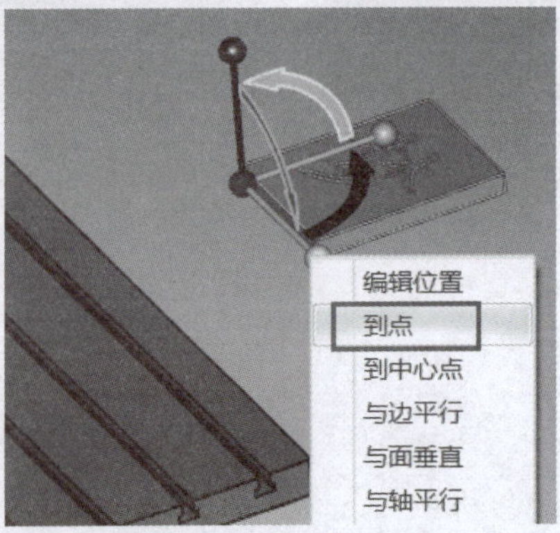

续表

步骤	操作内容	图示
步骤 3	单击鼠标左键捕捉到需要指向的点（绿色点）	
步骤 4	最后，X 轴指向选择的绿点，但三维球原点位置不变	

菜单栏中其他功能操作方法与此类似，不再一一列举操作步骤，仅对功能进行介绍。

（3）到中心点。

指鼠标选取的轴（黄色）指向捕捉的直线段（绿色线）或圆的中心点，如图 2-9 所示。

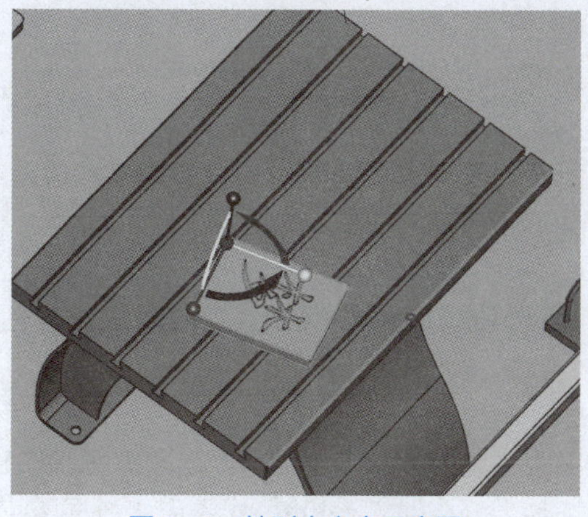

图 2-9　轴到中心点示意图

（4）与边平行。

指鼠标选取的轴与捕捉的边平行。黄色的轴为选取轴，绿色线为捕捉的边，如图 2－10 所示。

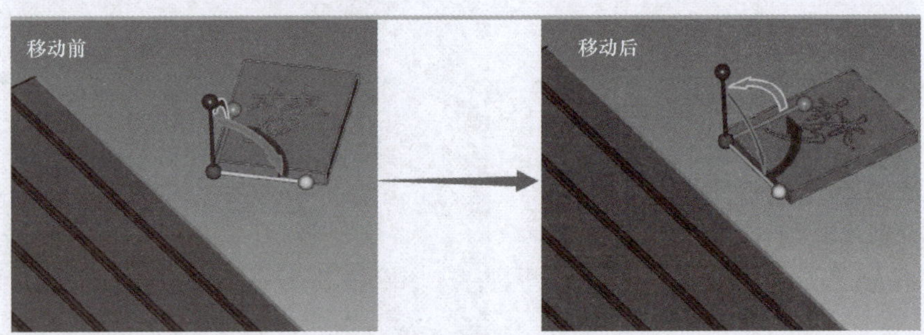

图 2－10　与边平行操作前后对比

（5）与面垂直。

指鼠标选取的轴与捕捉的面垂直。黄色轴为选取的轴，绿色的面为捕捉的面，如图 2－11 所示。

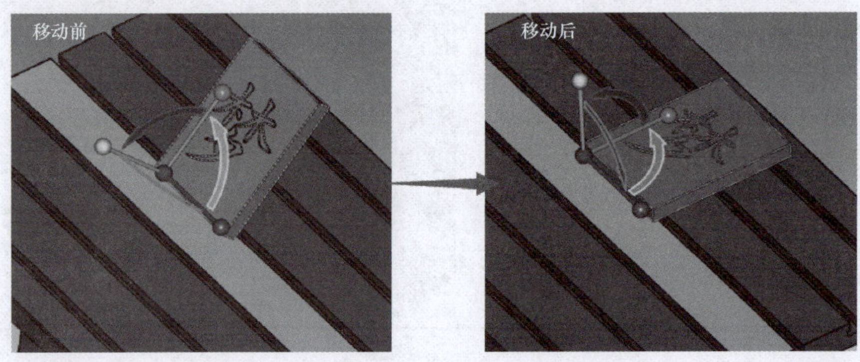

图 2－11　与面垂直操作前后对比

（6）与轴平行。

指鼠标选取的轴与捕捉的柱面轴线平行。

（7）反向。

指三维球带动元素在选取的轴方向上转动 180°。

（8）点到点。

指鼠标选取的轴指向所选对象两点之间的中点位置，三维球附着的三维模型姿态也会跟随调整。捕捉的两点为点 A 和点 B，如图 2－12 所示。

（9）到边的中点。

指鼠标选取的轴指向所选边线的中心点位置，同时三维球附着的物体姿态也会跟着调整。

（10）平移。

输入数值，轴平移相应距离。如图 2－13 所示，选取绿色轴（Y 轴），变为黄色，单击鼠标右键，在弹出的菜单中选择平移，输入 －400，代表向 Y 轴负方向移动 400 mm。

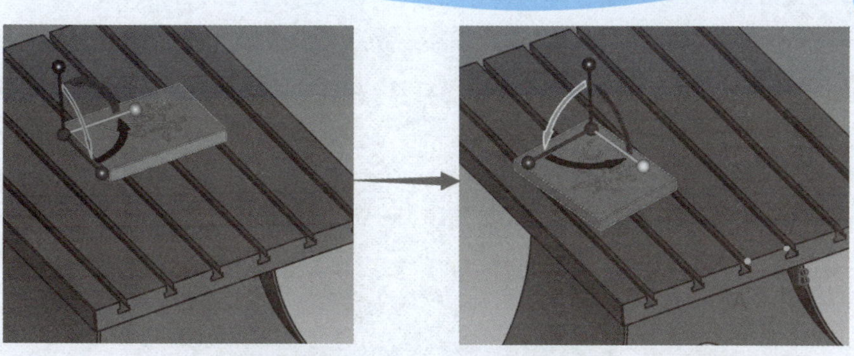

图 2-12　点到点操作前后对比图

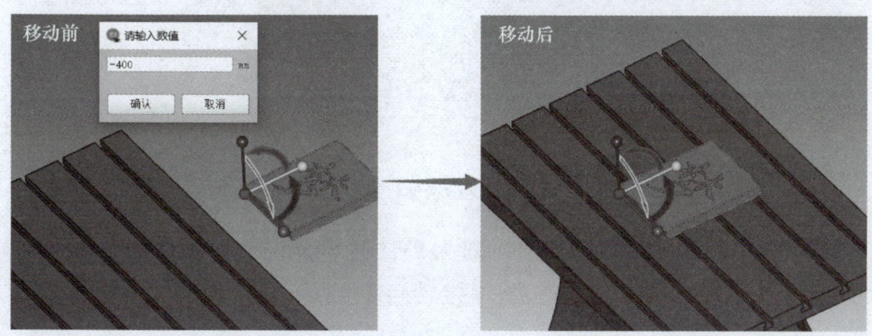

图 2-13　平移操作前后对比图

（11）旋转。

输入数值，绕选取的轴旋转相应角度。如图 2-14 所示，选取绿色的轴（*Y* 轴），变为黄色，单击鼠标右键出现菜单栏，选择旋转，输入数值-90，代表旋转-90°。

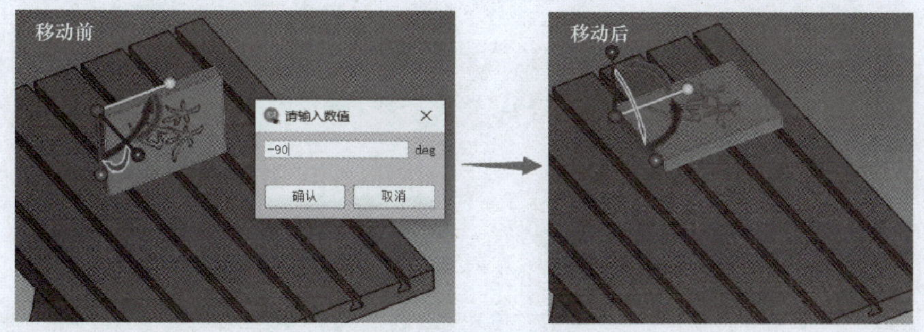

图 2-14　旋转操作前后对比图

任务实施

智能产线虚拟构建目的是模拟真实环境下设备的运行情况，如果仿真运行过程中，设备出现碰撞、不能到达等问题，可以及时修正，避免安装后再调整，可缩短调试周期，节约时间成本。接下来通过使用三维球，完成 CHL-GY-11 智能产线的搭建，搭建好的示意图如图 2-15 所示。

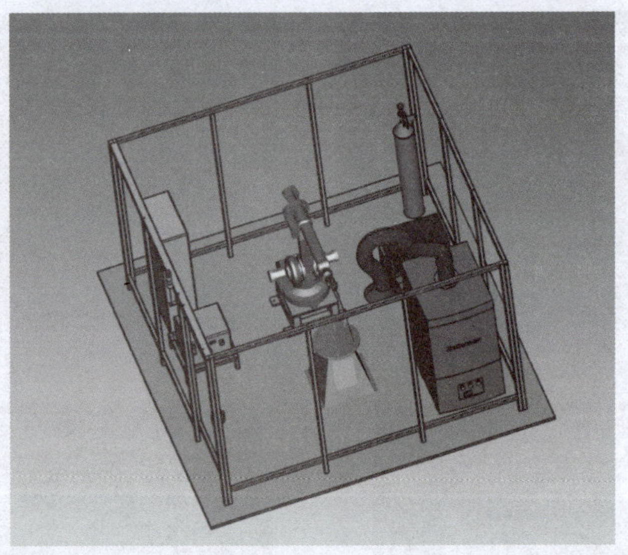

图 2-15　CHL-GY-11 智能产线示意图

CHL-GY-11 智能产线有机器人、机器人焊接转台、安全防护房、气瓶、焊接电源、电控柜、清枪剪丝站等设备，主要用于加工焊接转台上的零部件。

1. 智能产线各设备的导入

从零搭建工作站

智能产线设备导入操作步骤如表 2-22 所示。

表 2-22　智能产线设备导入操作步骤

步骤	操作内容	图示
步骤 1	新建	
步骤 2	选择工作站	

续表

步骤	操作内容	图示
步骤 3	选择示例当中的 CHL－GY－11 工作站从零搭建	示例 构建基本仿真工业机器人工作站 CHL-GY-11工作站从零搭建 插入
步骤 4	查看场景各设备是否齐全	场景 IRC5C 焊接烟尘过滤器 电控柜-1200H 清枪剪丝站 焊接电源 气瓶 地面 安全防护房-工艺实训
步骤 5	打开机器人库	机器人库 工具库 设备库 输入 场景搭建
步骤 6	插入 ABB－IRB1410 机器人	ABB-IRB1410 29910次使用 插入

续表

步骤	操作内容	图示
步骤 7	导入后设备是零散分布的，需要用三维球搭建成图 2－15 所示的样子	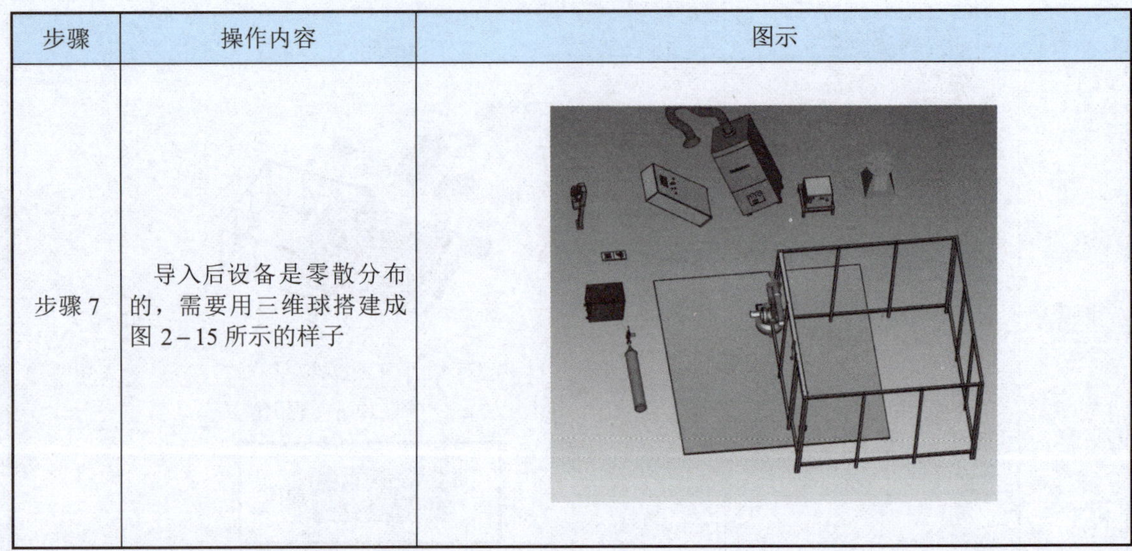

2. 智能产线设备搭建

搭建方法：由于这里各设备已经存在，所以只需要对其位置进行摆放即可。摆放时，首先选择需要搭建的设备，调出三维球；然后查看三维球位置合不合适，如果不合适再单独调整三维球在设备上的位置（此时三维球要切换成白色）；最后通过三维球将设备移动到合适位置（此时三维球要切换为彩色）。

1）安全防护房的搭建

安全防护房搭建操作步骤如表 2－23 所示。

表 2－23 安全防护房搭建操作步骤

步骤	操作内容	图示
步骤 1	鼠标左键单击场景中的安全防护房，安全防护房变黄	工作的设备：ABB-IRB1410 坐 标 本地坐标系 机器人加工管理 场景 IRC5C 焊接烟尘过滤器 电控柜-1200H 清枪剪丝站 国 梦 焊接电源 气瓶 地面 安全防护房-工艺实训 零件 坐标系 外部工具 快换工具

续表

步骤	操作内容	图示
步骤 1	鼠标左键单击场景中的安全防护房，安全防护房变黄	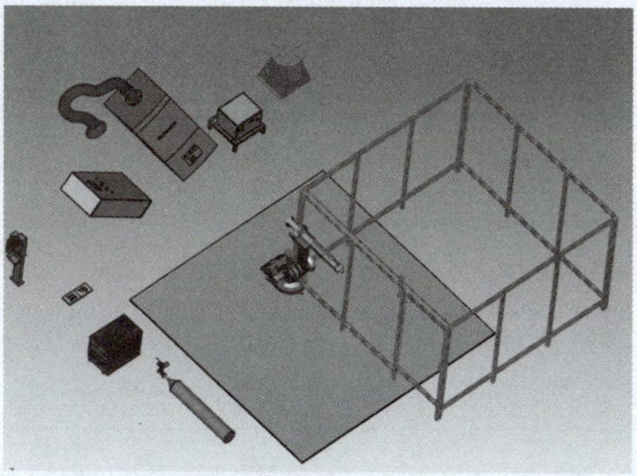
步骤 2	选择工具栏中的【三维球】图标	
步骤 3	选择三维球中心点，单击鼠标右键，出现菜单栏，选择【到点】	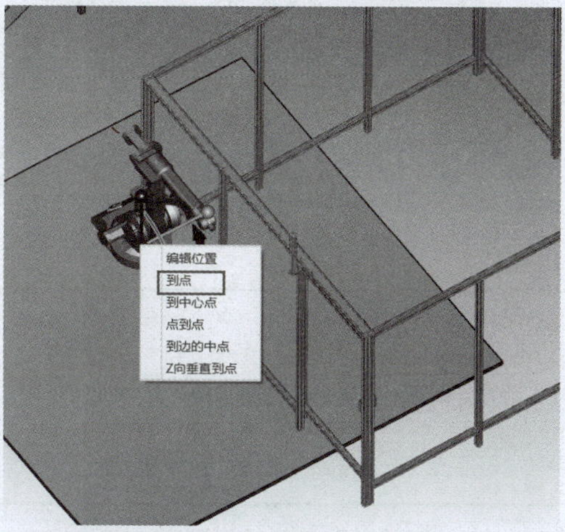
步骤 4	选择到地面的左上角的一点，三维球带着安全防护房到地面左上角	

续表

步骤	操作内容	图示
步骤 5	按鼠标中键，调整视角，俯视整个场景；按住【Shift】键和中键，将安全防护房调整到绘图区中央	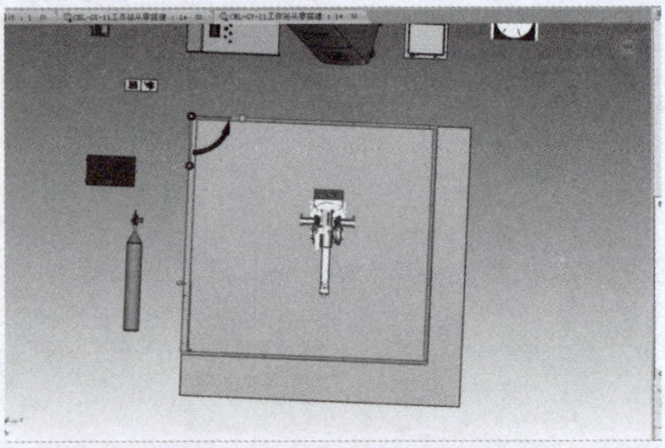
步骤 6	鼠标左键拖动 X、Y 平移轴，调整安全防护房在地面上的位置	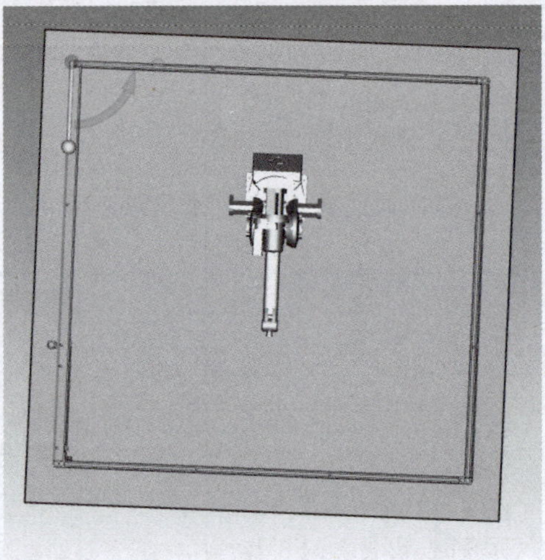

2）机器人控制柜的搭建

机器人控制柜的搭建操作步骤如表 2－24 所示。

表 2－24　机器人控制柜的搭建操作步骤

步骤	操作内容	图示
步骤 1	鼠标左键单击场景中的【IRC5C】，机器人控制柜变黄	 机器人加工管理 场景 IRC5C 焊接烟尘过滤器 电控柜-1200H 清枪剪丝站 国 梦 焊接电源 气瓶 地面 安全防护房-工艺实训

续表

步骤	操作内容	图示
步骤 1	左键单击场景中的【IRC5C】，机器人控制柜变黄	
步骤 2	选择工具栏中的【三维球】图标	
步骤 3	三维球不在机器人控制柜上，需要改变三维球位置	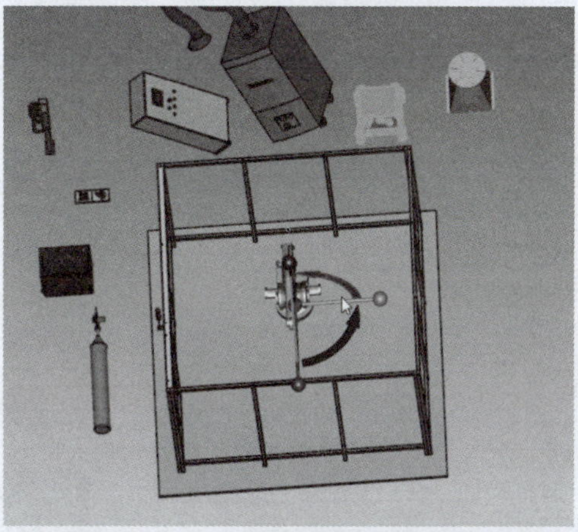
步骤 4	单击空格键，三维球由彩色变为白色	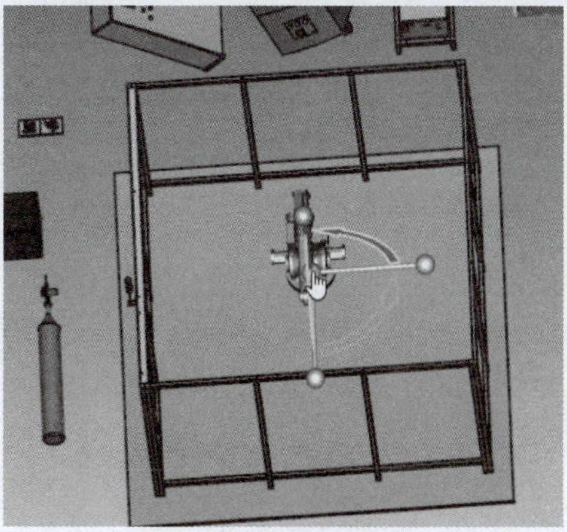

续表

步骤	操作内容	图示
步骤 5	对着三维球中心点单击鼠标右键，出现菜单栏，选择【到点】	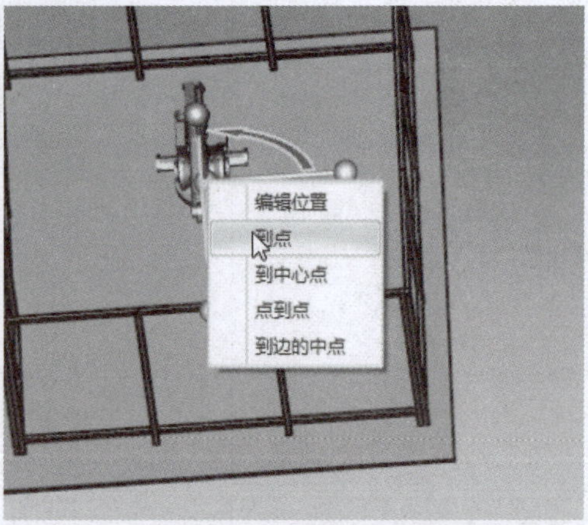
步骤 6	选择控制柜柜脚最下面一点	
步骤 7	三维球移动到柜脚最下面一点	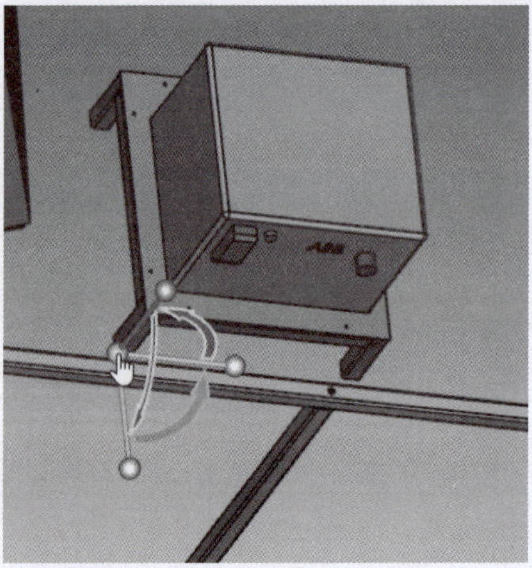

续表

步骤	操作内容	图示
步骤 8	单击空格键，三维球变为彩色，对着三维球中心点单击鼠标右键，出现菜单栏，选择【到点】	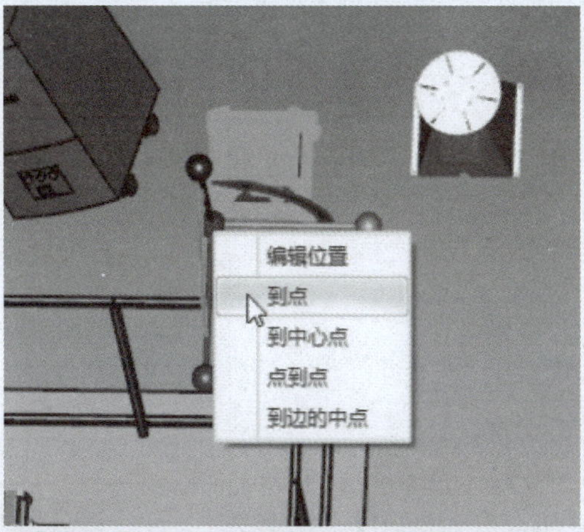
步骤 9	单击地面，三维球带着控制柜移动到地面上	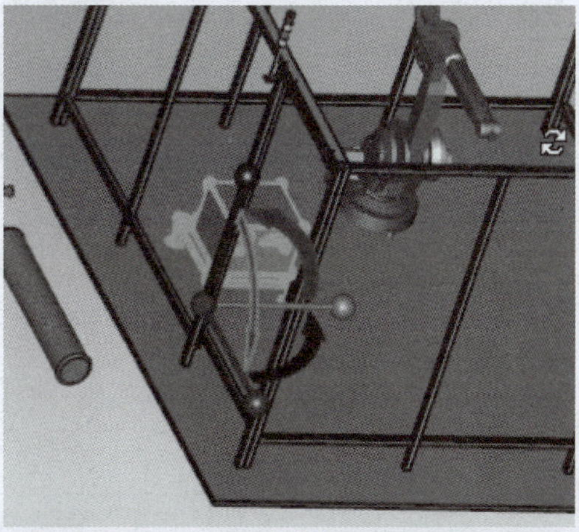
步骤 10	拖动 X、Y 平移轴，调整控制柜位置，尽量离机器人远一点	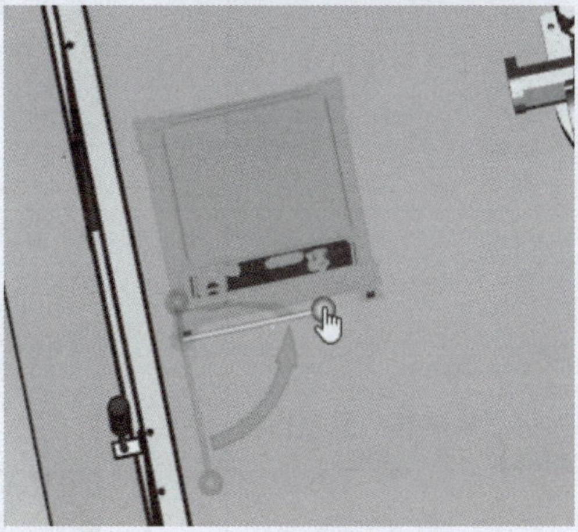

3）电控柜的搭建

电控柜搭建操作步骤如表 2-25 所示。

表 2－25　电控柜搭建操作步骤

步骤	操作内容	图示
步骤 1	鼠标左键单击场景中的【电控柜－1200H】，电控柜变黄	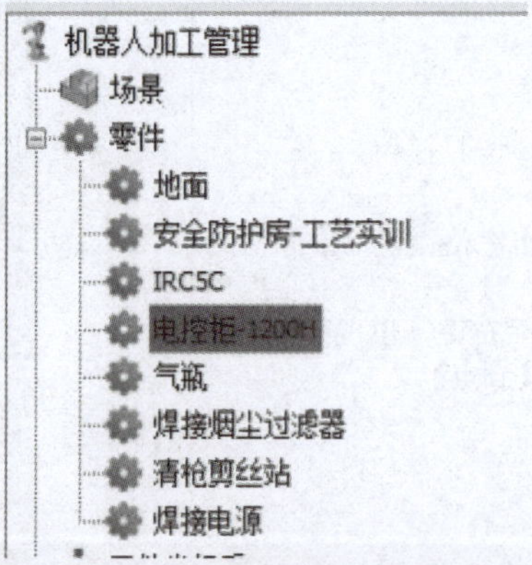 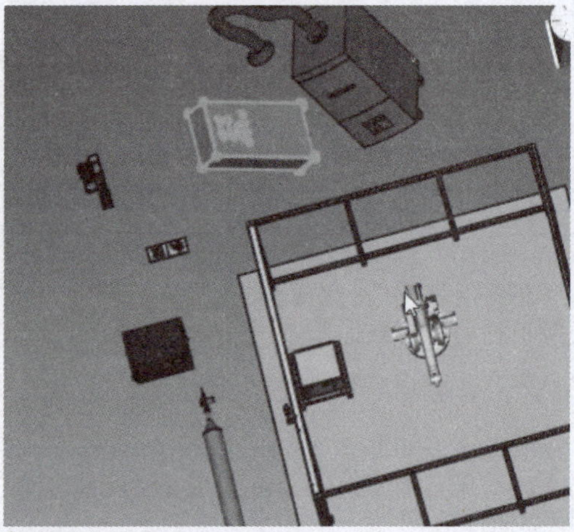
步骤 2	选择工具栏中的【三维球】图标	
步骤 3	将三维球移动到电控柜柜脚最下面一点上	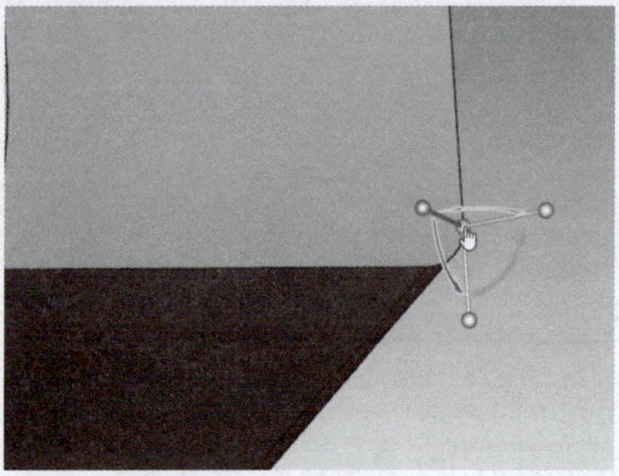

续表

步骤	操作内容	图示
步骤 4	将三维球的平移轴与电控柜垂直/平行。首先选择 Z 轴平移轴与电柜底面垂直	
步骤 5	操作完成后可以看到三维球与电控柜底面垂直	

续表

步骤	操作内容	图示
步骤 6	然后将三维球变为彩色	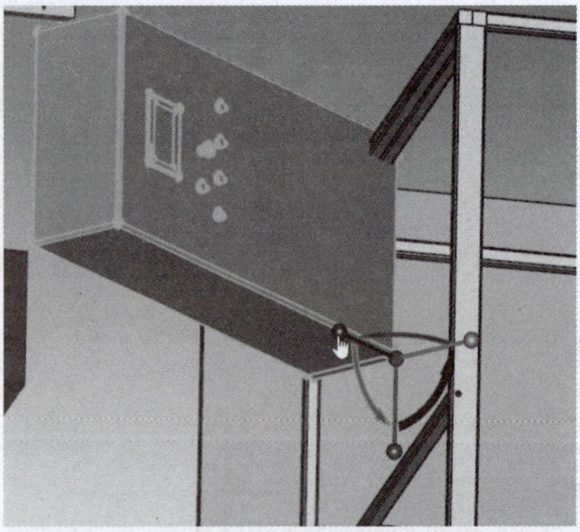
步骤 7	再选择 Z 轴与地面垂直	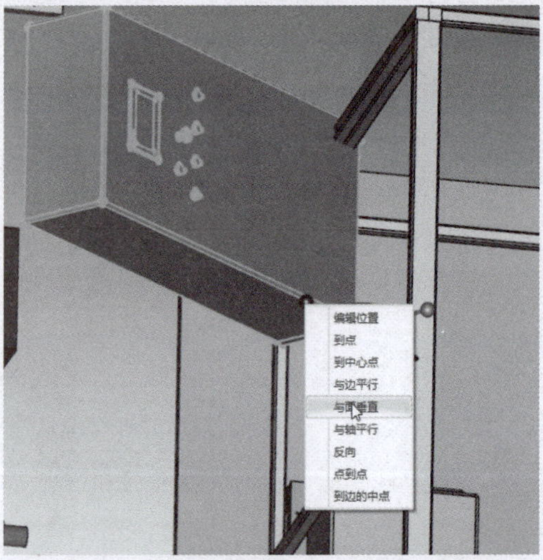
步骤 8	此时，三维球带动控制柜与地面垂直，但没有接触地面	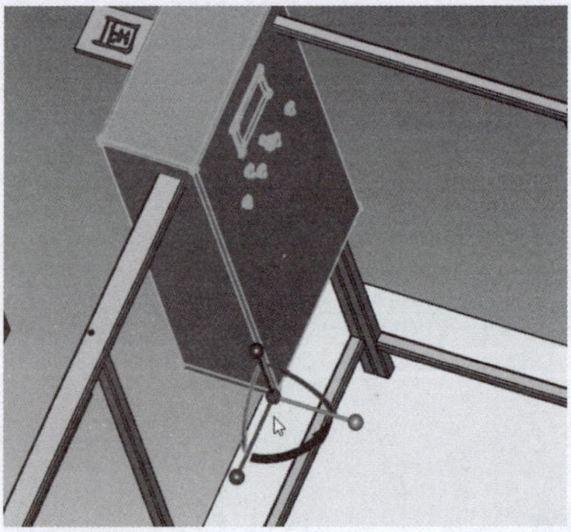

续表

步骤	操作内容	图示
步骤 9	最后，选择三维球中心点【到点】操作	
步骤 10	将电控柜移动到地面上	
步骤 11	最后拖动 X、Y 平移轴，将电控柜放在靠墙位置	

4）气瓶的搭建

气瓶搭建操作步骤如表 2－26 所示。

表 2–26　气瓶搭建操作步骤

步骤	操作内容	图示
步骤 1	在场景中选择【气瓶】	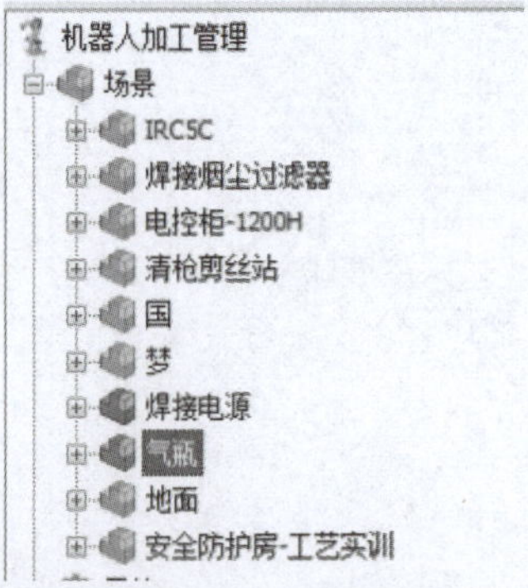 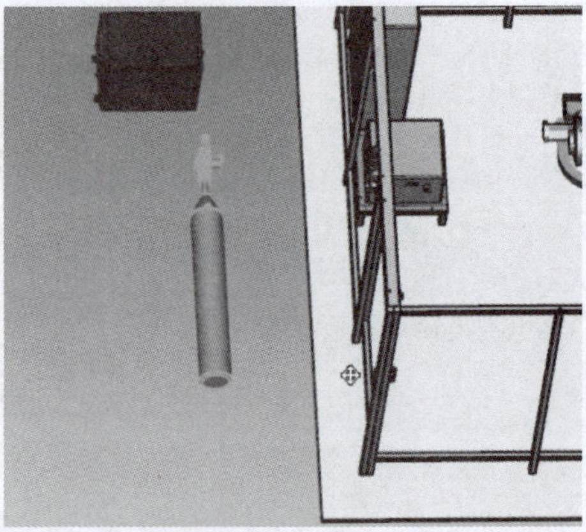
步骤 2	单击空格链，三维球变白；鼠标右键单击三维球中心点，在菜单中选择【到中心点】	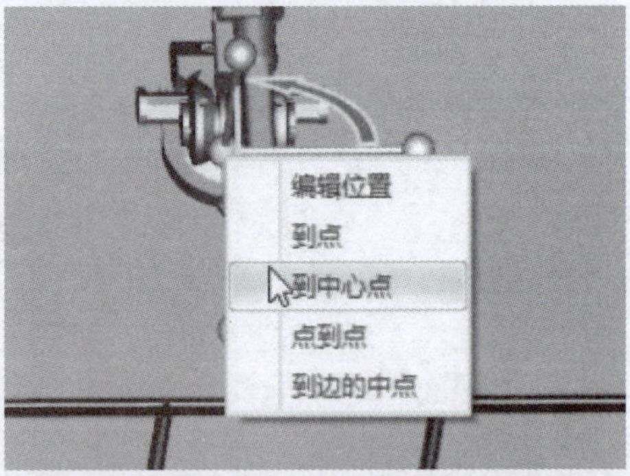
步骤 3	选择气瓶底面的边线，三维球到气瓶底面圆心位置	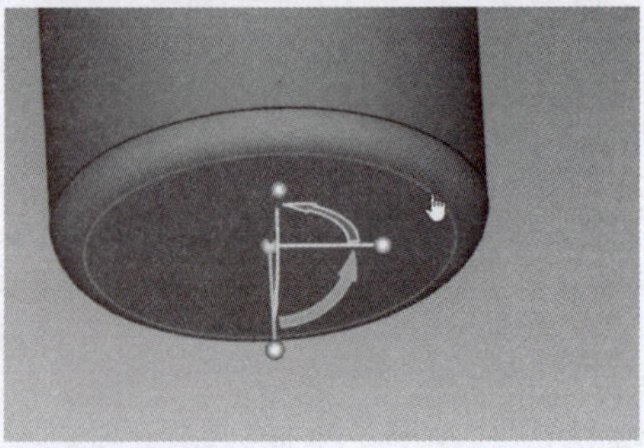

续表

步骤	操作内容	图示
步骤 4	将三维球变为彩色，对着 X 轴，单击鼠标右键，在菜单栏中选择【与面垂直】，选择地面	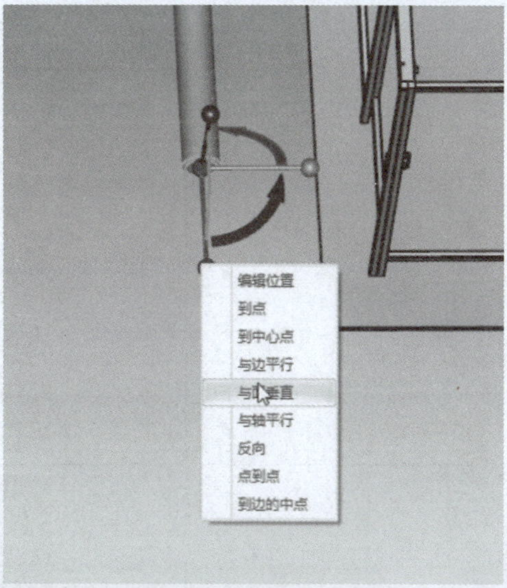
步骤 5	气瓶与地面垂直，但是方向放反	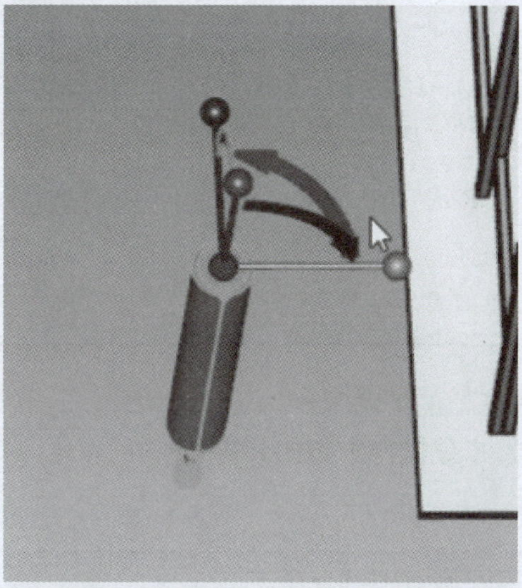
步骤 6	对着 X 轴单击鼠标右键，在弹出的菜单中选择【反向】	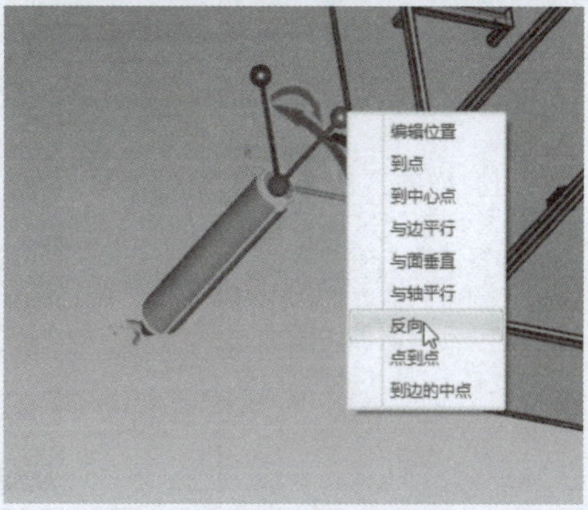

续表

步骤	操作内容	图示
步骤 7	气瓶放正	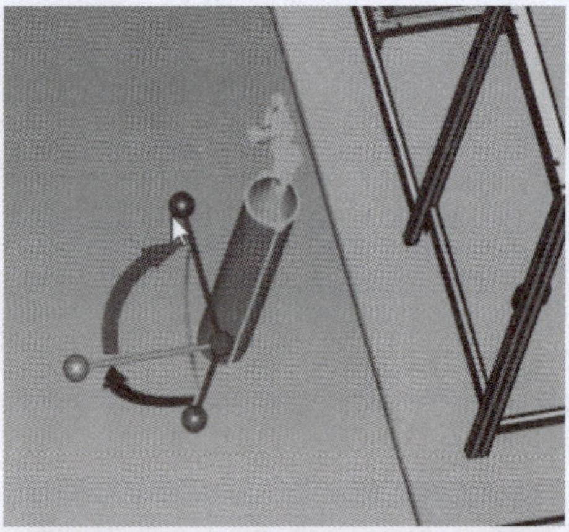
步骤 8	通过【到点】的方式，将气瓶放置到地面上合适位置	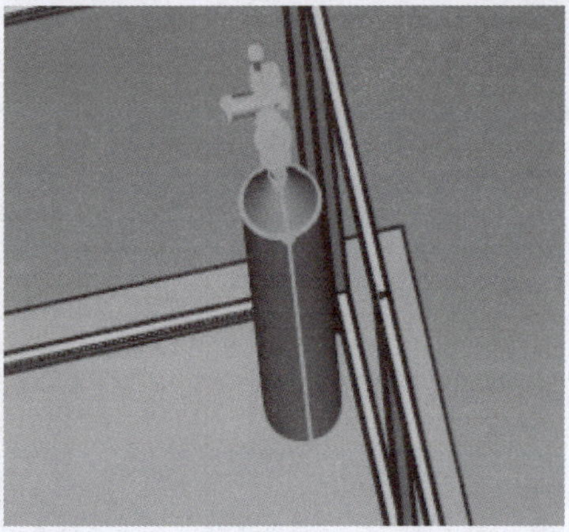

5）过滤器的搭建

过滤器搭建操作步骤如表 2-27 所示。

表 2-27　过滤器搭建操作步骤

步骤	操作内容	图示
步骤 1	采用同样的方法调出三维球，并调整三维球在设备上的位置。将三维球变白，通过【到点】的方式，将三维球移动到过滤器轮胎上	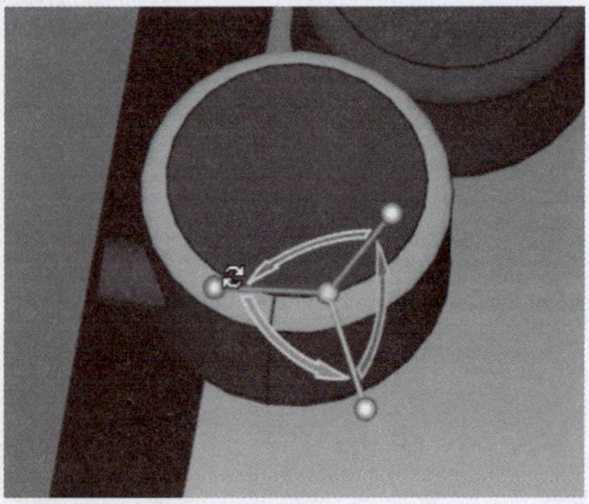

续表

步骤	操作内容	图示
步骤 2	再通过【到中心点】的方式，将三维球移动到轮胎的中心点上	
步骤 3	将三维球 Z 轴与设备底面垂直	
步骤 4	再通过【与边平行】，使三维球 X 轴与设备底面边平行	

续表

步骤	操作内容	图示
步骤 5	鼠标左键单击 Z 轴，Z 轴变为黄色，此时 Z 轴固定（三维球只能在 Z 轴方向移动）	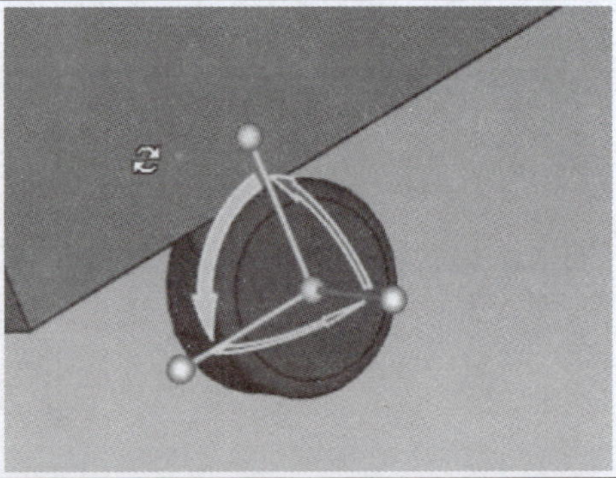
步骤 6	对着三维球中心点，单击鼠标右键，出现菜单栏，选择【到点】	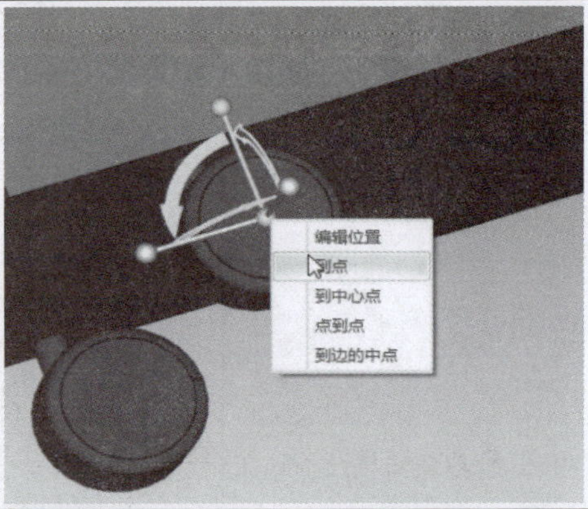
步骤 7	选中轮胎外面，三维球移动到轮胎最下面的位置，这个点即轮胎与地面接触点	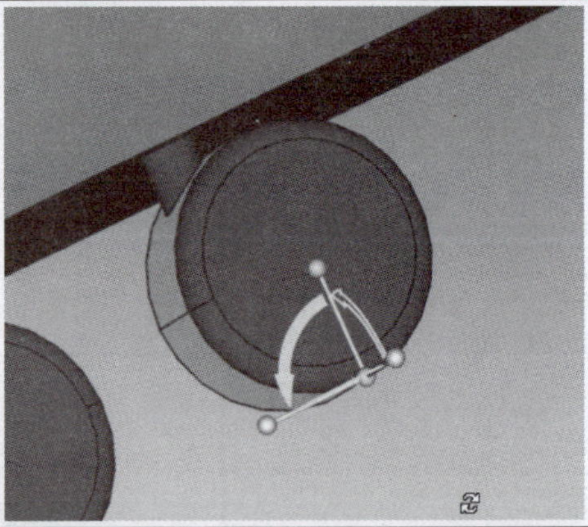
步骤 8	按空格键，将三维球切换成彩色，准备移动设备	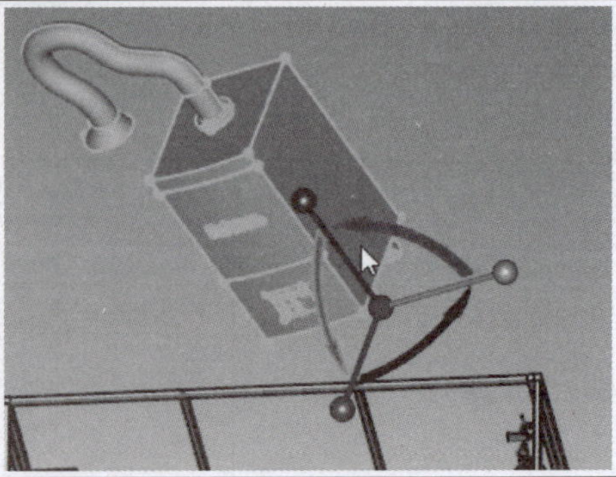

续表

步骤	操作内容	图示
步骤 9	为了保证设备摆放不倾斜，选中三维球 Z 轴，单击鼠标右键，在弹出的菜单中选择【与面垂直】，对象选择地面	
步骤 10	使三维球 Y 轴与地面边平行，选中三维球 Y 轴，单击鼠标右键，在弹出的菜单中选择【与边平行】，对象选择地面一条边（右图中绿色边）	
步骤 11	选中三维球中心点，单击鼠标右键，在弹出的菜单栏中选择【到点】，过滤器就摆放在地面上了	
步骤 12	最后，左右拖动三维球 X 轴和 Y 轴，将过滤器平移到合适的位置	

接下来，用同样的方法完成清枪剪丝站、焊接电源、机器人焊接转台、“国”“梦”两零件相应的设备及零部件的摆放，这里就不再一一介绍。

3. 机器人可达范围设置

为了保证焊接转台上的加工零件处在机器人工作范围内，搭建焊接转台前需要把机器人可达范围调出，具体步骤如表 2-28 所示。

表 2-28 机器人可达范围设置操作步骤

步骤	操作内容	图示
步骤 1	选中机器人，单击鼠标右键，弹出菜单栏，选择【属性】	
步骤 2	在弹出的“机器人属性”设置对话框中选择【显示设置】	

续表

步骤	操作内容	图示
步骤 3	工作空间由【不显示】改为【当前工具】，单击【确定】按钮	
步骤 4	此时，绿色区域即为机器人工具能达到的工作空间	

4. 安装工具

场景搭建完成后，就需要安装机器人焊枪工具，具体操作步骤如表 2－29 所示。

表 2－29　安装机器人焊枪工具操作步骤

步骤	操作内容	图示
步骤 1	在菜单栏中选择【工具库】	
步骤 2	选择【法兰工具】	

续表

步骤	操作内容	图示
步骤 3	找到焊枪–带防碰撞传感器，单击【下载】	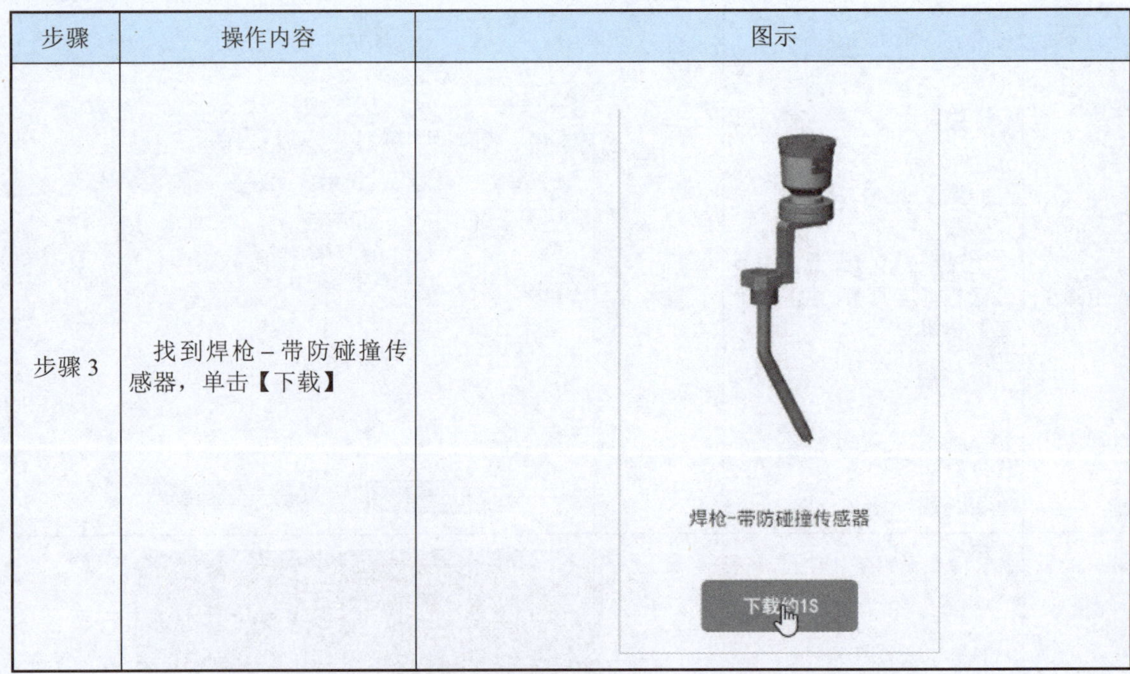

完成上述步骤后，焊枪工具就安装完成了，如图 2–16 所示。

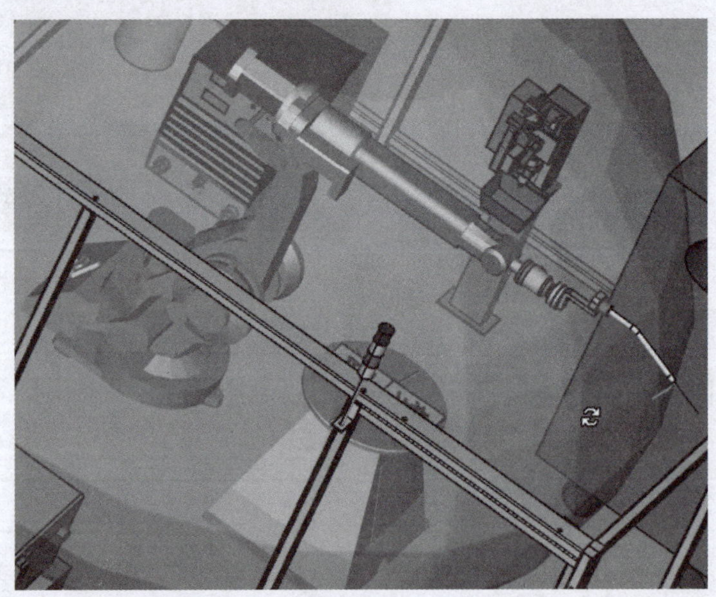

图 2–16　焊枪工具安装完成示意图

5. 其他

在摆放“国”和“梦”两个焊接零件时，我们还需要用到三维球的平移和旋转，其具体操作步骤如表 2–30 所示。

表 2-30　其他操作步骤

步骤	操作内容	图示
步骤 1	“国”“梦”两个焊接零件在焊接台摆放的位置不好，需要调整	
步骤 2	首先调整零件的角度。调出三维球，单击鼠标左键选中三维球旋转轴，并转动	
步骤 3	转动一个角度后松开，出现一个数值输入框，改为-90，按回车键	-70.582

续表

步骤	操作内容	图示
步骤 4	可以看到零件绕旋转轴负方向旋转了 90°	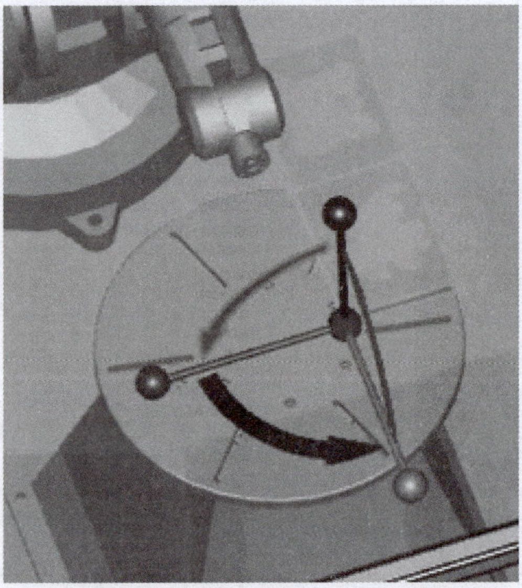
步骤 5	接下来使用平移，调整零件的位置。鼠标左键单击三维球 *X* 轴，并拖动	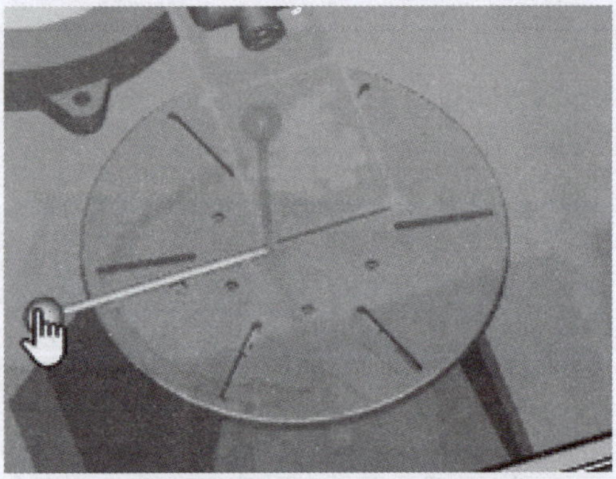
步骤 6	修改数值为 50	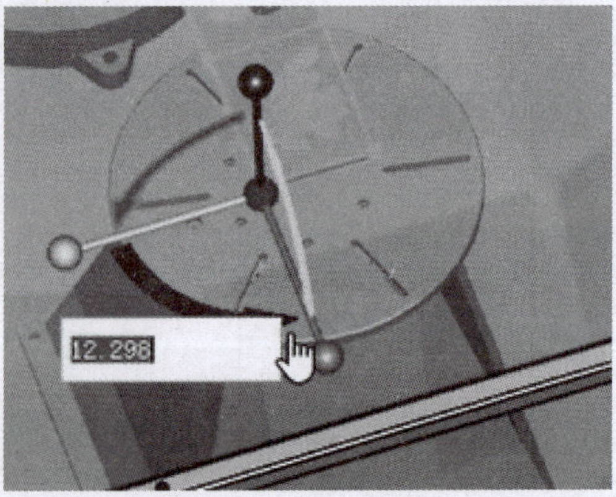

续表

步骤	操作内容	图示
步骤 7	采用同样的方法，拖动 Y 轴，修改数值为 210	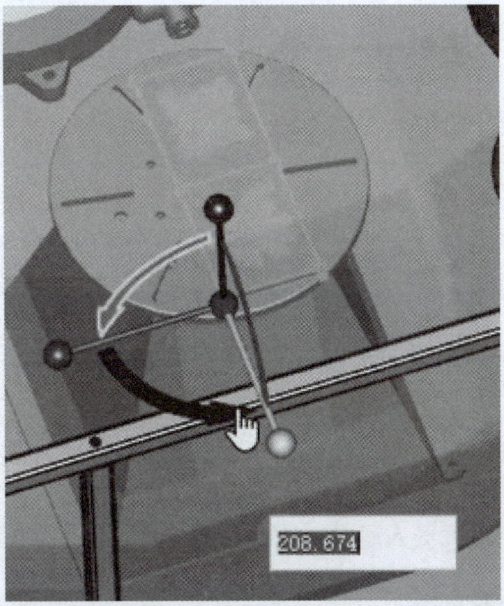
步骤 8	最后，零件移动到焊接台的中央位置	

6. 保存

完成搭建后需要保存智能产线，方便下次调用，具体操作步骤如表 2-31 所示。

表 2-31　保存智能产线步骤

步骤	操作内容	图示
步骤 1	在菜单栏中选择【保存】	

续表

步骤	操作内容	图示
步骤 2	更改文件名为“CHL－GY－11 智能产线”	文件名(N): RobotArt设计1.robx 保存类型(T): RobotArt 文件 (*.robx)
步骤 3	将其保存在桌面文件夹中	名称 快速访问 桌面 下载 文档 11

通过本次任务，我们了解了三维球的结构，学习了三维球的基本操作，最后使用三维球完成了 CHL－GY－11 智能产线的搭建。熟练掌握三维球的使用方法不仅可以搭建智能产线，还可以控制机器人运动，进行机器人示教作业，在后面的教学中我们将继续讲解。

任务评价

任务评价如表 2－32 所示。

表 2－32　任务评价

序号	评分扣分项	分值	打分	备注
1	了解三维球定义、结构、状态和菜单栏	10 分		
2	会打开三维球	10 分		
3	会使用三维球拖动零件	10 分		
4	会改变三维球在零件上的位置	10 分		
5	了解并会使用三维球中心点右键菜单栏中各项指令	10 分		
6	了解并会使用 X、Y、Z 轴和旋转轴右键菜单栏中各项指令	10 分		
7	完成 CHL－GY－11 智能产线的搭建	30 分		
8	会设置机器人可达范围	10 分		
9	出现穿模、不平行、零件脱落等失误	－2 分/处		扣分项
总分				

项目三 智能产线离线轨迹编程

项目引入

本项目主要学习 PQArt 软件中的工业机器人离线轨迹编程，通过轮毂打磨轨迹编程和弧形板画线轨迹编程两个任务掌握 PQArt 软件校准零件位置、校准工具 TCP、轨迹规划、优化轨迹等操作。

项目目标

知识目标：了解校准零件、校准工具的意义；了解外部工具是什么；了解生成轨迹的类型及拾取元素、轨迹步长等名词的意思；了解如何解决轨迹中产生的不可达点、轴超限、奇异点。

技能目标：会搭建轮毂打磨工作站、弧形板画线工作站；会校准零件、校准工具 TCP；会生成轨迹并设置步长；会优化路径并消除不可达点、奇异点等；会修改工艺信息；会调试仿真。

素质目标：具有节约用电、机房 6S 管理意识。

思政目标：具备艰苦奋斗、实事求是的精神。

任务 3.1　轮毂打磨轨迹编程

任务分析

轮毂打磨智能产线是基于“机器人离线轨迹中级编程 CHL-DS-11 轮毂打磨工作站”的工作任务，任务目标是使用 ABB 机器人对放置在打磨-工台上的轮毂进行打磨，打磨区域为轮毂外圆轮廓和中心圆轮廓。打磨步骤：首先导入轮毂打磨智能产线，然后校准轮毂位置和打磨工具 TCP，最后完成轨迹规划。

知识链接

【生成轨迹】位置：位于【机器人编程】下的【基础编程】中，如图 3-1 所示。

图 3-1　【生成轨迹】位置

单击【基础编程】中的【生成轨迹】后，可在绘图区左侧看到属性面板，如图 3-2 所示。

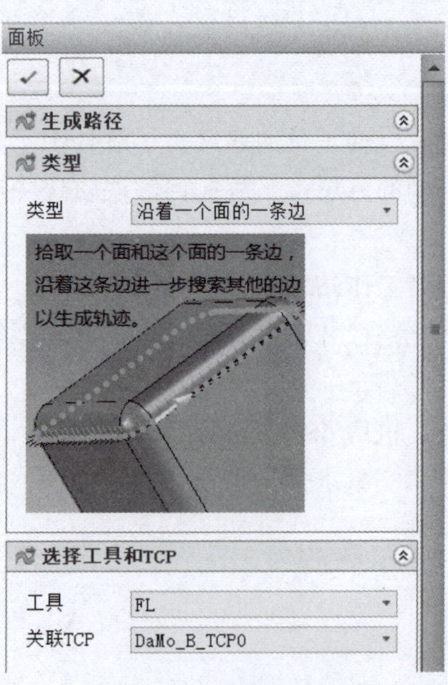

图 3-2　轨迹属性面板

一般来说，生成轨迹的步骤如下：打开轨迹属性面板→选择轨迹类型→拾取零件上的元素（线/边/面）→选择搜索的终止条件→对轨迹进行基本的设置（如轨迹关联的 TCP 等）→单击【完成】按钮，从而完成轨迹的生成步骤。

生成轨迹的类型有多种，这里按照点、线、面分类，一一对它们进行介绍，如表 3-1 所示。

表 3-1　轨迹类型

分类	轨迹类型	拾取元素	用途
点	打孔	拾取元素 拾取孔边 反转 孔深 5.000	拾取孔边，设置必要参数，生成带工具偏移和孔深信息的打孔轨迹
	点云打孔	拾取元素 点 面 零件/装配 孔深 5.000 添加一组点	拾取点云、参照面等，生成点云打孔轨迹
线	沿着一个面的一条边	拾取元素 线 面 必经边	拾取一个面和这个面上的一条边，沿着这条边进一步搜索其他的边以生成轨迹

续表

分类	轨迹类型	拾取元素	用途
	面的环	拾取元素 线 面	选择一个面，在这个面的外环生成轨迹
	一个面的一个环	拾取元素 线 面	拾取一个面和这个面上的一个边
线	曲线特征	拾取元素 线 面 零件/装配	拾取一个曲线特征和一个面
	边	拾取元素 线 面	拾取一条边和一个面（相邻/不相邻）
面	截面线	生成截面方式 ◉ 从引导线生成截面 ○ 从平面生成截面 拾取元素 ☐ 引导线方向反转 引导线 ☑ 与实体求交 实体 起始距离 10.000 终止距离 0.000 截面距离 10.000 起始过盈 0.000 终止过盈 0.000 间隙间隔 1.000 ☐ 横向生成轨迹 点步长（mm 10.000	此功能为一种生成截面线方法，有从引导线生成截面线轨迹和从平面生成截面线轨迹两种方式

任务实施

1. 导入轮毂打磨智能产线

导入轮毂打磨智能产线步骤如表 3－2 所示。

表 3－2　导入轮毂打磨智能产线步骤

步骤	操作内容	图示
步骤 1	打开软件，单击【新建】	新建
步骤 2	选择菜单栏【文件】模块，找到【工作站】，在【工作站】中选择【示例】，找到 CHL－DS－11 轮毂打磨，单击【插入】（下载）	机器人离线轨迹中级编程 CHL-DS-11轮毂打磨 插入
步骤 3	待绘图区下方进度条加载到 100%	99%
步骤 4	加载完成后，轮毂打磨智能产线出现在绘图区，导入成功	

2. 校准轮毂位置

校准设计环境中打磨轮毂位置，让它与实际轮毂放置的位置和角度一模一样，保证离线轨迹编程生成的程序可以在真实环境中使用。校准轮毂步骤如表 3－3 所示。

表 3－3　校准轮毂步骤

步骤	操作内容	图示
步骤 1	在主页面菜单栏下选择【校准】	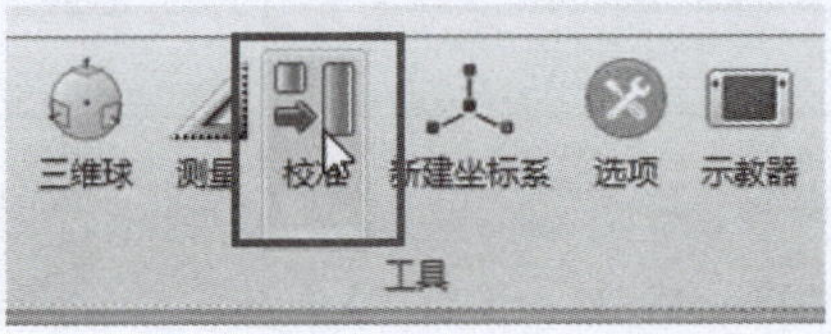
步骤 2	出现校准窗口	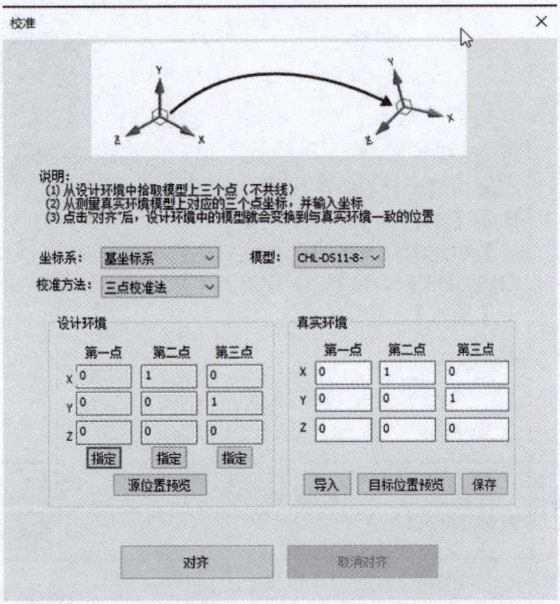
步骤 3	选择默认的校准方法，坐标系选择“基坐标系”，校准方法选择“三点校准法”	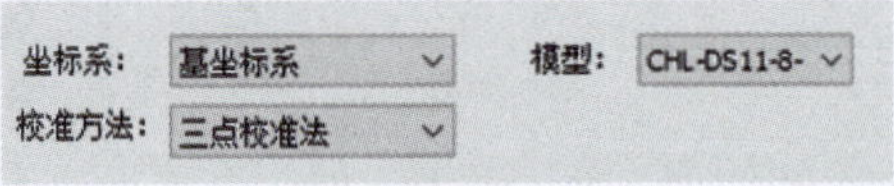
步骤 4	在轮毂上指定三个点位（图中绿色点）。先鼠标左键单击【指定】按钮，再到轮毂上单击鼠标左键选中一点	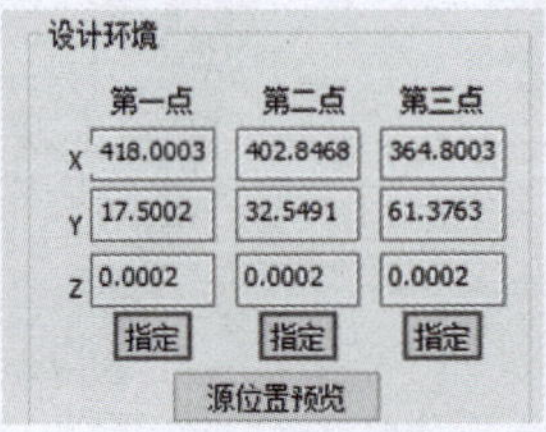 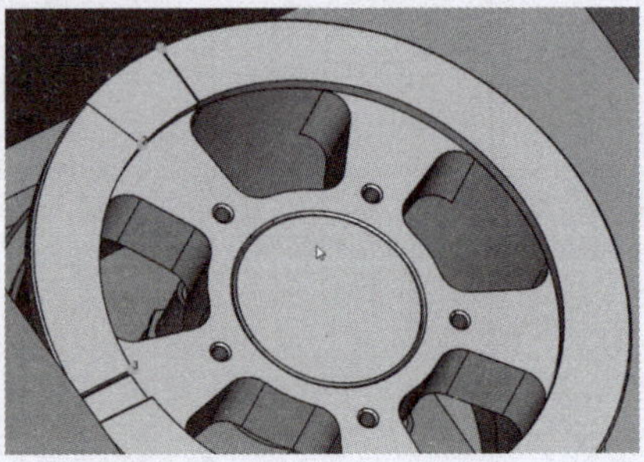

续表

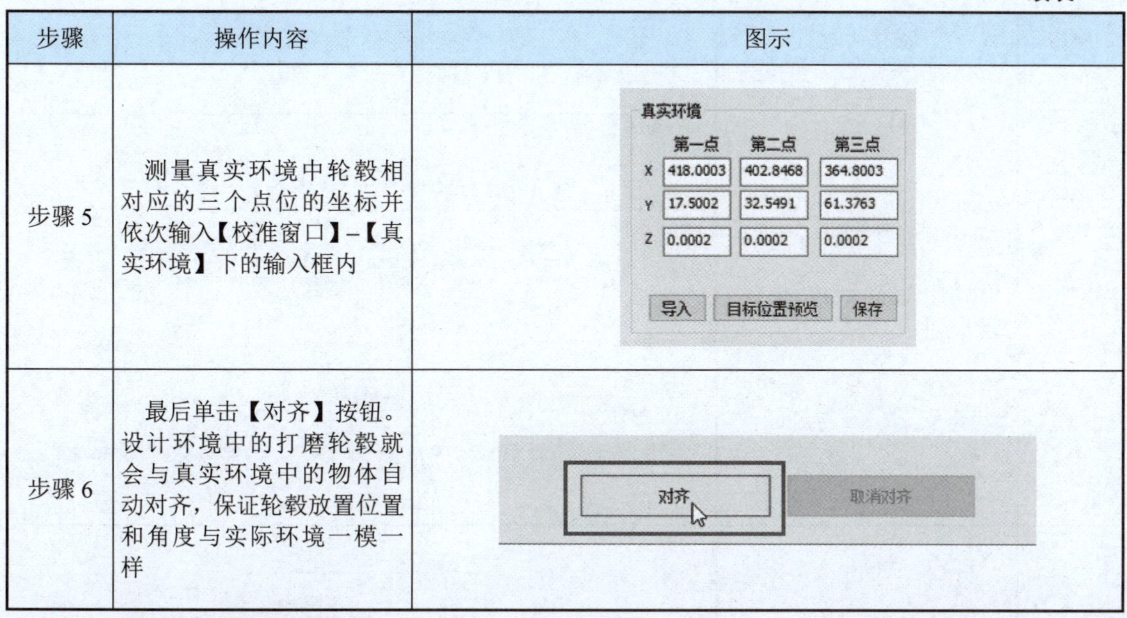

步骤	操作内容	图示
步骤 5	测量真实环境中轮毂相对应的三个点位的坐标并依次输入【校准窗口】–【真实环境】下的输入框内	
步骤 6	最后单击【对齐】按钮。设计环境中的打磨轮毂就会与真实环境中的物体自动对齐，保证轮毂放置位置和角度与实际环境一模一样	

注：选取的三个点不能共线。

3. 校准打磨工具 TCP

为了保证设计环境中的打磨工具安装方式与真实环境中一样，需要对打磨工具 TCP 进行校准。校准打磨工具操作步骤如表 3–4 所示。

表 3–4 校准打磨工具操作步骤

步骤	操作内容	图示
步骤 1	在【加工管理】面板找到机器人–工具，鼠标右键单击【工具：FL】，出现菜单栏，选择【TCP 设置】	

续表

步骤	操作内容	图示
步骤 2	出现“设置 TCP”窗口	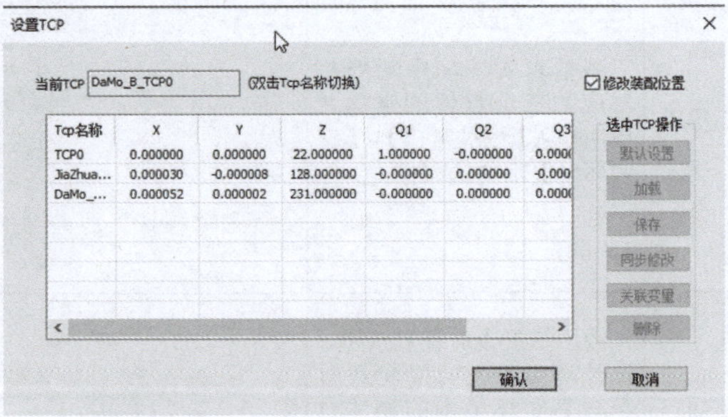 设置TCP 当前TCP DaMo_B_TCP0 (双击Tcp名称切换) 修改装配位置 Tcp名称 X Y Z Q1 Q2 Q3 TCP0 0.000000 0.000000 22.000000 1.000000 -0.000000 0.000 JiaZhua... 0.000030 -0.000008 128.000000 -0.000000 0.000000 -0.000 DaMo_... 0.000052 0.000002 231.000000 -0.000000 0.000000 0.000 选中TCP操作 默认设置 加载 保存 同步修改 关联变量 删除 确认 取消
步骤 3	记录真实环境中示教器上 TCP 位置	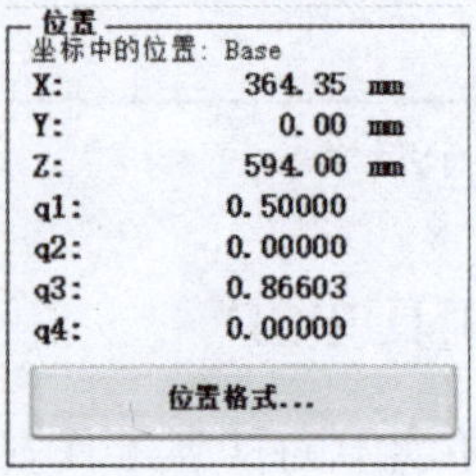 位置 坐标中的位置：Base X: 364.35 mm Y: 0.00 mm Z: 594.00 mm q1: 0.50000 q2: 0.00000 q3: 0.86603 q4: 0.00000 位置格式...
步骤 4	将真实环境 TCP 位置输入设置 TCP 窗口 DaMo 对应的输入框内	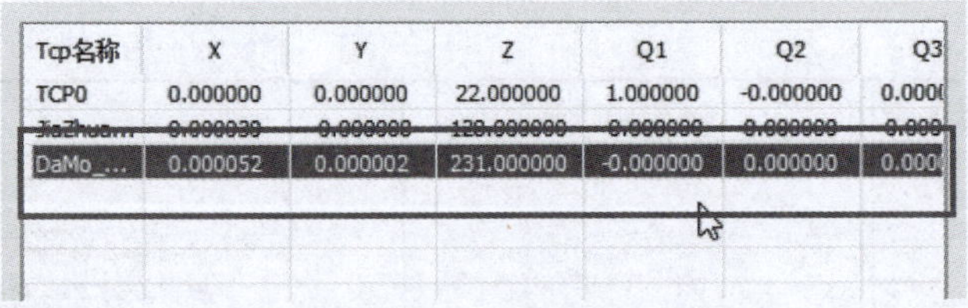 Tcp名称 X Y Z Q1 Q2 Q3 TCP0 0.000000 0.000000 22.000000 1.000000 -0.000000 0.000 JiaZhua... 0.000030 0.000000 128.000000 0.000000 0.000000 0.000 DaMo_... 0.000052 0.000002 231.000000 -0.000000 0.000000 0.000
步骤 5	修改完成后，单击“确认”按钮	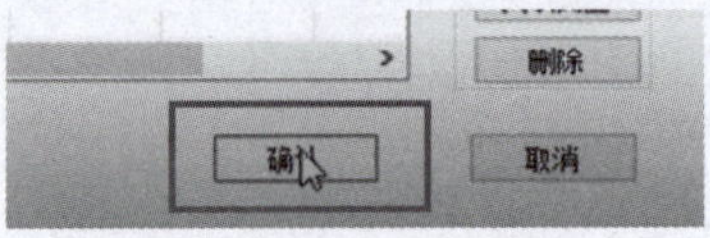 删除 确认 取消

注：如果实际环境中测量的 TCP 方向与软件中定义的方向不一样，不要修改装配位置或者不要修改 q1～q4（四元数），否则会导致工具的形态发生变化。

4. 轨迹规划

轮毂打磨轨迹编程

使用打磨工具对轮毂外圆轮廓和中心圆轮廓进行打磨，其打磨轨迹规划操作步骤如表 3-5 所示。

表3-5　轮毂打磨轨迹规划操作步骤

步骤	操作内容	图示
步骤1	添加Home点位置。选中机器人打磨工具，单击鼠标右键，出现菜单栏，在菜单栏中选择【插入POS点(Move-AbsJoint)】	
步骤2	验证添加点位合法性。双击过渡点（也就是刚刚插入的POS点），前面?变为✔，表示插入的点位没有问题	
步骤3	在菜单栏【基础编程】模块单击【生成轨迹】	
步骤4	在面板选择轨迹类型为【沿着一个面的一条边】。需要拾取一个线和一个面。（拾取的线为需要去毛刺的边，拾取的面为边所在的面）	

续表

步骤	操作内容	图示
步骤 5	将关联 TCP 改为“DaMo_B_TCPO”，即打磨工具	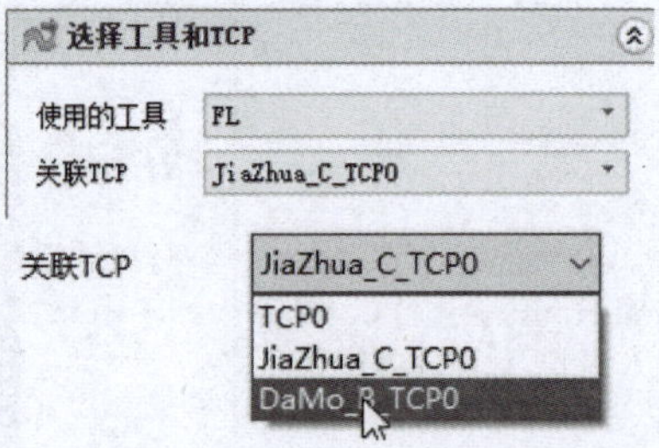 选择工具和TCP 使用的工具 FL 关联TCP JiaZhua_C_TCP0 关联TCP JiaZhua_C_TCP0 TCP0 JiaZhua_C_TCP0 DaMo_B_TCP0
步骤 6	单击拾取元素线后面的空白栏，再选择轮毂上的一个线，如右图中箭头所指的圆弧	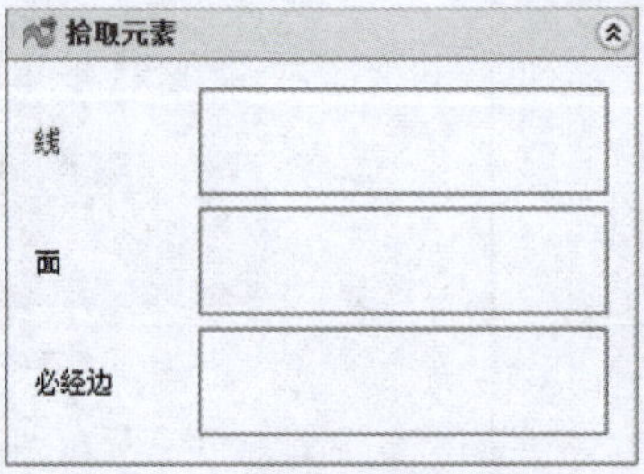 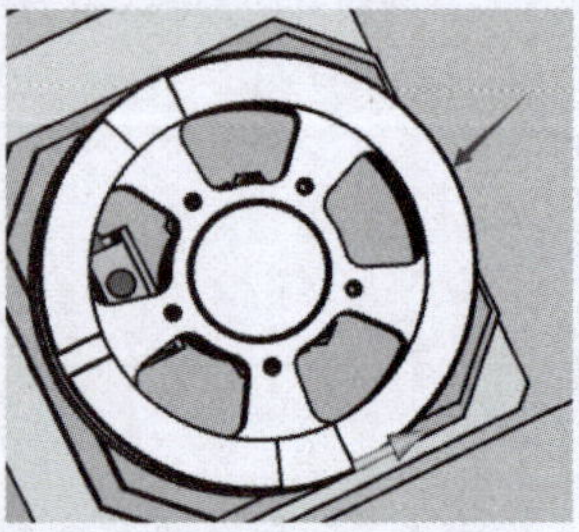 拾取元素 线 面 必经边
步骤 7	拾取成功后，“拾取元素”对话框下线的空白栏出现拾取线的代码	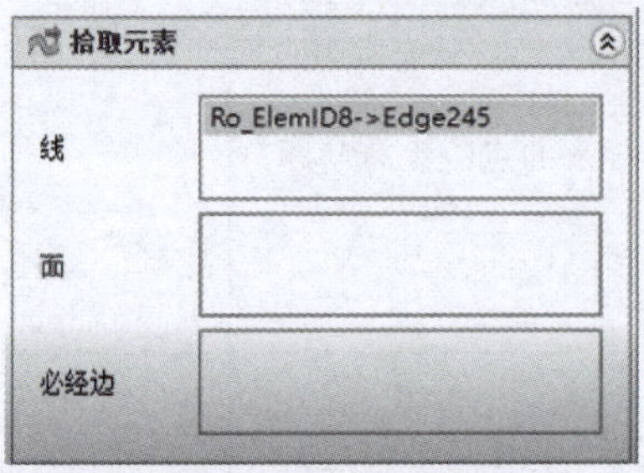 拾取元素 线 Ro_ElemID8->Edge245 面 必经边
步骤 8	采用同样的方法，拾取轮毂上画钩的面	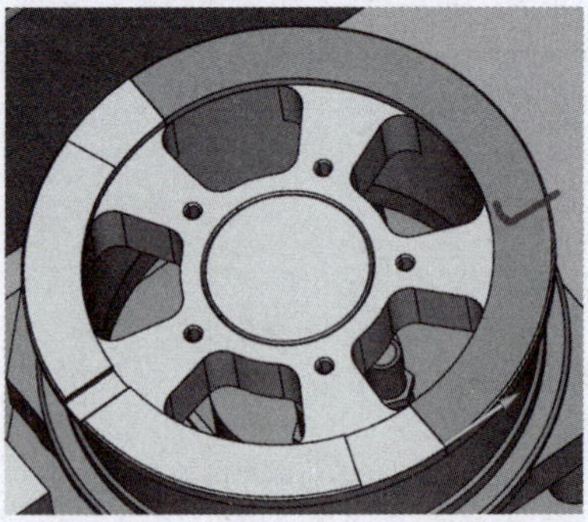
步骤 9	设置打磨截止点，单击“搜索终止条件”对话框下【点】后面的空白栏	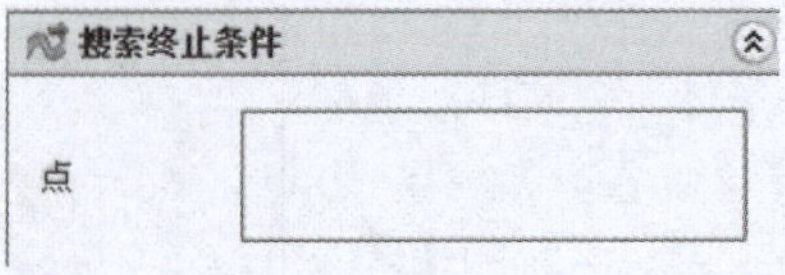 搜索终止条件 点

续表

步骤	操作内容	图示
步骤 10	单击图中标记的 *A* 点，代表这个面的打磨到 *A* 点截止	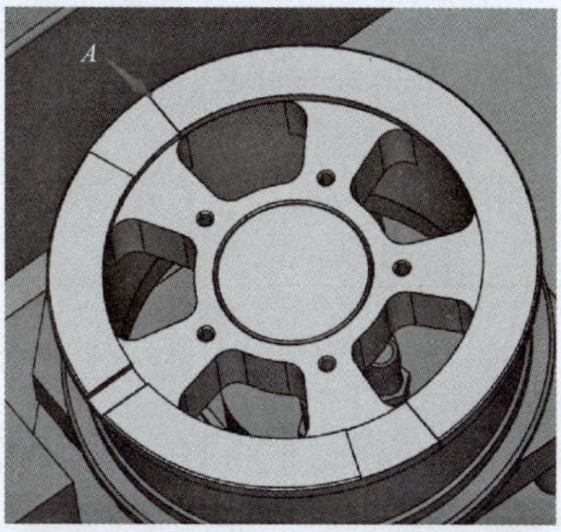
步骤 11	最后选择面板上的钩，完成第一个面的打磨路径规划	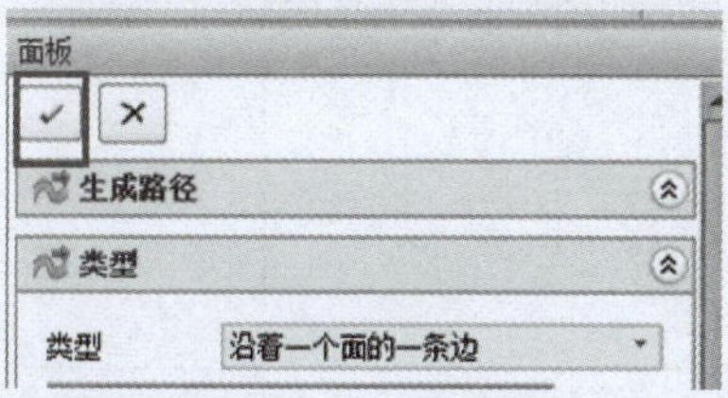
步骤 12	完成以上步骤，轮毂第一条打磨路径就设置完成了。轮毂的外圈自动生成了一个个轨迹点位	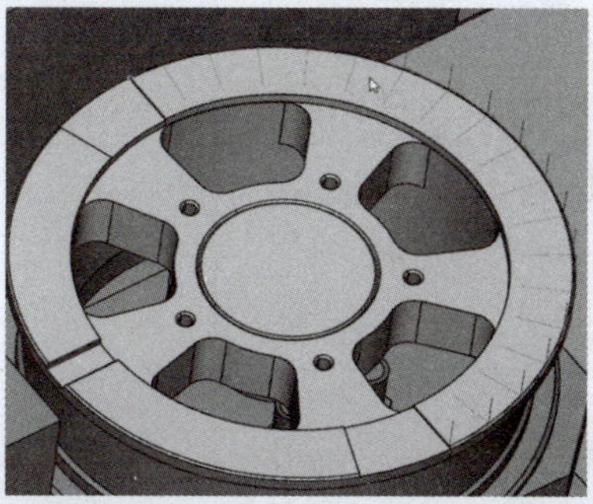
步骤 13	采用同样的方法完成第二条、第三条打磨路径的设置	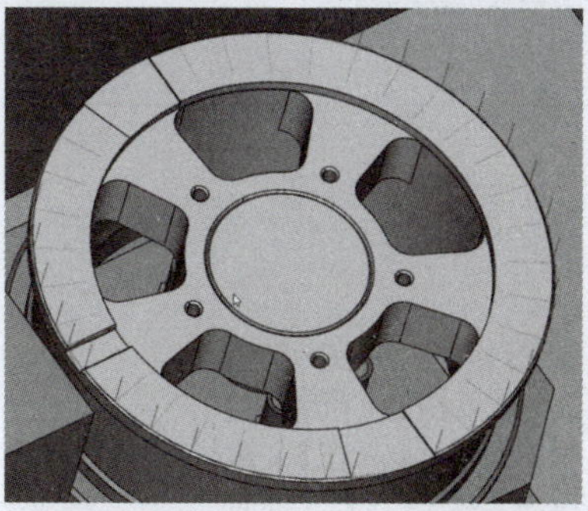
步骤 14	进行编译。在菜单栏【基础编程】模块中单击【编译】	

续表

步骤	操作内容	图示
步骤 15	加工管理轨迹项目树里所有轨迹前面变为✔，代表轨迹没有错误	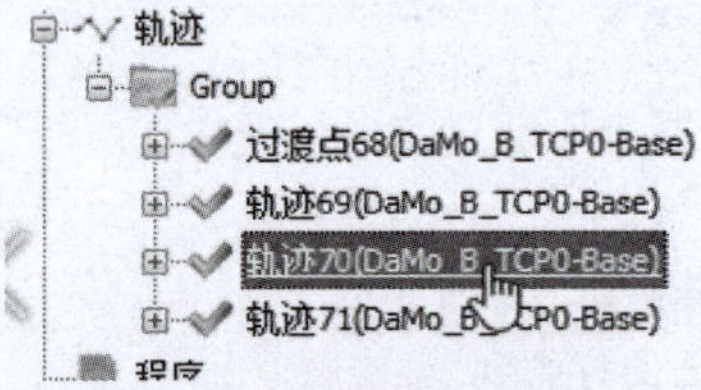
步骤 16	还需要对轮毂内圆圈进行打磨，如图中箭头所指的圆圈	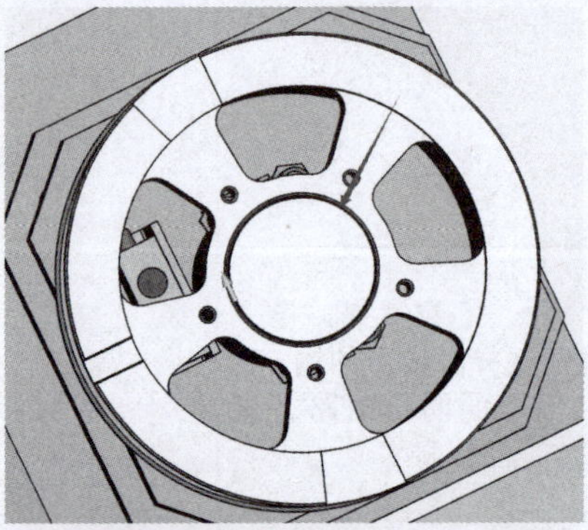
步骤 17	让机器人先回 Home 点，添加过渡点。可以直接将第一个 Home 点复制粘贴到轨迹项目树，或者让机器人回到 Home 点后添加	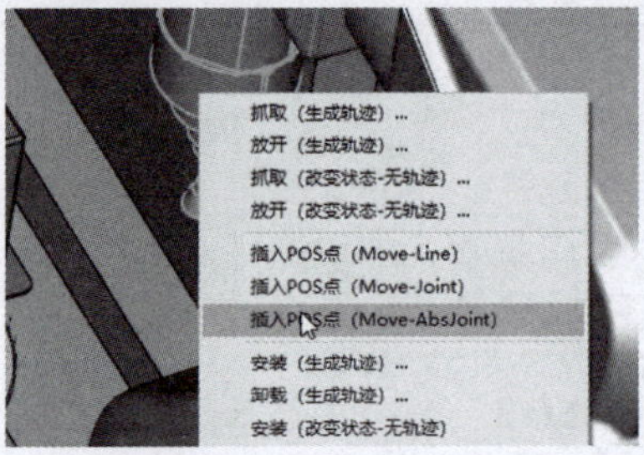
步骤 18	在 Group 项目树中增加了一个过渡点 72，这个就是新增的机器人 Home 点	
步骤 19	继续添加中心圆轮廓的轨迹，同样单击【基础编程】模块中的【生成轨迹】，然后选择轨迹类型为【一个面的一个环】	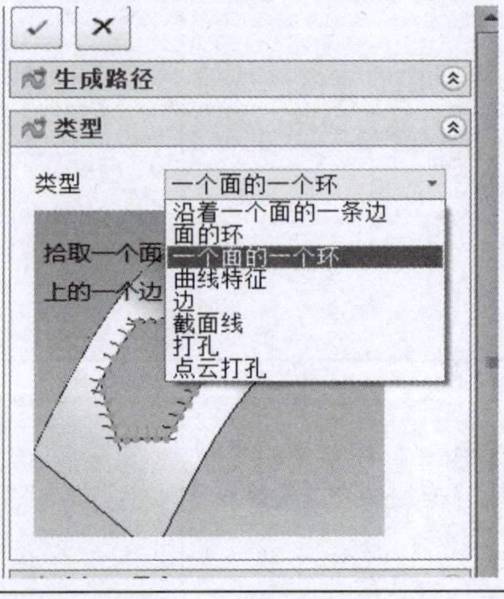

续表

步骤	操作内容	图示
步骤 20	拾取元素线和面，线选择轮毂中心箭头所指圆环，面选择轮毂中心标记的面	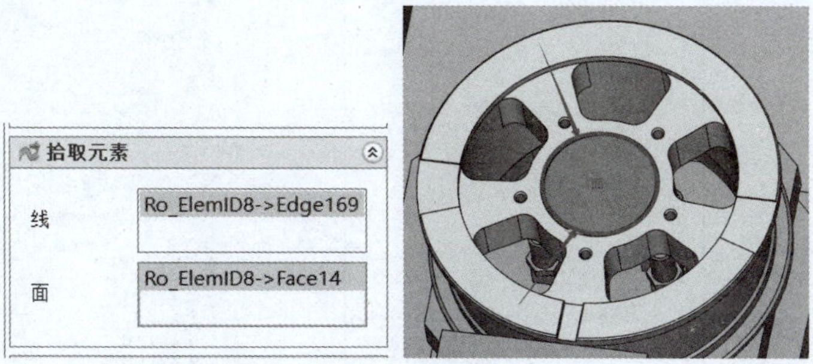
步骤 21	选择面板上的钩	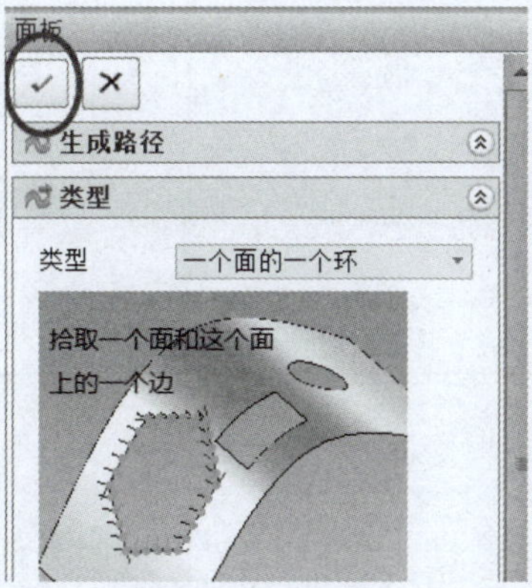
步骤 22	对轨迹进行编译后如果出现感叹号，代表轴超限。此时要调整轨迹	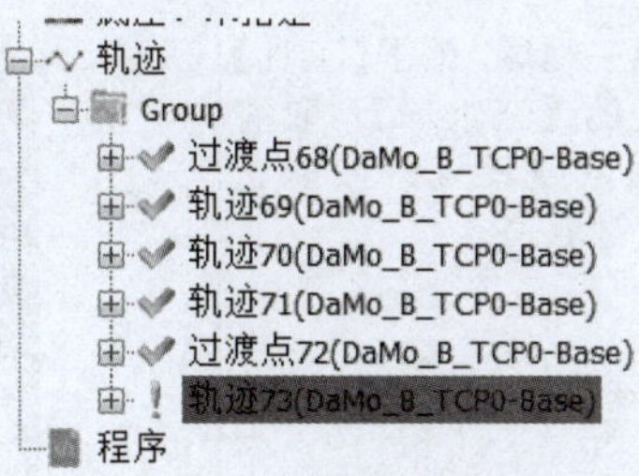
步骤 23	单击轨迹 73，选择其中打钩的点，如点 1。这个位置机器人是可以到达的。双击该点，机器人到达此位置	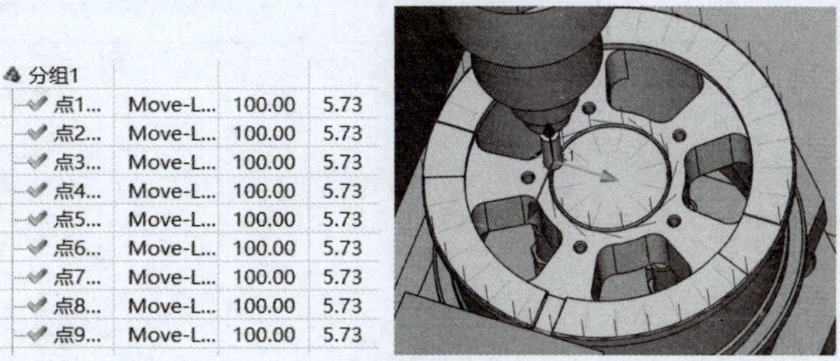

续表

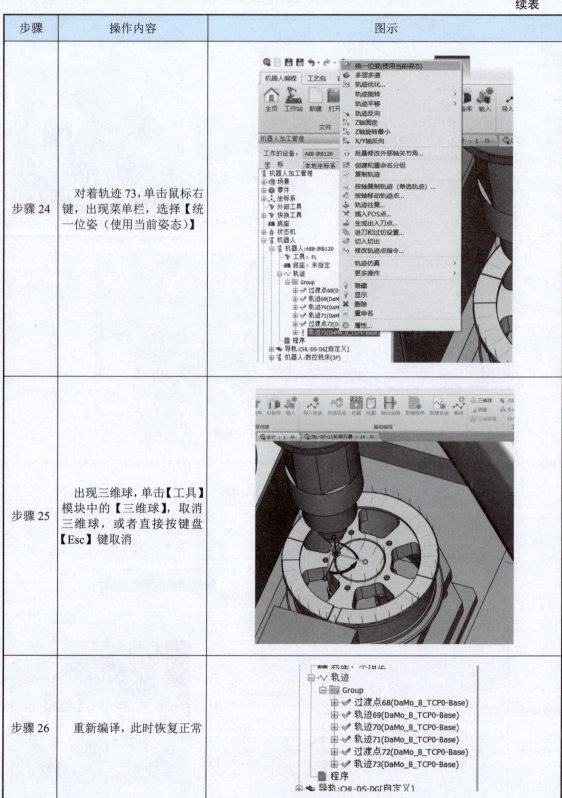

步骤	操作内容	图示
步骤 24	对着轨迹 73，单击鼠标右键，出现菜单栏，选择【统一位姿（使用当前姿态）】	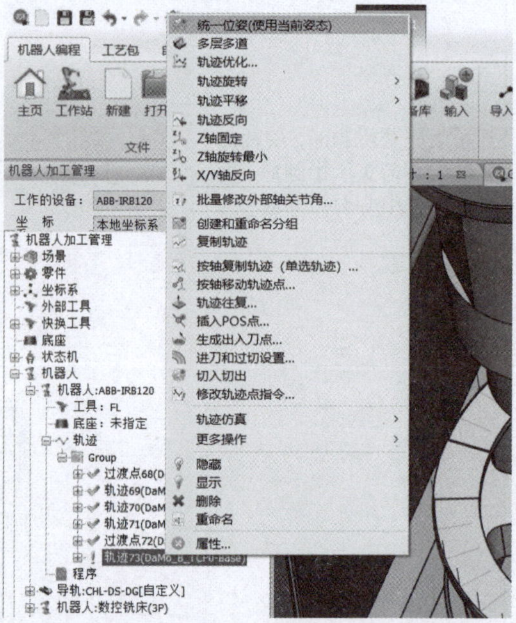
步骤 25	出现三维球，单击【工具】模块中的【三维球】，取消三维球，或者直接按键盘【Esc】键取消	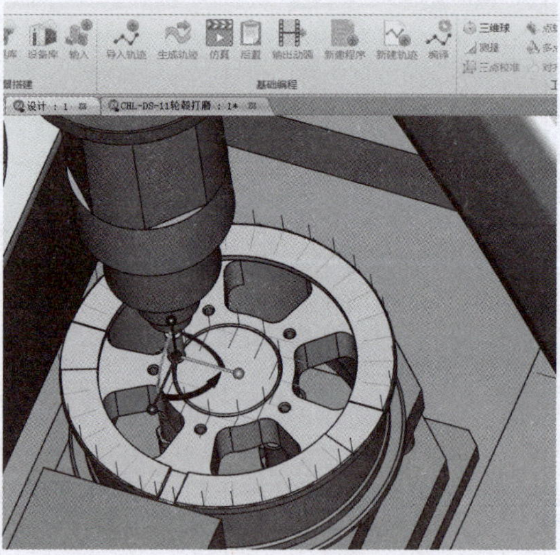
步骤 26	重新编译，此时恢复正常	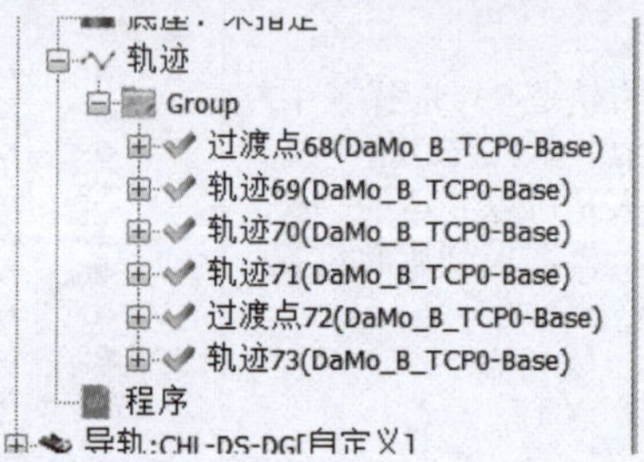

续表

步骤	操作内容	图示
步骤 27	最后，再添加一个 Home 点，机器人打磨完后需要回到 Home 点。直接复制过渡点 68，鼠标右键单击过渡点 68，在弹出的菜单中选择【复制轨迹】，得到过渡点 68－复制	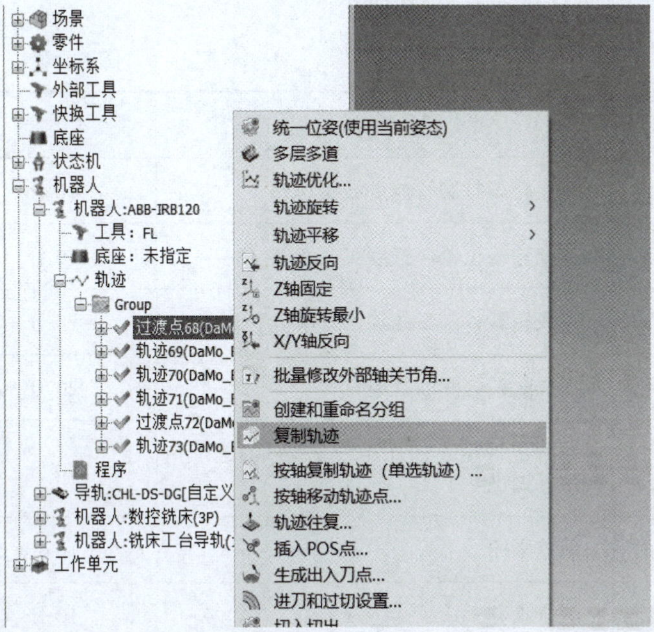 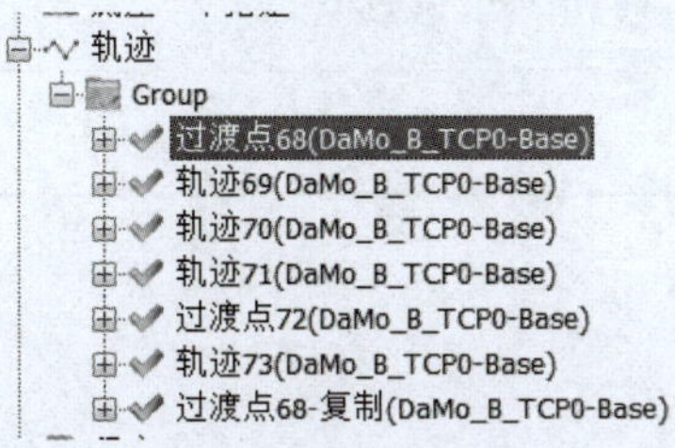
步骤 28	完成轨迹规划后，选择【基础编程】模块下的【仿真】，对打磨过程仿真运行，检查是否有奇点和碰撞	
步骤 29	单击【文件】模块下的【保存】，保存项目	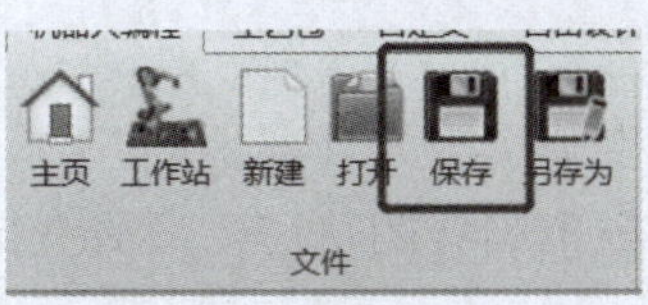

任务评价

任务评价如表 3-6 所示。

表 3-6 任务评价

序号	评分扣分项	分值	打分	备注
1	搭建轮毂打磨智能产线工作站	10 分		
2	校准轮毂位置，打磨工具 TCP	10 分		
3	完成轮毂外围三条边的打磨	20 分		
4	完成轮毂内圈的打磨	20 分		
5	会解决轴超限、奇异点等编译问题，完成仿真调试	20 分		
6	后置程序	10 分		
7	综合素养	10 分		
8	仿真调试时出现异常点位	-2 分/处		扣分项
总分				

任务 3.2 弧形板画线程序及上机

任务分析

弧形板画线任务是基于“工业机器人基础教学工作站-站位型”工作站的工作任务，涉及工业机器人、码垛平台、弧形台、工具架等。任务目标是模拟完成工业机器人车窗涂胶工艺，工作站中弧形板相当于车窗，外部工具相当于涂胶枪。涂胶步骤：首先导入弧形板画线工作站，然后校准弧形板和外部工具 TCP，再用 ABB 机器人拾取弧形台下的弧形板，生成外部工具在弧形板上画线的轨迹，最后进行仿真调试。

知识链接

轨迹状态分为表 3－7 中几种类型：

表 3－7　轨迹状态分类表

标识	名称	含义	解决办法
✔	正常	表示过渡点/轨迹正常，可以使用	—
✖	不可达	表示过渡点/轨迹不可达，需要重新调整机器人与目标位置距离	如果机器人带导轨，移动机器人位置，添加中间过渡点，再将机器人移动到目标点
!	轴超限	表示轴超限，机器人运动到过渡点/轨迹时，某个关节超过了它的运动范围	调整机器人位姿，如果轨迹在一个平面上，可以将所有轨迹的位姿与正常轨迹统一位姿
	奇异点	表示过渡点为奇异点	在插入 POS 点时将运动模式改为 Move-AbsJoint，也可以直接选择过渡点修改轨迹点指令为 Move-AbsJoint
?	未知	表示过渡点/轨迹未知	重新编译轨迹，再根据编译后的标识进行相应处理

任务实施

1. 导入工作站

导入 CHL－JC－01 工作站操作步骤如表 3－8 所示。

表 3－8　导入 CHL－JC－01 工作站操作步骤

步骤	操作内容	图示
步骤 1	打开软件，单击【新建】	新建

续表

步骤	操作内容	图示
步骤 2	在菜单栏【文件】模块中找到【工作站】并单击。在【工作站】中选择【示例】，找到 CHL－JC－01－A 工作站，单击【插入】（下载）	
步骤 3	待绘图区下方进度条加载到 100%	
步骤 4	加载完成后，工业机器人流水线教学工作站 CHL－JC－01 出现在绘图区，接下来完成弧形板画线任务	

2. 校准工具 TCP

任务是利用机器人抓取弧形板，移动到外部固定工具（画笔）处，通过移动弧形板画出弧形板上图案。外部固定工具（画笔）如图 3－3 所示，弧形板如图 3－4 所示。

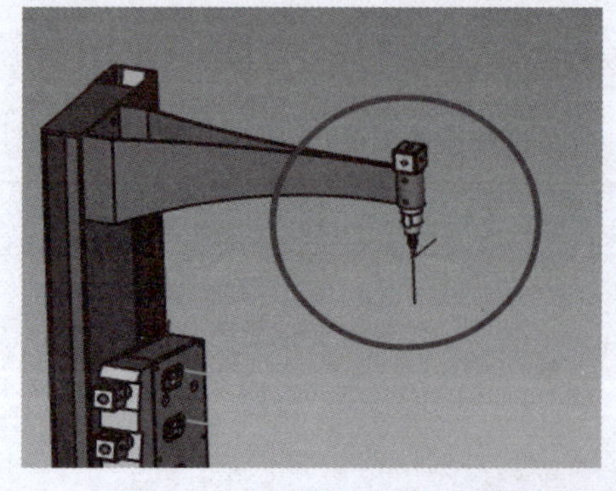

图 3－3　外部固定工具（画笔）

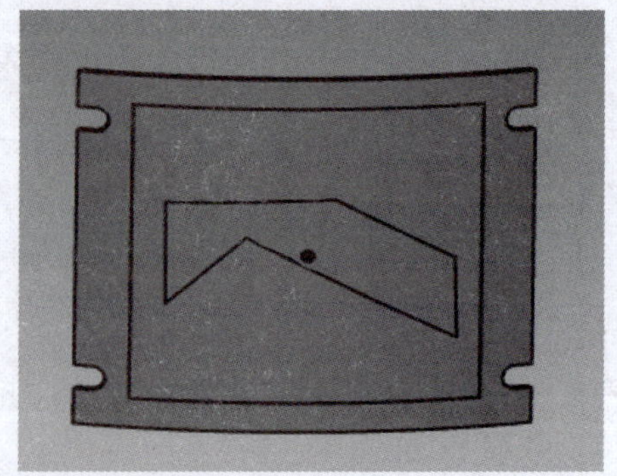

图 3－4　弧形板

在绘制弧形板上图案前，需要校准工具 TCP，具体操作步骤如表 3－9 所示。

表 3-9　校准外部固定工具 TCP 步骤

步骤	操作内容	图示
步骤 1	在机器人【加工管理】检找到【外部工具】/【DaoJia】，鼠标右键单击【DaoJia】，出现菜单栏，选择【TCP 设置】	
步骤 2	出现“设置 TCP”窗口。根据真实环境下的外部工具位置和姿态修改表中数据	
步骤 3	修改完成后，单击【确认】按钮	

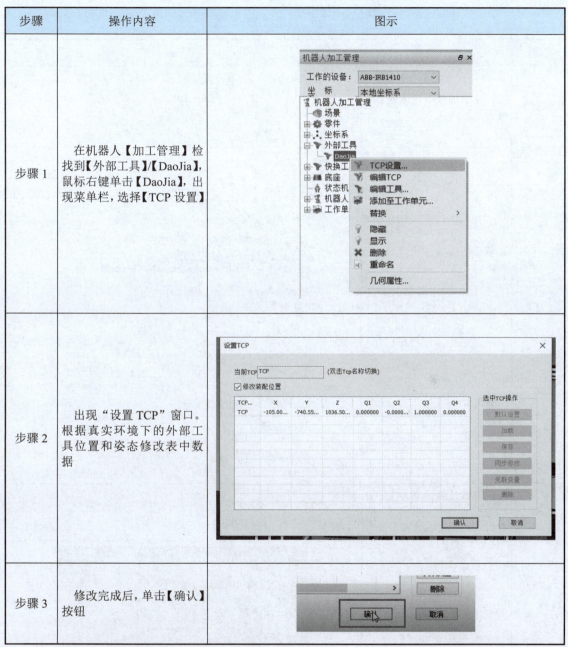

注：如果实际环境中测量的 TCP 方向与软件中定义的方向不一样，不要修改装配位置或者不要修改 q1～q4（四元数），否则会导致工具的形态发生变化。

3. 校准弧形板位置

校准设计环境中弧形板位置，让它与实际空间中的弧形板位置和姿态一模一样，保证离线轨迹编程生成的程序导入机器人后，机器人抓取弧形板时不会与弧形板发生碰撞。校准弧形板步骤如表 3－10 所示。

表 3－10　校准弧形板步骤

步骤	操作内容	图示
步骤 1	在主页面菜单栏选择【校准】	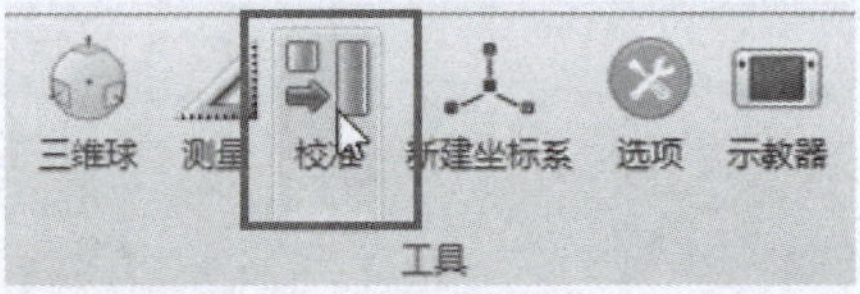
步骤 2	出现校准窗口	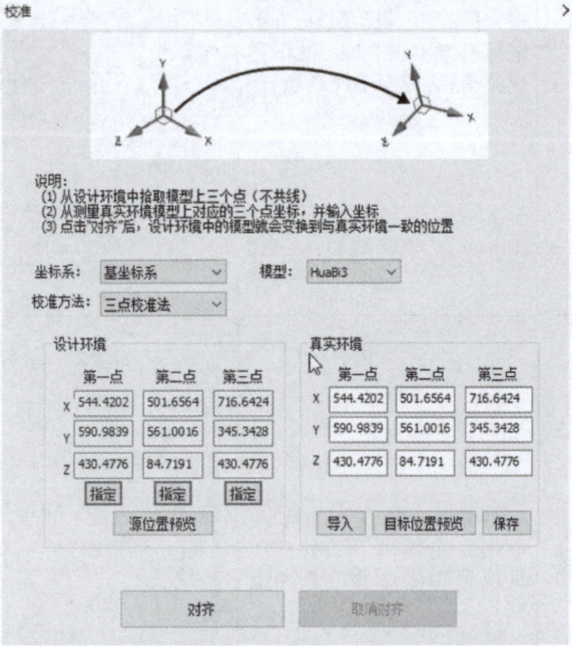
步骤 3	选择默认的校准方法，坐标系选择“基坐标系”，校准方法选择“三点校准法”	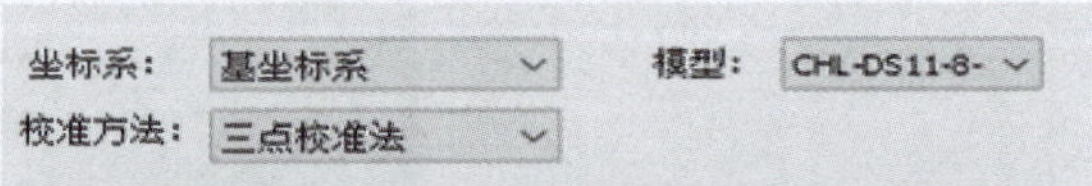
步骤 4	在弧形板上指定三个点位（图中 1、2、3 点）。鼠标左键单击【指定】按钮，再到弧形板上选中一点	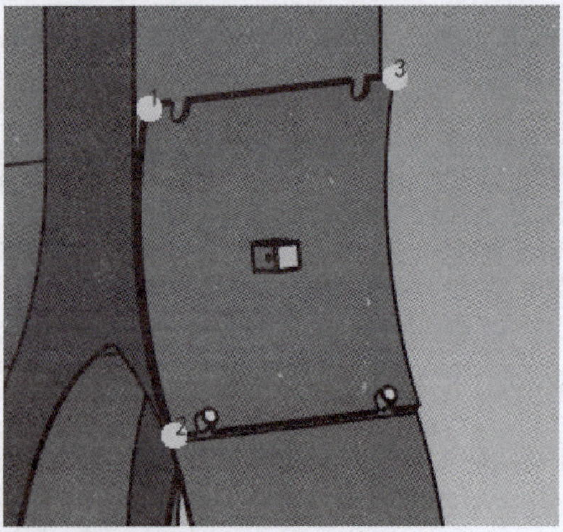

续表

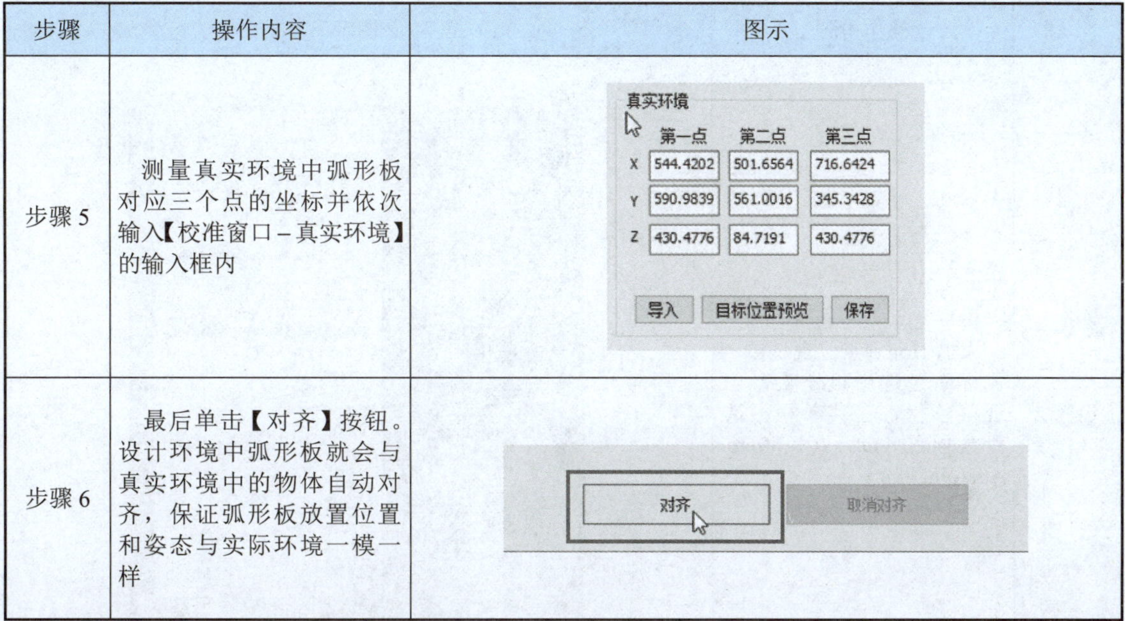

步骤	操作内容	图示
步骤 5	测量真实环境中弧形板对应三个点的坐标并依次输入【校准窗口－真实环境】的输入框内	真实环境 第一点 第二点 第三点 X 544.4202 501.6564 716.6424 Y 590.9839 561.0016 345.3428 Z 430.4776 84.7191 430.4776 导入 目标位置预览 保存
步骤 6	最后单击【对齐】按钮。设计环境中弧形板就会与真实环境中的物体自动对齐，保证弧形板放置位置和姿态与实际环境一模一样	对齐 取消对齐

注：选取的三个点不能共线。

4. 轨迹规划

弧形板图案
绘制轨迹规划

用机器人抓取弧形板，并用外部工具绘制弧形板上线条，其绘制轨迹规划操作步骤如表 3－11 所示。

表 3－11　弧形板图案绘制轨迹规划操作步骤

步骤	操作内容	图示
步骤 1	通过调试面板，将机器人关节调至（0，－30，30，0，90，0）	调试面板 ABB-IRB1410关节空间 J1 -170.0 170.0 0.000 J2 -70.0 70.0 -30.000 J3 -65.0 70.0 30.000 J4 -150.0 150.0 0.000 J5 -115.0 115.0 90.000 J6 -300.0 300.0 0.000

续表

步骤	操作内容	图示
步骤 2	添加 Home 点位置。单击鼠标右键选中机器人，出现菜单栏，在菜单栏中选择【插入 POS 点（Move-AbsJoint）】	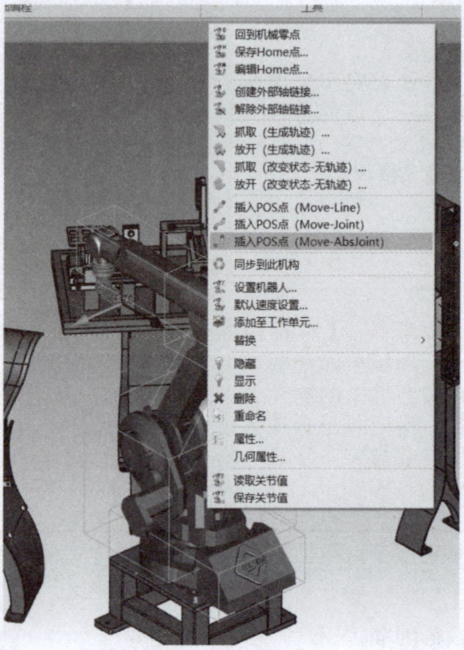
步骤 3	在【机器人加工管理】栏中，机器人轨迹新增一个过渡点 1，这个点就是刚刚新增的 Home 点	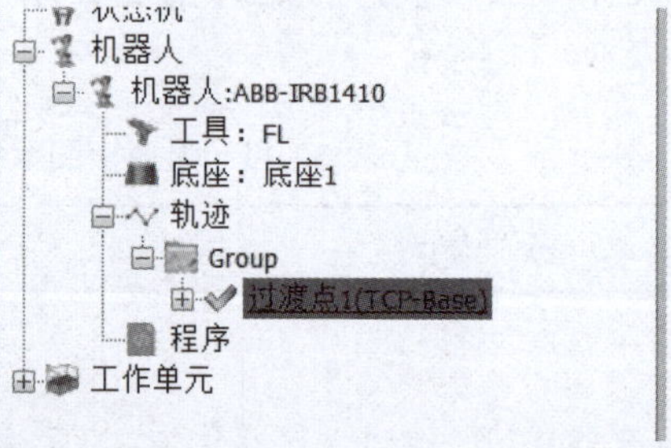
步骤 4	抓取弧形板。鼠标右键单击机器人夹爪，出现菜单栏，鼠标左键单击【抓取】	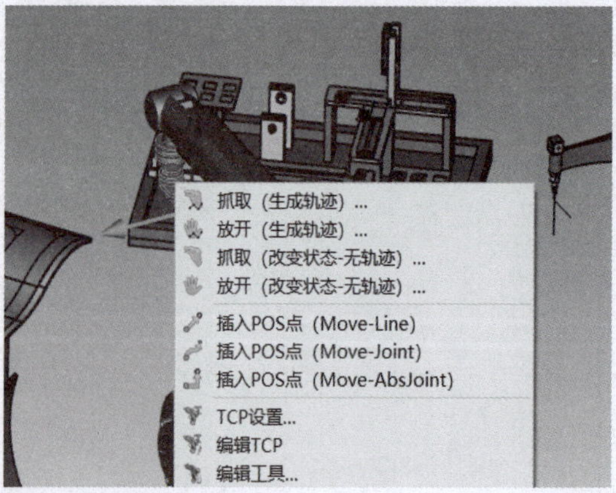

续表

步骤	操作内容	图示
步骤 5	出现“选择被抓取的物体”对话框，在【未选择物体】栏中找到【弧形板】	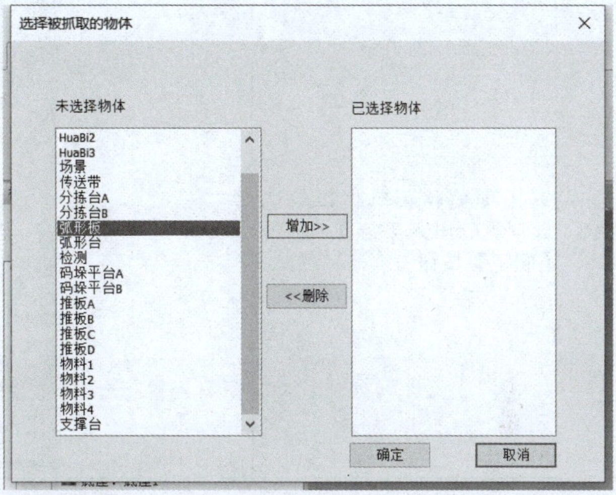
步骤 6	单击【增加】按钮后，弧形板移至【已选择物体】栏，单击【确定】按钮	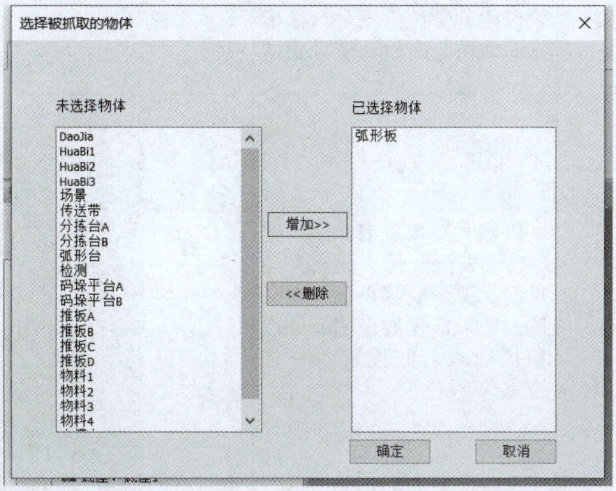
步骤 7	选择抓取的位置——CP点。(这个点位是提前已经设置好的抓取点，在这里我们直接使用)。将CP“增加”到已选择的位置栏，单击【确定】按钮	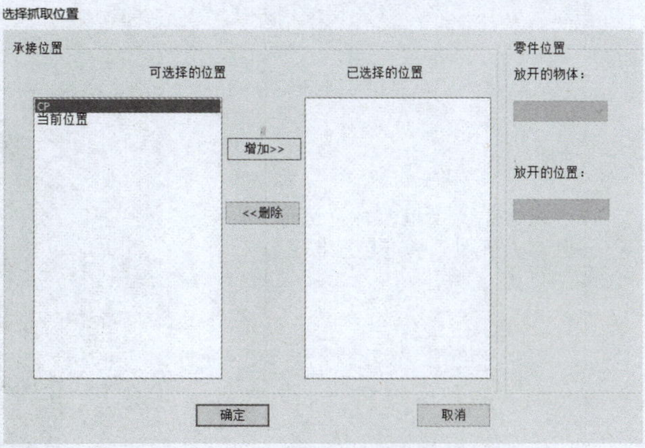

续表

步骤	操作内容	图示
步骤 8	出现偏移菜单栏，勾选【不生成出入刀点】，单击【确定】按钮	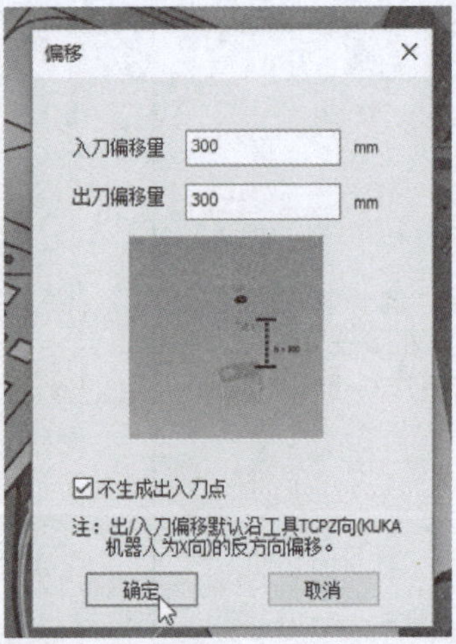
步骤 9	【抓取弧形板（TCP-Base）】轨迹出现黄色感叹号，鼠标左键双击之，轨迹变为正常	
步骤 10	机器人直接从 Home 点到 CP 点去抓取弧形板，会与桌面、弧形板等设备发生碰撞。所以，需要在 Home 点和抓取点之间设置两个过渡点	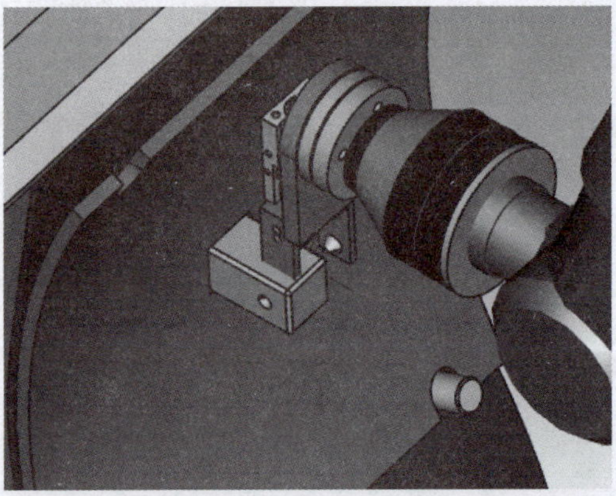
步骤 11	设置第一个过渡点，选择机器人夹具，单击【三维球】	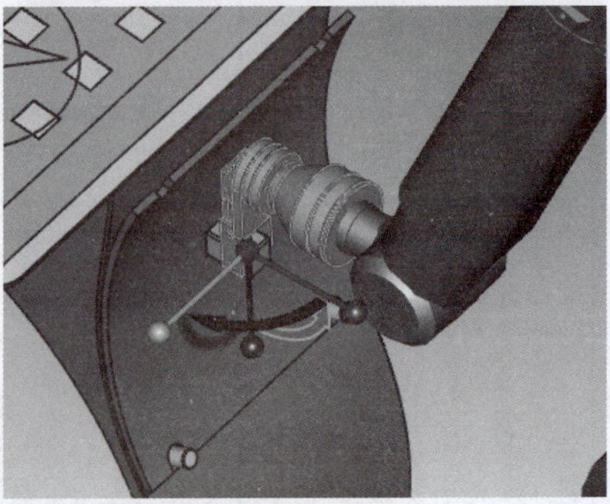

续表

步骤	操作内容	图示
步骤 12	沿 *X* 轴方向移动 50（在输入框内输入 50）	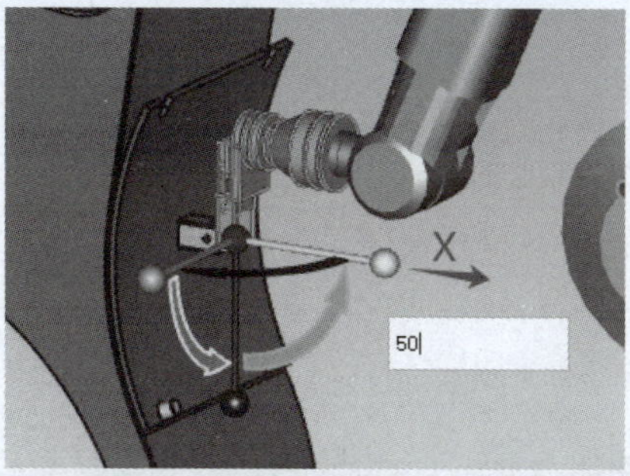
步骤 13	沿 *Y* 轴方向移动 −400（在输入框内输入 −400）	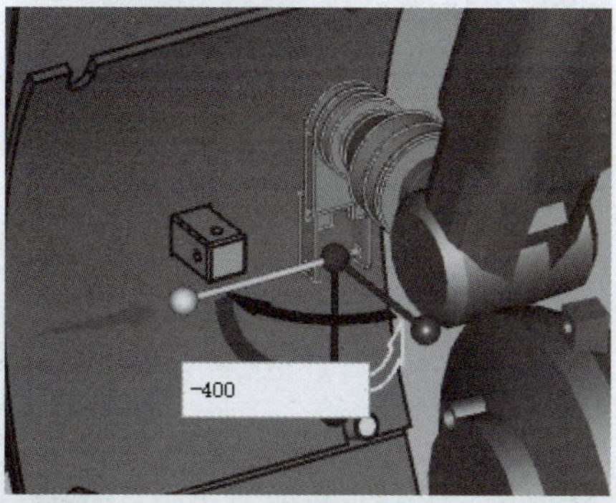
步骤 14	绕 *Z* 轴方向旋转 30°（在输入框内输入 30）	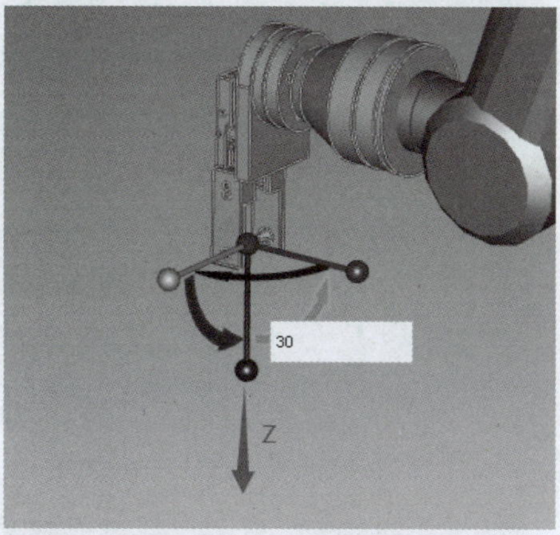
步骤 15	添加过渡点。关闭三维球，鼠标右键单击机器人，出现菜单栏，选择【插入 POS 点（Move-AbsJoint）】	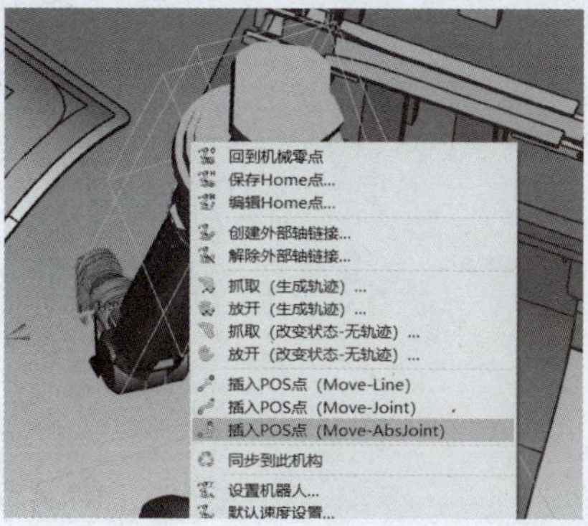

续表

步骤	操作内容	图示
步骤 16	将新增过渡点 3 拖曳至抓取弧形板之前	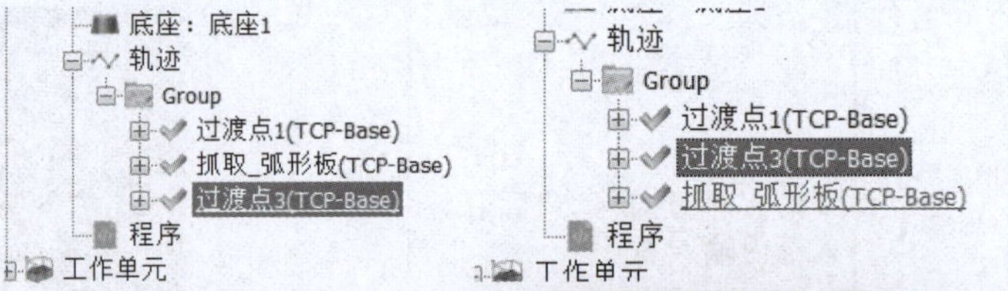
步骤 17	添加入刀点。双击鼠标左键【抓取_弧形板】，让机器人回到抓取点	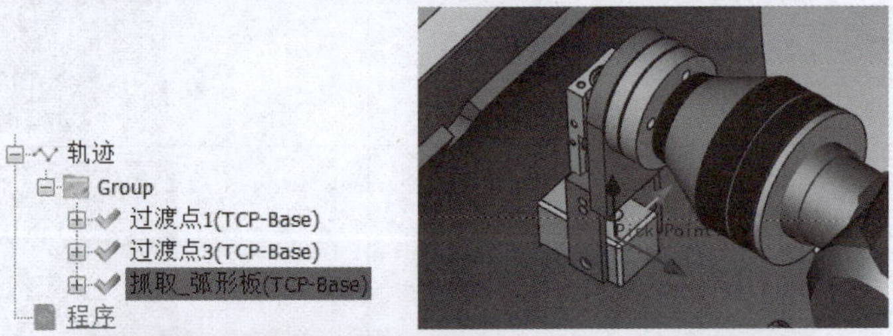
步骤 18	选中夹具，打开三维球。沿着 *X* 轴（红色轴）方向移动 50	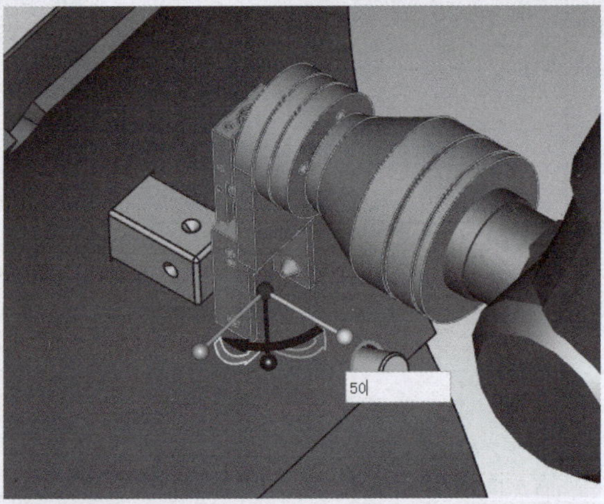
步骤 19	关闭三维球，单击鼠标右键选中夹具，出现菜单栏，选择【插入 POS 点（Move-Joint）】	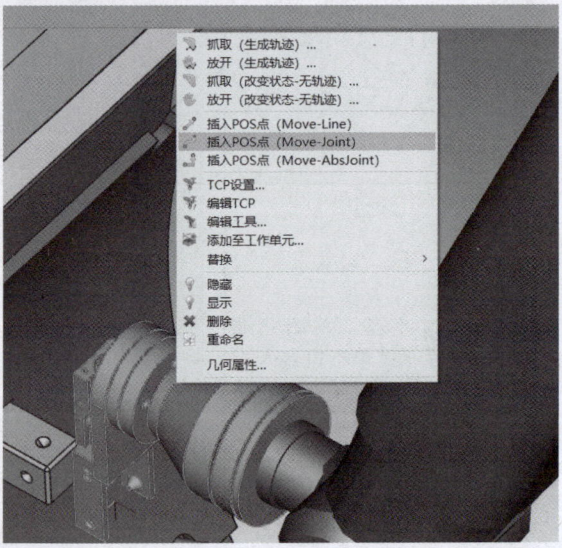

续表

步骤	操作内容	图示
步骤 20	将新增的过渡点移至抓取弧形板前，过渡点 4 即入刀点	
步骤 21	添加出刀点。复制过渡点 4，单击鼠标右键选中过渡点 4，在弹出的菜单中选择【复制轨迹】	
步骤 22	机器人去夹弧形板需要直线进出，所以需要将抓取弧形板之前的移动指令和新增的“过渡点 4－复制”移动指令改为 Move-Line。 经查看，抓取_弧形板轨迹中的 Pick_Point 移动指令已经是 Move-Line，不需要改变。“过渡点 4－复制”移动指令为 Move-Joint，需要改为 Move-Line	
步骤 23	更改轨迹移动指令具体操作： 方法 1：首先单击鼠标左键选中轨迹，然后修改调试面板中点的指令，由 Move-Joint 改为 Move-Line	

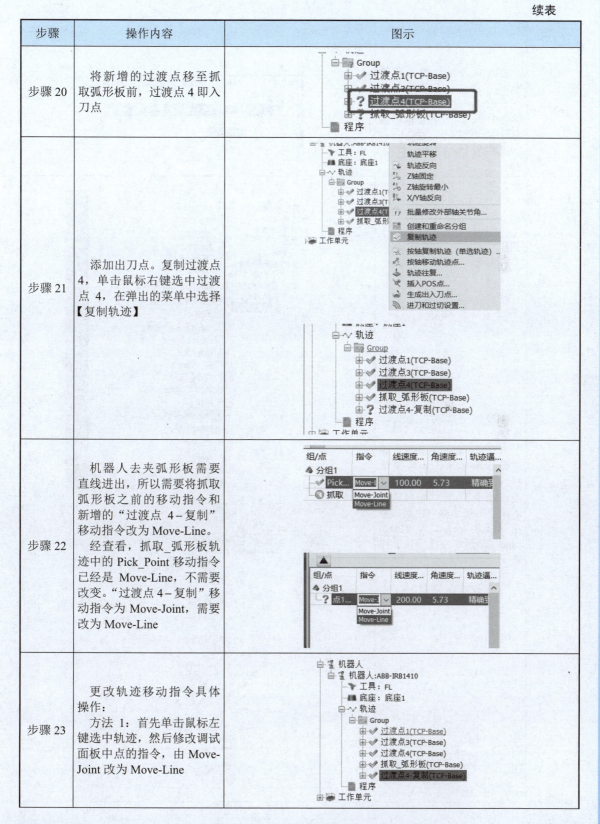

续表

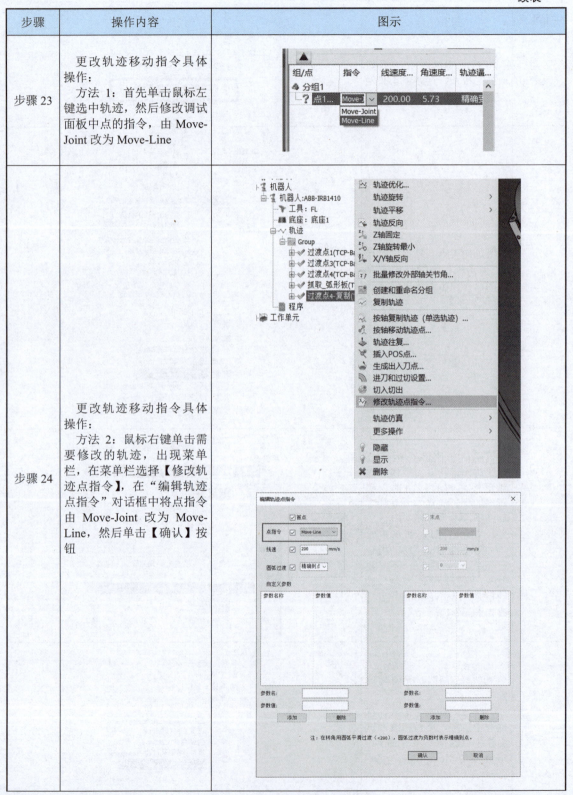

步骤	操作内容	图示
步骤 23	更改轨迹移动指令具体操作： 方法 1：首先单击鼠标左键选中轨迹，然后修改调试面板中点的指令，由 Move-Joint 改为 Move-Line	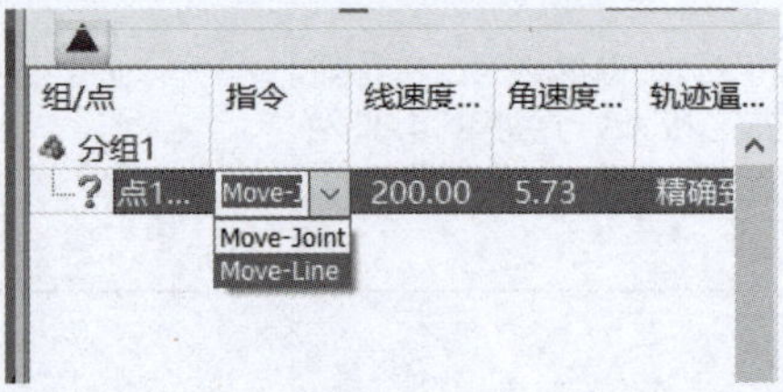
步骤 24	更改轨迹移动指令具体操作： 方法 2：鼠标右键单击需要修改的轨迹，出现菜单栏，在菜单栏选择【修改轨迹点指令】，在“编辑轨迹点指令”对话框中将点指令由 Move-Joint 改为 Move-Line，然后单击【确认】按钮	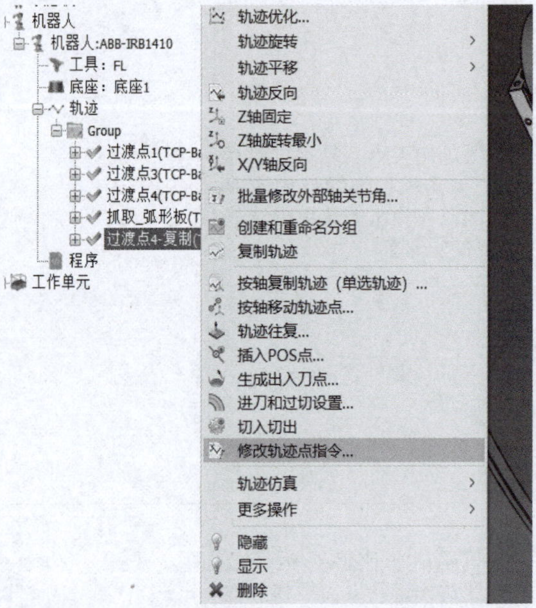 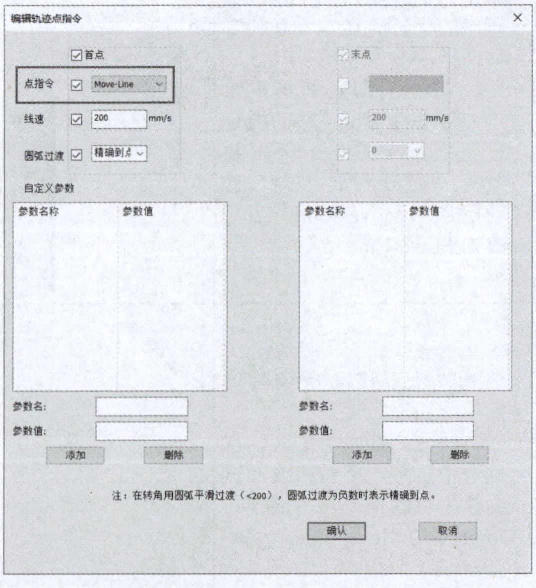

续表

步骤	操作内容	图示
步骤 25	将弧形板移至安全位置。在调试面板修改 J1 轴为 90，保存此时机器人位置，鼠标右键单击机器人，在弹出的菜单中选择【插入 POS 点（Move-AbsJoint）】	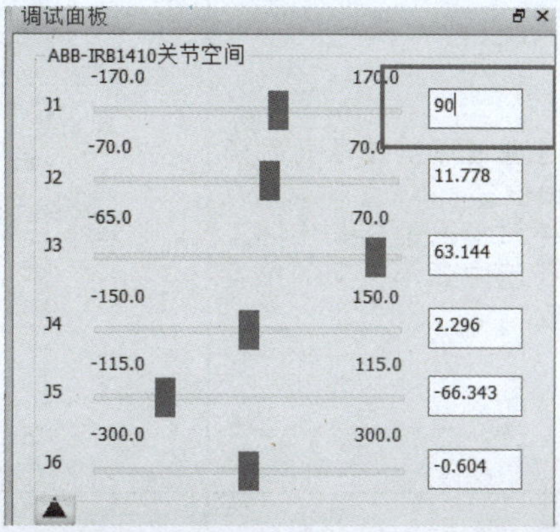 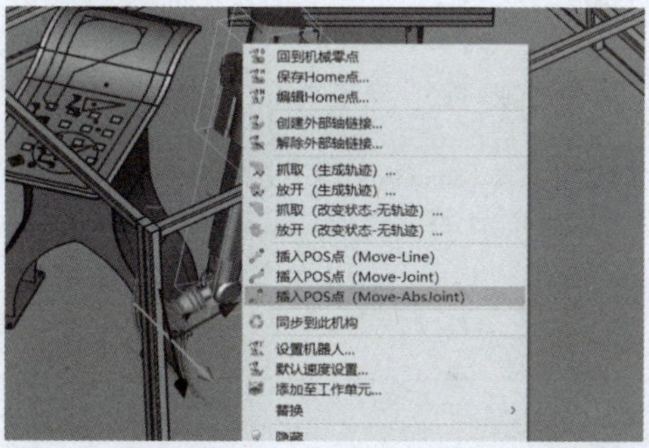
步骤 26	机器人抬起弧形板。通过调试面板，将机器人关节调至（90，−30，30，0，−30，0），插入 POS 点（Move-AbsJoint）	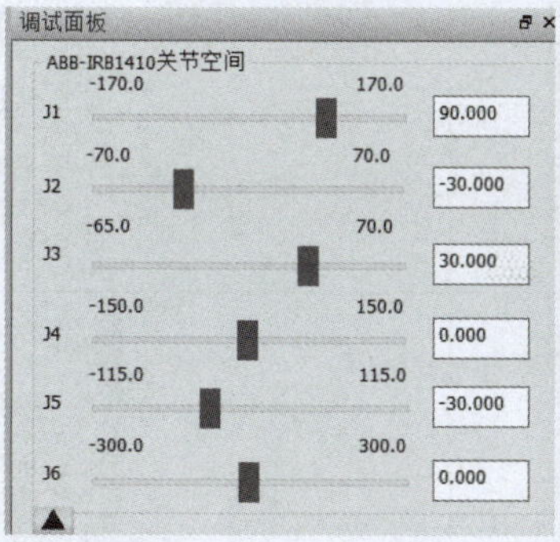 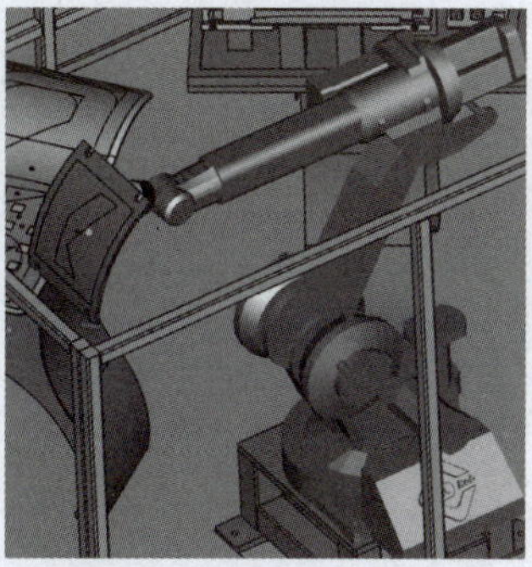
步骤 27	将弧形板移至工具笔附近。在调试面板修改 J1 轴为 −75，插入 POS 点（Move-AbsJoint）	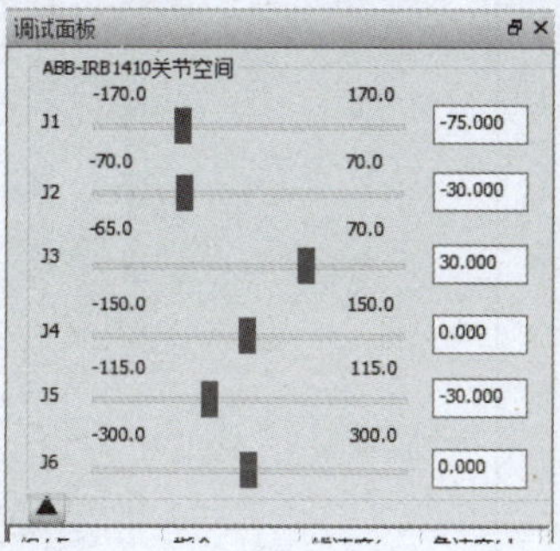 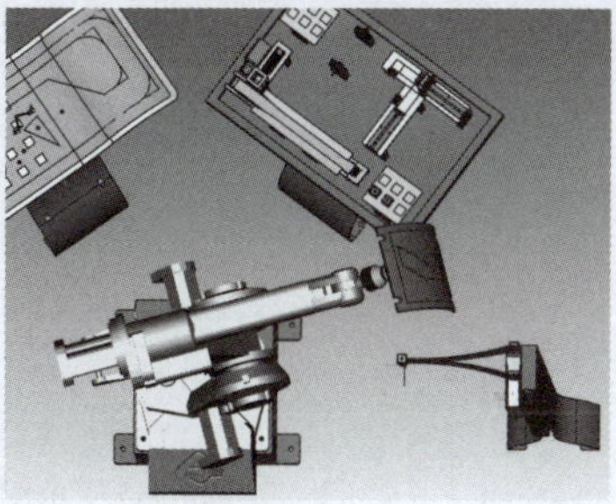

续表

步骤	操作内容	图示
步骤 28	通过三点法校准此时弧形板位置，再一次确保仿真软件弧形板位置与实际工作环境中弧形板空间位置一致	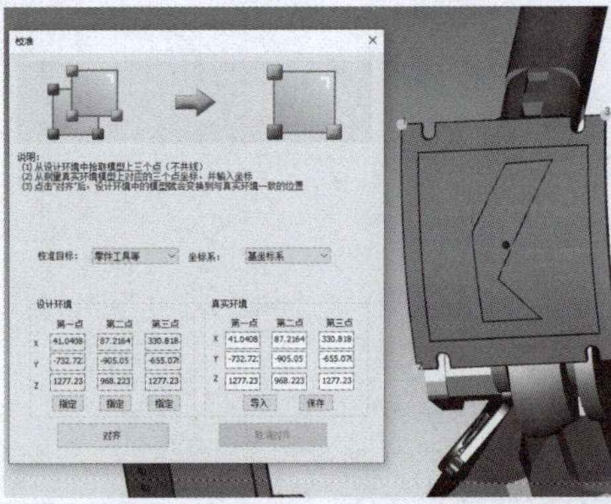
步骤 29	单击生成轨迹，轨迹类型选择曲线特征方式，工具选择外部工具（DaoJia），拾取需要走的轨迹线	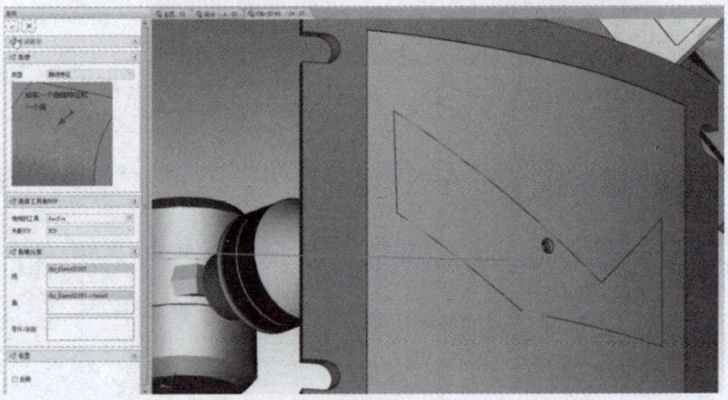
步骤 30	编译后，出现轴超限提示	
	通过编辑多个点的方式，对轴超限点进行编辑。在调试面板发现这些轴主要是 5 轴超限	

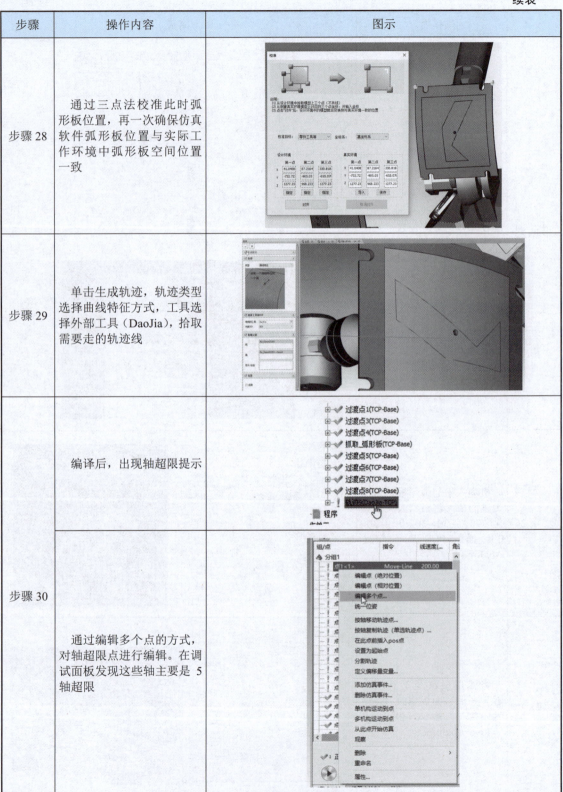

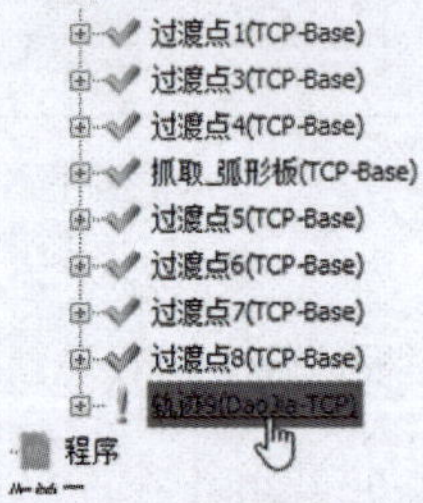

续表

步骤	操作内容	图示
步骤 31	修改【输入影响点数】为“14”，选择“向后”更改，【编辑方式】为“统一位姿”。然后单击“确定”按钮	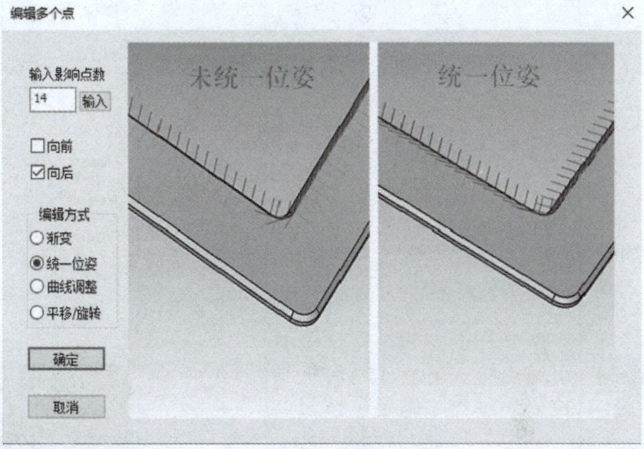
步骤 32	通过调整三维球调整位姿，使三维球绕 X 轴转 10°。发现此时，调试面板中所有的关节角度都在关节空间内，单击“确定”按钮，然后再编译	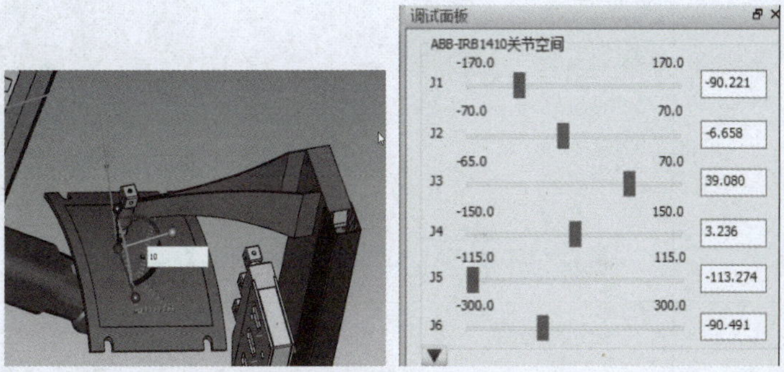
步骤 33	发现此时从点 24 之后，所有的点都轴超限，主要是 5 轴超限。所以要继续编辑这些点	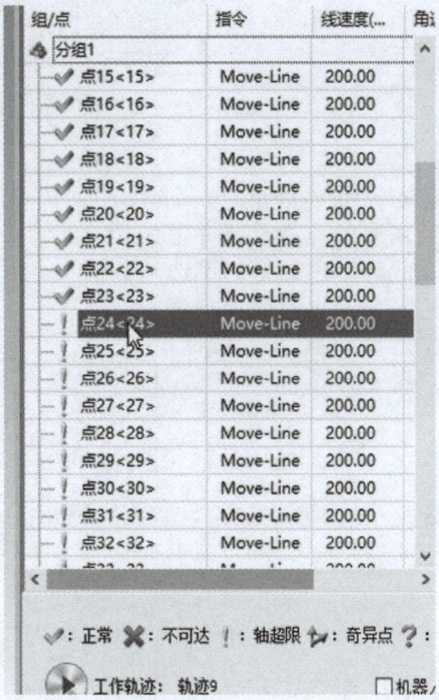

续表

步骤	操作内容	图示
步骤 34	用同样的方式，让这些不可达点绕 X 轴转 15° 后统一位姿，单击“确定”按钮	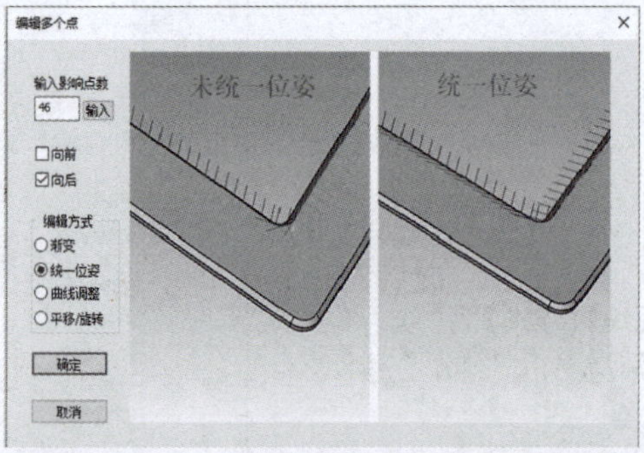 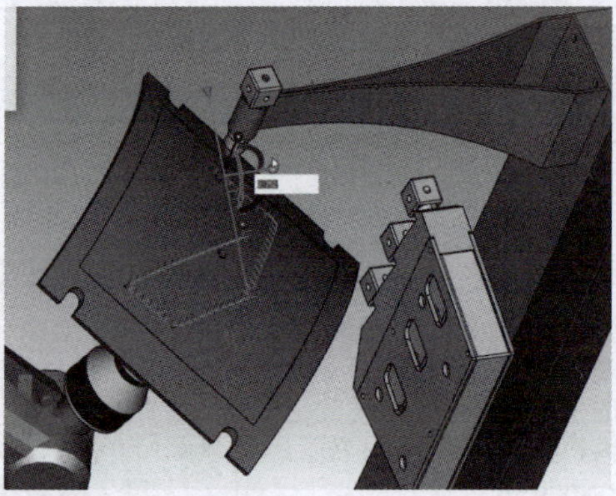
步骤 35	编译后，发现从第 39 个点之后所有的点位都是 6 轴超限，此时单击鼠标右键选中轨迹，在弹出的菜单中选择【轨迹反向】。再次编译，所有点都正常了	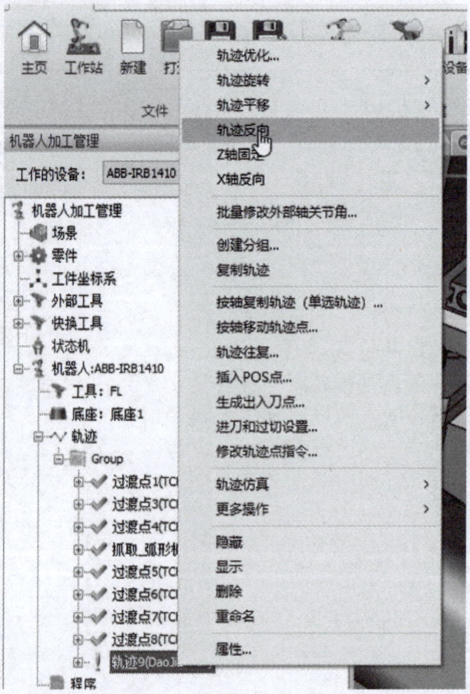

续表

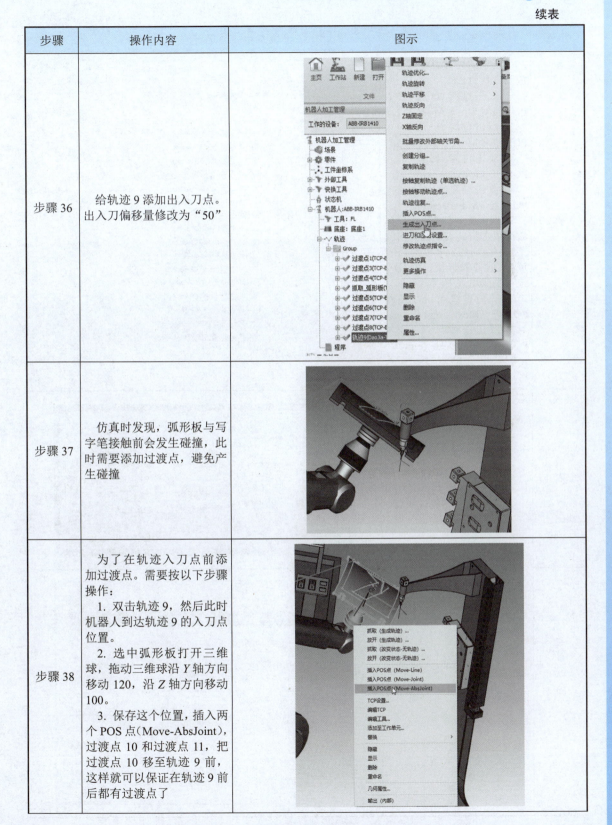

步骤	操作内容	图示
步骤 36	给轨迹 9 添加出入刀点。出入刀偏移量修改为“50”	
步骤 37	仿真时发现，弧形板与写字笔接触前会发生碰撞，此时需要添加过渡点，避免产生碰撞	
步骤 38	为了在轨迹入刀点前添加过渡点。需要按以下步骤操作： 1. 双击轨迹 9，然后此时机器人到达轨迹 9 的入刀点位置。 2. 选中弧形板打开三维球，拖动三维球沿 *Y* 轴方向移动 120，沿 *Z* 轴方向移动 100。 3. 保存这个位置，插入两个 POS 点(Move-AbsJoint)，过渡点 10 和过渡点 11，把过渡点 10 移至轨迹 9 前，这样就可以保证在轨迹 9 前后都有过渡点了	

续表

步骤	操作内容	图示
步骤 39	再用逆向思维，将弧形板放回原位置。 1. 双击过渡点 8，插入 POS 点（Move-AbsJoint）。 2. 双击过渡点 7，插入 POS 点（Move-AbsJoint）。 3. 双击过渡点 6，插入 POS 点（Move-AbsJoint）。 4. 双击过渡点 5，插入 POS 点（Move-Joint）。 5. 双击抓取弧形板，鼠标右键单击机器人，在弹出的菜单中选择放开（生成轨迹），放开弧形板，并且勾选不生成出入刀点。 6. 双击过渡点 4，插入 POS 点（Move-Joint）。 7. 双击过渡点 3，插入 POS 点（Move-AbsJoint）。 8. 双击过渡点 1，插入 POS 点（Move-AbsJoint）	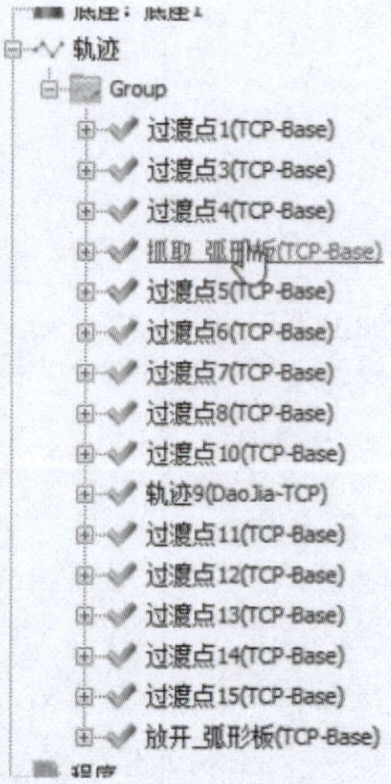
步骤 40	仿真检查整个过程，后置代码保存在桌面上	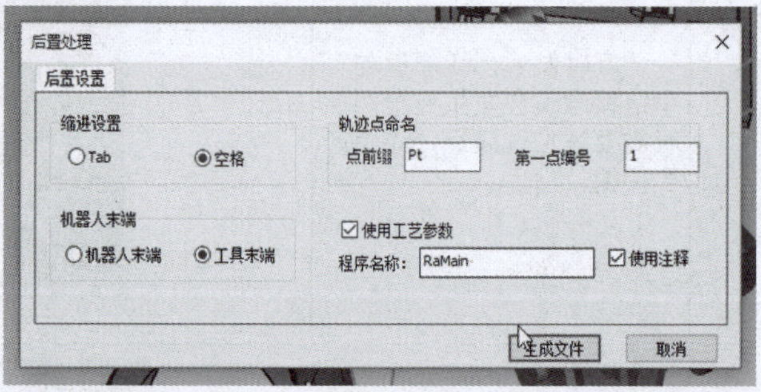
步骤 41	生成动画，保存文件	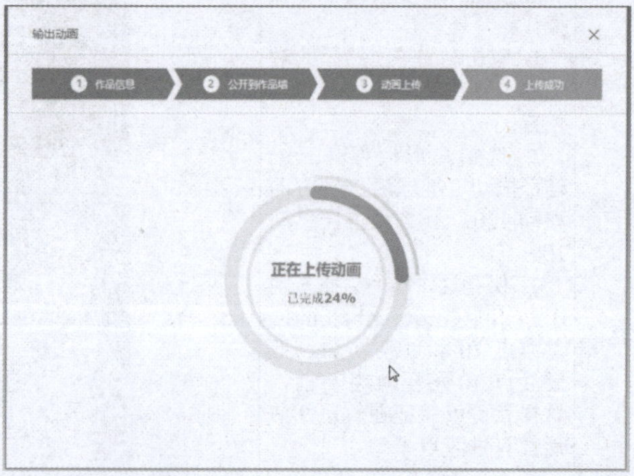

任务评价

任务评价如表 3–12 所示。

表 3–12　任务评价

序号	评分扣分项	分值	打分	备注
1	搭建弧形板画线工作站	10 分		
2	完成弧形板和外部工具的校准	10 分		
3	完成弧形板的取出	10 分		
4	用外部工具生成外部工具在弧形板上画线的轨迹	30 分		
5	放回弧形板	10 分		
6	解决轴超限、奇异点等编译问题，完成仿真调试	20 分		
7	查看后置程序	10 分		
8	仿真调试时出现异常点位	–2 分/处		扣分项
总分				

项目四 智能产线IO事件编程

项目引入

本项目有两个任务，一是机器人搬运码垛任务，二是鼠标装配智能产线，通过这两个任务学生可以掌握 PQArt 的 IO 事件，完成机器人与周边零件、设备的联动功能。

项目目标

知识目标：了解智能产线虚拟构建的定义，了解 PQArt 软件的优势，认识 PQArt 软件界面，了解 PQArt 软件的使用逻辑。

技能目标：会下载安装 PQArt 软件，完成 PQArt 五分钟入门任务，学会新建、保存、基本路径规划和程序后置等功能。

素质目标：培养纪律意识，了解智能产线，以及认识虚拟仿真技术。

思政目标：遵纪守法、诚实守信。

任务 4.1　机器人搬运码垛

任务分析

机器人搬运码垛工作任务是基于“机器人搬运离线编程 CHL－DS－01 码垛工作站”

（图 4-1）的工作任务，任务目标是使用 ABB 机器人搬运平台 A（以下称滑梯）上的物料至平台 B，要求：搬运三个物料至平台 B。搬运步骤：首先导入码垛工作站，用三维球依次将三个物料放置于滑梯上，机器人工作，夹取物料放置于平台上，完成三个物料的搬运事件。

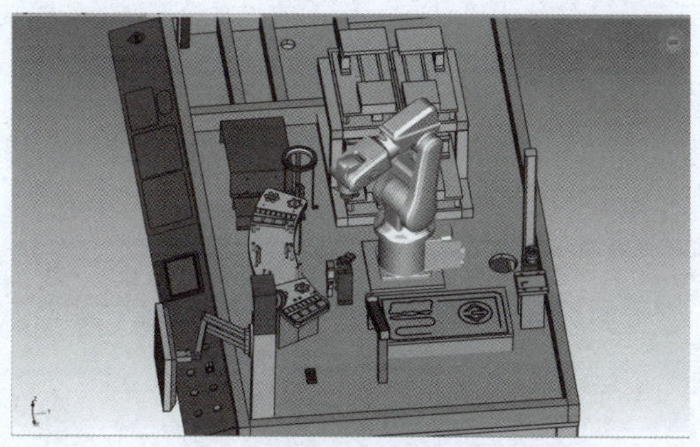

图 4-1　CHL-DS-01 码垛工作站

知识链接

1. IO 事件——抓取事件

一个对象抓取另一个目标对象，抓取点的选定不固定、不唯一。要在对话框中确定执行设备和关联设备。生成抓取事件时，事件名称默认为“执行设备抓取关联设备”，如图 4-2 所示。

2. IO 事件——放开事件

一个对象放开另一个目标对象，放开点的选定不固定、不唯一，要确定好执行设备和关联设备。生成放开事件时，事件名称默认为“执行设备放开关联设备”，如图 4-3 所示。

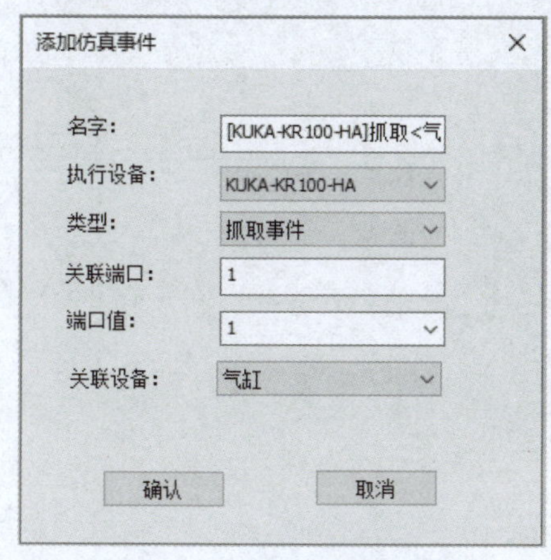

图 4-2　机器人抓取气缸

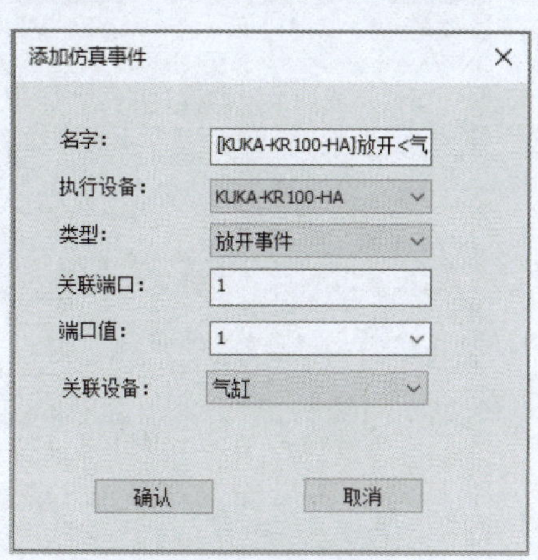

图 4-3　机器人放开气缸

3. IO 事件——发送事件与等待事件

发送与等待事件即两个物体通信，需要一个物体发送，另一个物体接收。

如 A 物体为发送方，B 物体为接收方。当 A 的“发送事件”被触发时，B 从 A 处接收到信号后立即运动，不再等待。

1）发送事件

事件名字默认为“执行设备发送：数值”。发送时，类型选择为发送事件，如图 4-4 所示。当为接收物体时，类型一定要选择为等待事件。

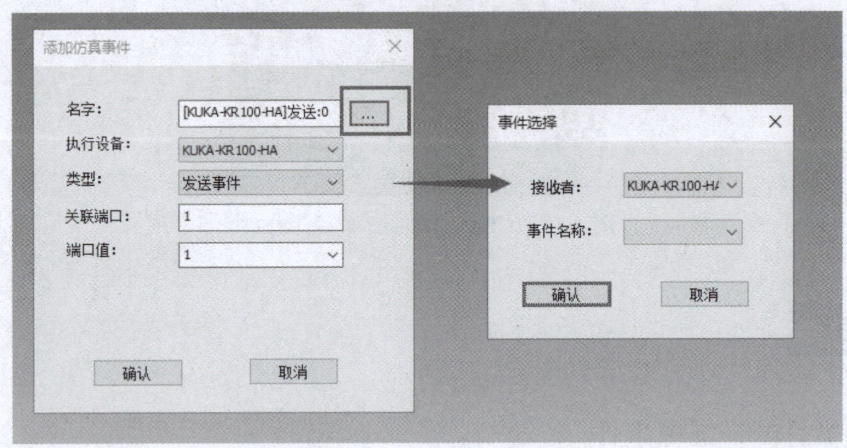

图 4-4　发送事件界面

单击 按钮可弹出“事件选择”对话框。在该对话框中，可选择并查看发送事件的接收者，以及选择事件名称。

2）等待事件

事件名字默认为“等待<［发送信号设备］发送：数值”。类型选择为等待事件，如图 4-5 所示。

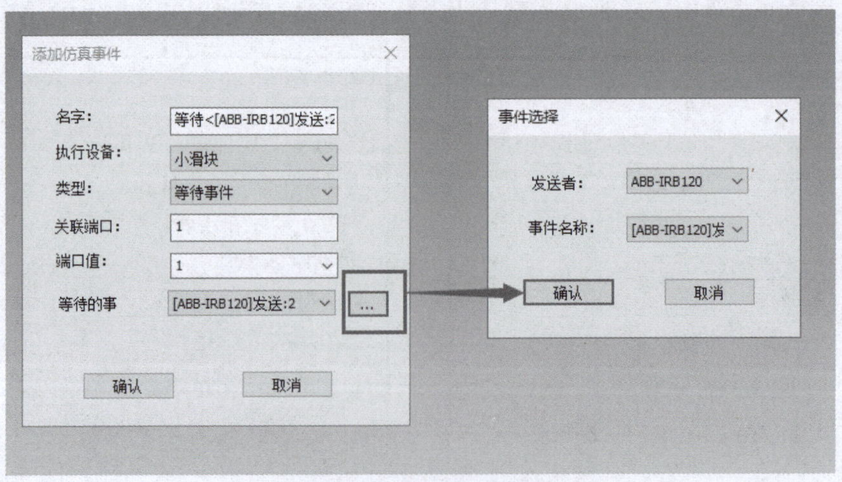

图 4-5　等待事件界面

单击[…]按钮可弹出“事件选择”对话框。在该对话框中，可选择并查看等待事件的发送者，以及选择事件名称。

4. IO事件——自定义事件

根据需要自己输入内容（机器人可执行的语言），让机器人执行多种动作指令。添加的自定义事件可以在后置中生成代码，从而实现真机操作。

在工艺设置中添加好自定义模板后，通过轨迹点右键菜单【添加仿真事件】，打开“自定义事件”界面，如图4－6所示，从模板名字的下拉菜单中选择需要添加的自定义事件，则模板内容会自动加载显示。

输出位置：决定输出所添加的自定义事件的位置，包括点前输出和点后输出，即该事件是在所选轨迹点前被执行还是点后被执行，如图4－7所示。

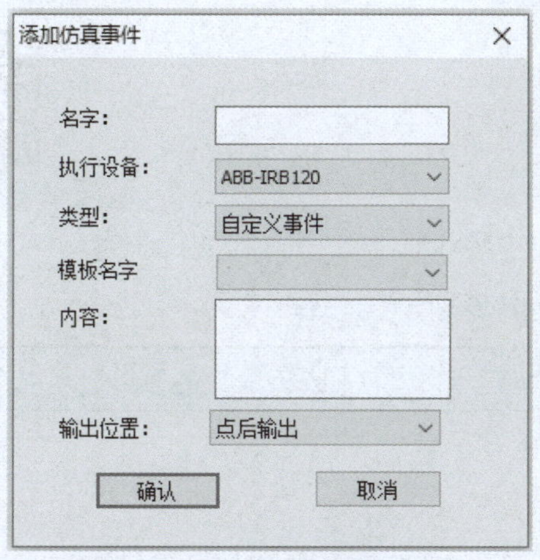

图4－6　自定义事件界面

图4－7　输出位置选择

5. IO事件——等候时间事件

等候时间事件：让指定的对象在指定的点前停留指定的时间，如图4－8所示。

6. RP点和CP点的定义

（1）CP 点：为安装点、抓取点。具体来说，CP点是零件上被工具抓取的点，如图4－9所示。

（2）RP 点：为放开点，一般是机器人放开零件时，零件与工作台接触的点，如图4－9所示。

图4－8　等候时间事件界面

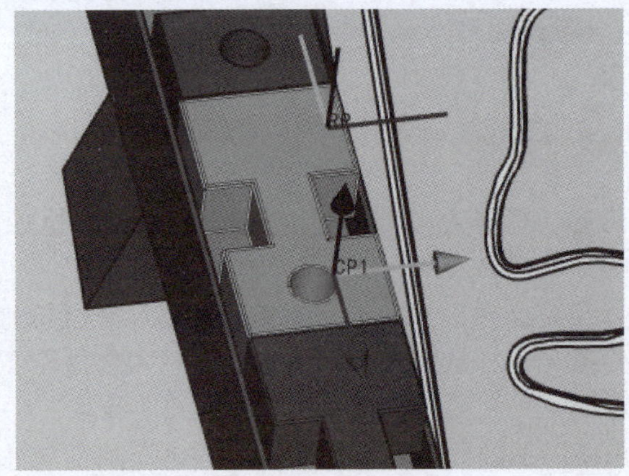

图 4-9　RP 点和 CP 点示意图

任务实施

机器人搬运码垛

1. 搭建机器人搬运码垛智能产线

搭建机器人搬运码垛智能产线步骤如表 4-1 所示。

表 4-1　搭建机器人搬运码垛智能产线步骤

步骤	操作内容	图示
步骤 1	打开软件，单击【新建】	新建
步骤 2	选择菜单栏【文件】模块，找到【工作站】，在【工作站】中搜索“搬运”，找到 CHL-DS-01 码垛工作站，单击【插入】(下载)	

续表

步骤	操作内容	图示
步骤 3	待绘图区下方进度条加载到 100%，添加完成	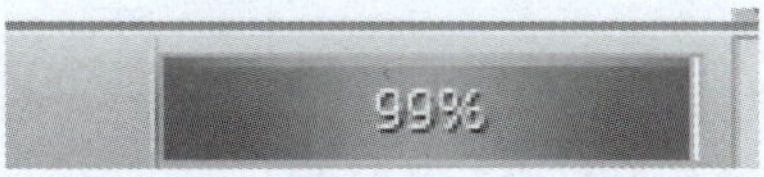
步骤 4	使用三维球将物料依次摆放在滑梯上	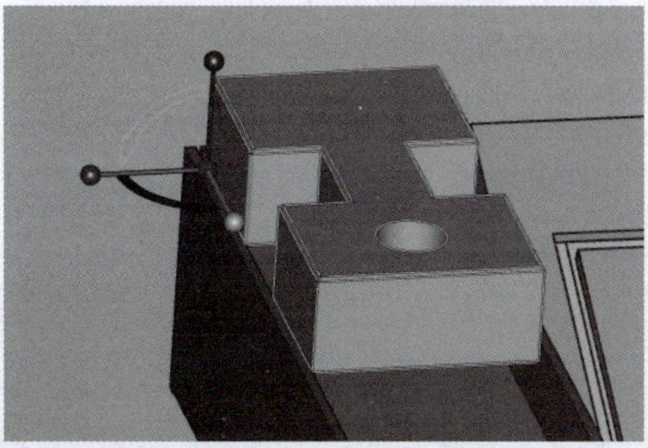
步骤 5	首先拖动三维球 Z 轴，将物料升起，再按空格键将三维球变白放在物料底面	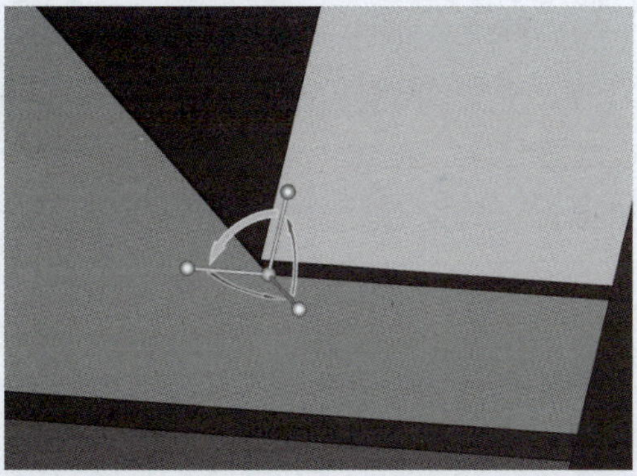
步骤 6	按空格键，三维球变彩色。然后固定 Z 轴（Z 轴变黄色），鼠标右键单击三维球原点，选择到点方式，鼠标左键选择滑梯 A 面，将物料底面移至滑梯 A 面（蓝色）。确保物料底面和滑梯 A 面贴合，无重叠、无间隙	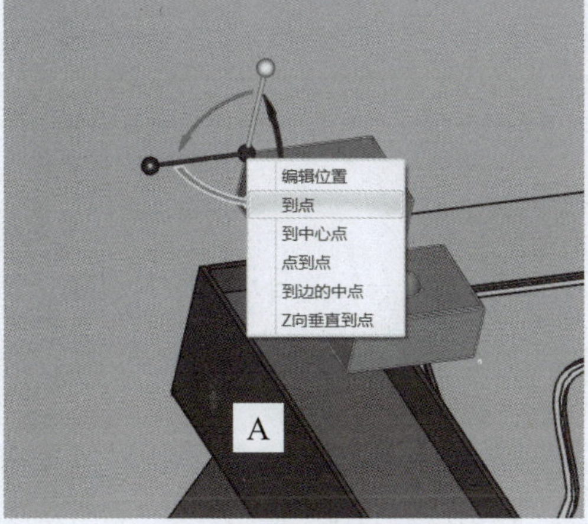

续表

步骤	操作内容	图示
步骤 7	通过按鼠标中间旋转视角或者按【Shift】键和鼠标中键移动视野范围，调整到从上方看物料，方便定位物料 *X*/*Y* 方向	
步骤 8	将三维球移至物料左上角	
步骤 9	固定 *Y* 轴，通过【到点】的方式，使物料上方与滑梯的 B 面贴合	
步骤 10	用同样的方式，将物料左面与滑梯 C 面贴合	

续表

步骤	操作内容	图示
步骤 11	通过【到中心点】方式，将三维球移至物料上面一条边的中心	
步骤 12	固定 X 轴，通过【到中心点】方式，将物料上边中心点与滑梯上边中心点对齐。确保物料与滑梯左右面间隙相等。此时物料 1 已经定好位置	
步骤 13	将物料 2 与物料 1 整齐摆放。首先，在【机器人加工管理】/【零件】位置找到物料 2	

续表

步骤	操作内容	图示
步骤 14	打开三维球，将三维球放置在物料 2 的左上角	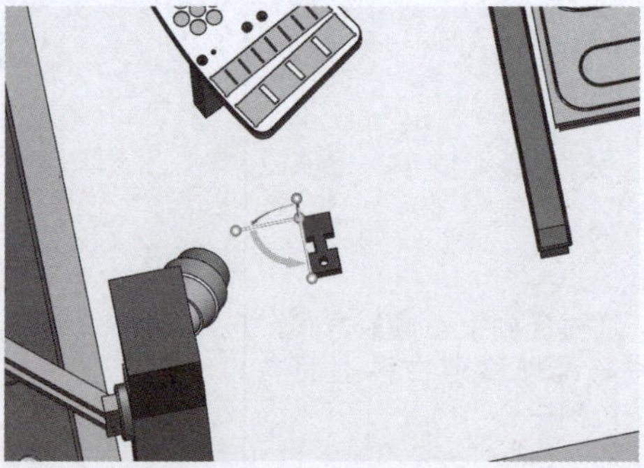
步骤 15	将物料 2 移至物料 1 处	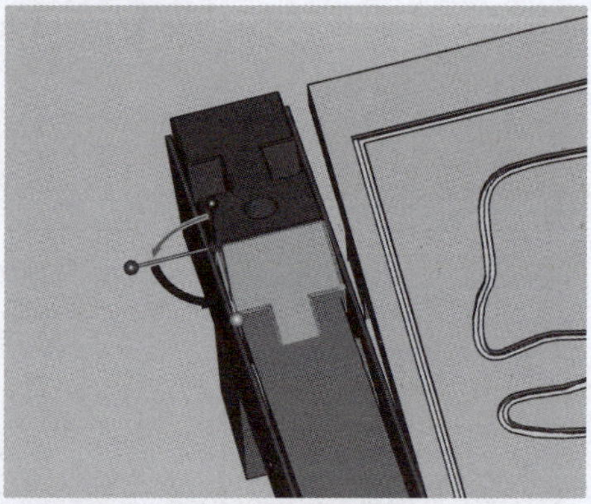
步骤 16	使物料 2 的 Z 轴与滑梯 A 面垂直	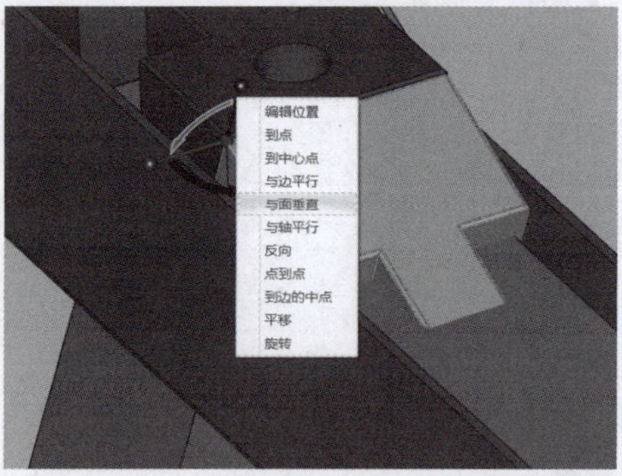
步骤 17	物料 2 摆放完毕	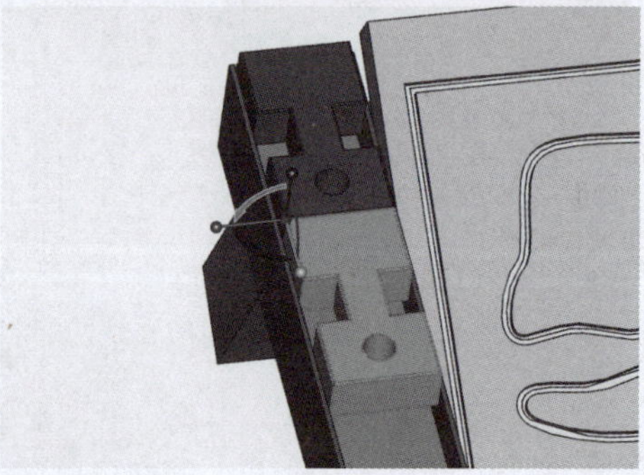

续表

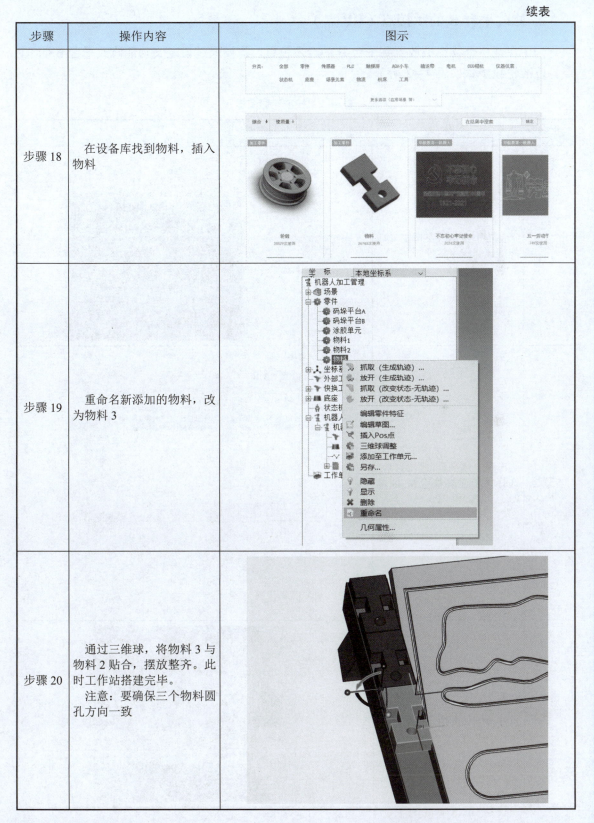

步骤	操作内容	图示
步骤 18	在设备库找到物料，插入物料	
步骤 19	重命名新添加的物料，改为物料 3	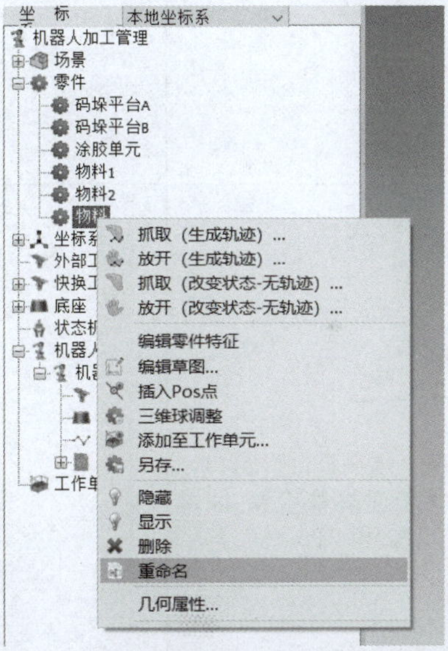
步骤 20	通过三维球，将物料 3 与物料 2 贴合，摆放整齐。此时工作站搭建完毕。 注意：要确保三个物料圆孔方向一致	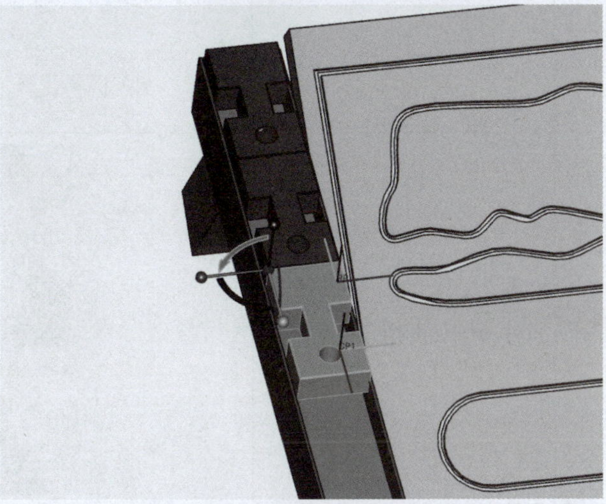

2. 修改平台 B 的承接点（RP 点）

为了保证三个物料被放置到平台 B 的合适位置，需要通过自定义功能修改平台 B 的 RP 点。校准轮毂步骤如表 4－2 所示。

表 4－2　校准轮毂步骤

步骤	操作内容	图示
步骤 1	单击平台 B，在自定义功能下选择定义零件	
步骤 2	出现“定义零件”窗口，选择【管理附着点】，编辑 RP1、RP2 和 RP3	
步骤 3	通过编辑位置，将三个 RP 点修改到如图所示位置	

3. 轨迹规划

搬运码垛轨迹规划的操作步骤如表 4–3 所示。

表 4–3　搬运码垛轨迹规划操作步骤表

步骤	操作内容	图示
步骤 1	添加 Home 点位置。选中机器人，在调试面板将机器人关节调为（0，–30，30，0，90，0）。选择机器人，右键插入 POS 点（Move-AbsJoint）	
步骤 2	安装工具。鼠标右键单击工具，在弹出的菜单中选择【安装（生成轨迹）】，出入刀均为 300	
步骤 3	取物料 1。对着工具单击鼠标右键，选择【抓取（生成轨迹）】	

续表

步骤	操作内容	图示
步骤 4	选择被抓取的物体，将物料 1 增加到已选择物体栏。然后单击【确定】按钮	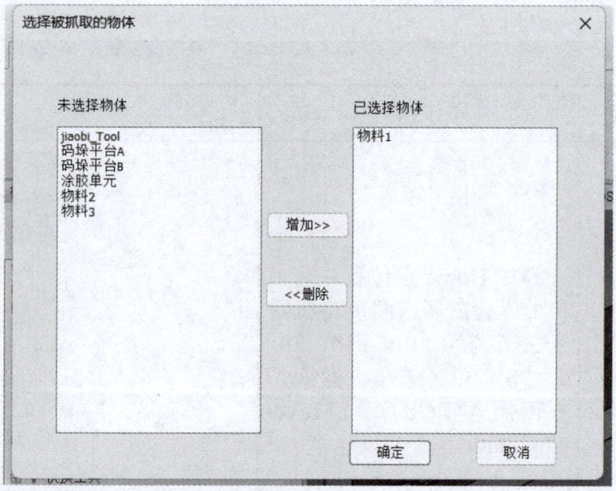
步骤 5	选择物料 1 被抓取位置，增加 CP1 到已选择位置，单击【确定】按钮	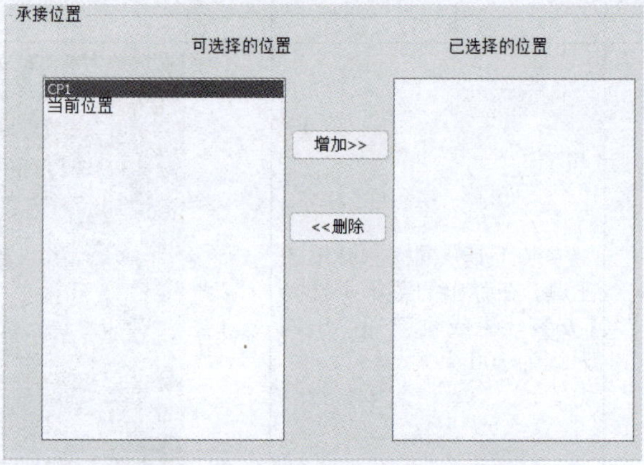
步骤 6	修改物料 1 抓取出入刀偏移量，均改为 100	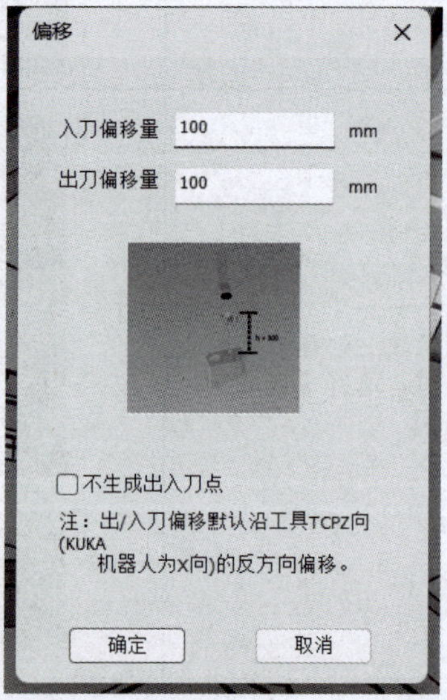

续表

步骤	操作内容	图示
步骤 7	在机器人加工管理树中找到【机器人轨迹】，鼠标左键选择其中【抓取_物料1】轨迹	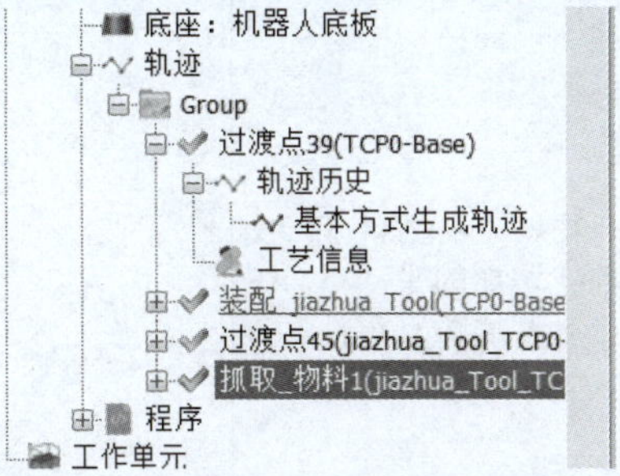
步骤 8	在右边调试面板中找到点 3。（点 1 代表抓取物料 1 之前的示教点，点 3 代表抓取物料 3 后的示教点） 由于本软件中无重力，所以零件下落需要通过 IO 事件控制	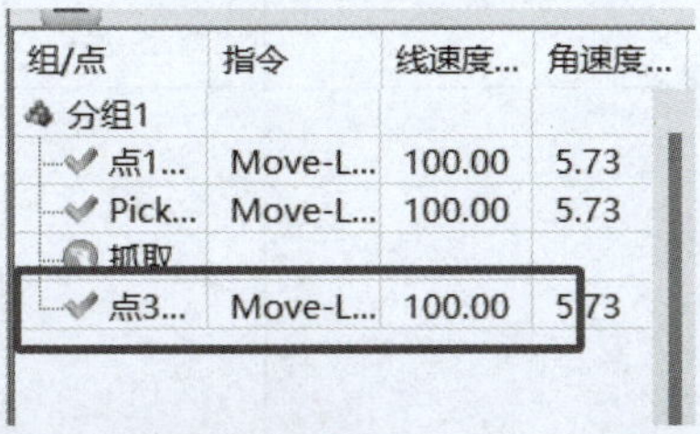
步骤 9	对着点 3，单击鼠标右键，在弹出的菜单中选择【添加仿真事件】	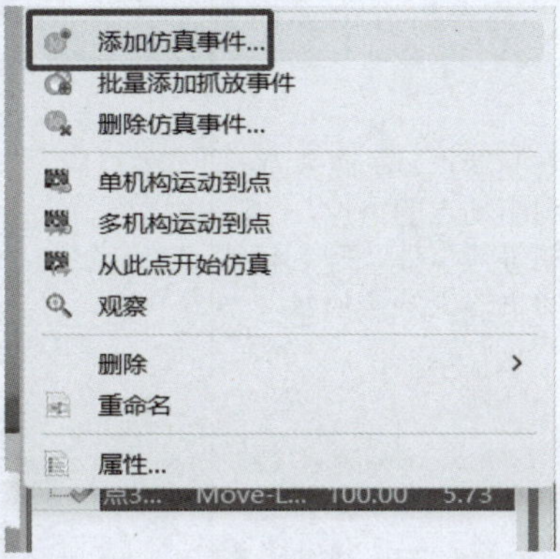
步骤 10	使用默认设置。在点 3 后增加一个发送事件，告知物料 2、物料 3 下滑	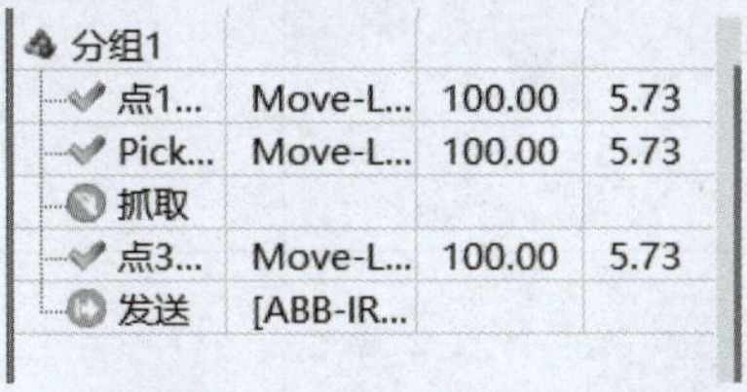
步骤 11	在左边机器人加工管理树中找到【零件】/【物料 2】、【零件】/【物料 3】。鼠标右键单击，选择【插入 Pos 点】，保存物料 2、物料 3 下滑前位置	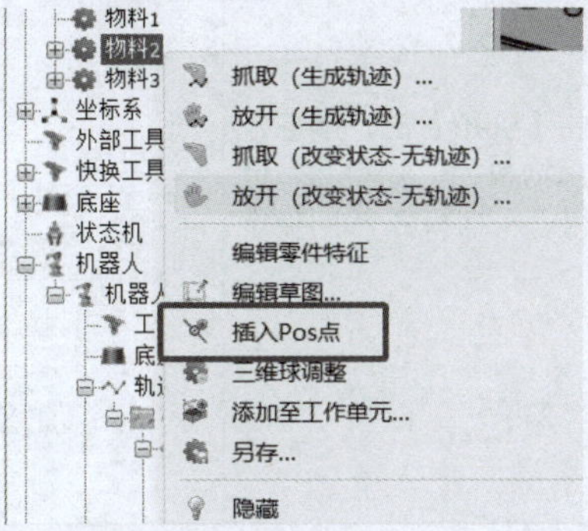

续表

步骤	操作内容	图示
步骤 12	打开物料 2、物料 3，找到刚刚新增加的驱动点。在驱动点后添加仿真事件	机器人加工管理 场景 零件 码垛平台A 码垛平台B 涂胶单元 物料1 物料2 Group 驱动点47 物料3 Group 驱动点48 坐标系
步骤 13	单击驱动点，在调试面板中找到驱动点的点位，在其后增加等待事件。等待刚刚添加的机器人发送信号	添加仿真事件 名字：等待<[ABB-IRB120]发送: 执行设备：物料2　到位执行 类型：等待事件 输出位置：点后执行 关联端口：1 端口值：1 等待的事：[ABB-IRB120]发送:0 确认　取消 组/点　指令　线速度...　角速度... 分组1 点1<...　Move-L...　100.00　5.73 等待　等待<[A...
步骤 14	按住【Shift】键，鼠标左键选择物料 2、物料 3。此时物料 2、物料 3 共同被选中	

续表

步骤	操作内容	图示
步骤 15	打开三维球，用【到中心点】方式，将它们顺着滑梯移到滑梯下沿	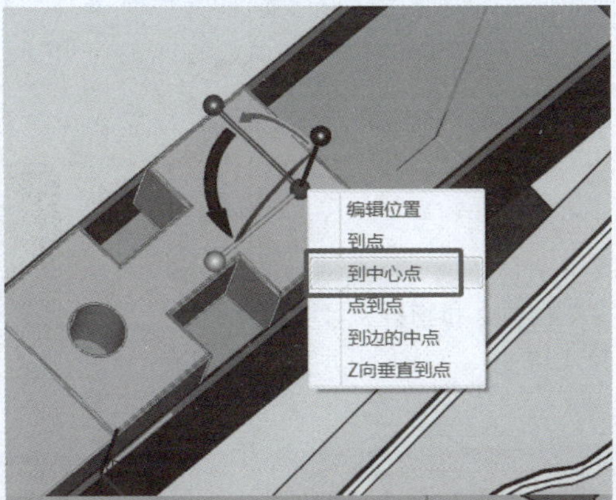 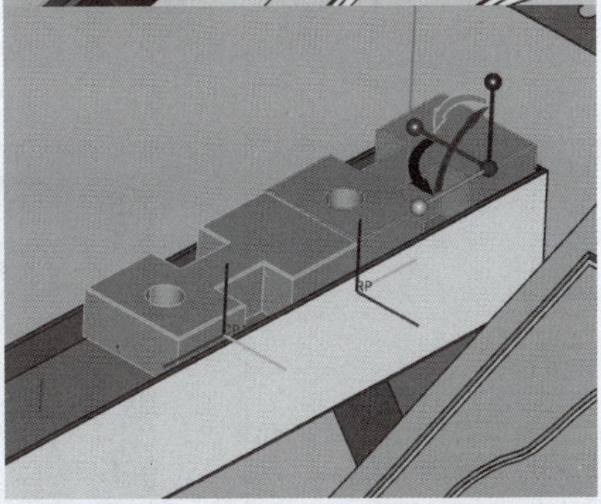
步骤 16	关闭三维球，使用【插入 Pos 点】方式，保存此时两个物料的位置	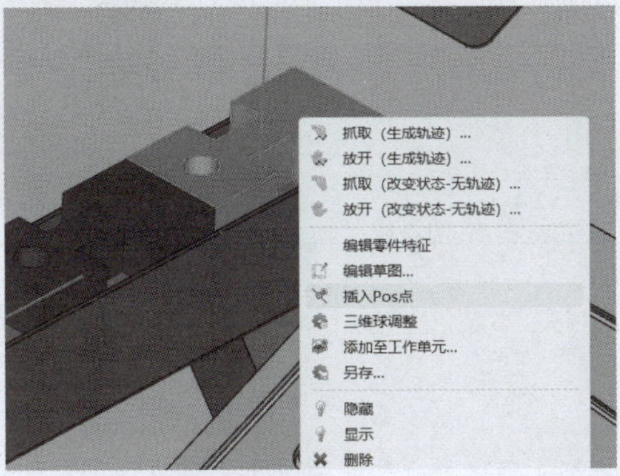 

续表

步骤	操作内容	图示
步骤 17	仿真，机器人抓起物料 1 后，物料 2 和物料 3 可以继下滑	
步骤 18	鼠标右键单击夹具，选择【放开（生成轨迹）】	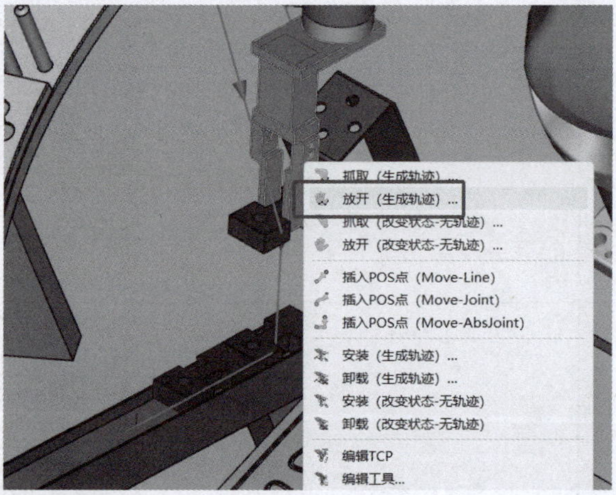
步骤 19	选择被放开的物体，增加到右侧，单击【确定】按钮	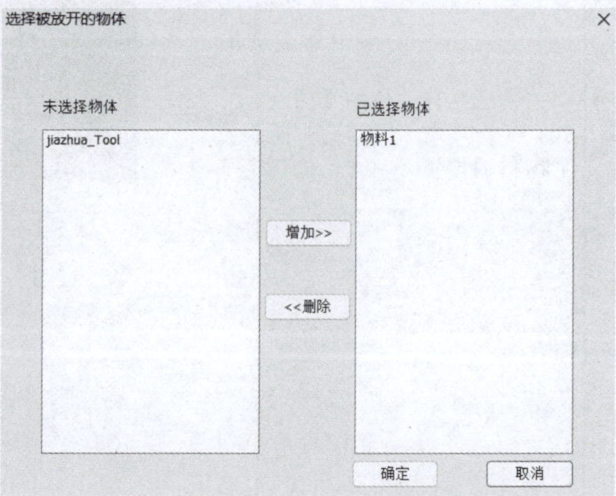

续表

步骤	操作内容	图示
步骤 20	选择放开位置，将 RP1 选择到右侧，单击【确定】按钮。 这步操作代表将物料 1 放置在码垛平台 B 的 RP1 位置	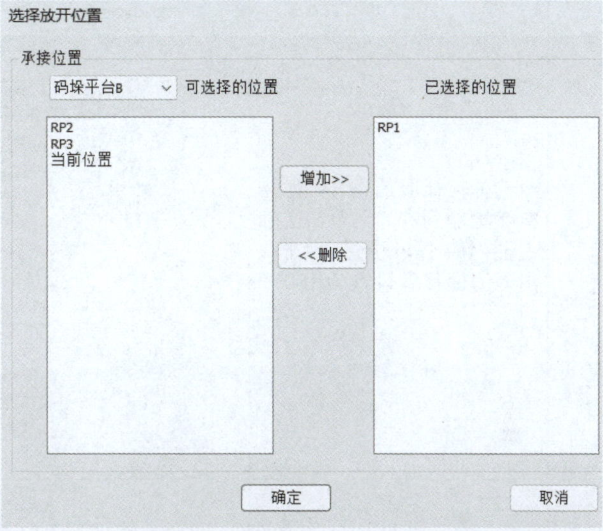 选择放开位置 承接位置 码垛平台B　可选择的位置　已选择的位置 RP2 RP3 当前位置 增加>> <<删除 RP1 确定　取消
步骤 21	修改出入刀偏移量为 100	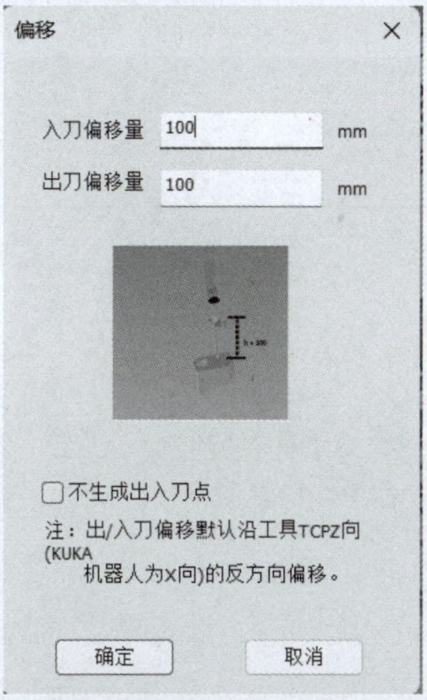 偏移 入刀偏移量 100 mm 出刀偏移量 100 mm 不生成出入刀点 注：出/入刀偏移默认沿工具TCPZ向(KUKA 机器人为X向)的反方向偏移。 确定　取消
步骤 22	继续抓取物料 2。鼠标右键单击工具，在弹出的菜单中选择【抓取（生成轨迹）】	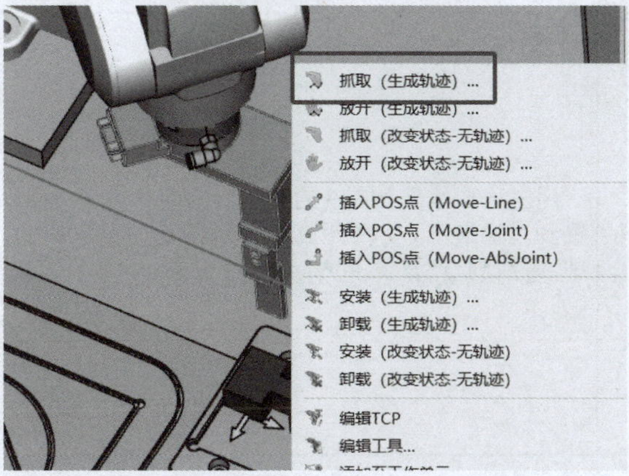 抓取（生成轨迹）... 放开（生成轨迹）... 抓取（改变状态-无轨迹）... 放开（改变状态-无轨迹）... 插入POS点（Move-Line） 插入POS点（Move-Joint） 插入POS点（Move-AbsJoint） 安装（生成轨迹）... 卸载（生成轨迹）... 安装（改变状态-无轨迹） 卸载（改变状态-无轨迹） 编辑TCP 编辑工具...

续表

步骤	操作内容	图示
步骤 23	选择被抓取的物体，将物料 2 增加到右边，单击【确定】按钮；抓取位置为 CP1，出入刀偏移量设置为 100	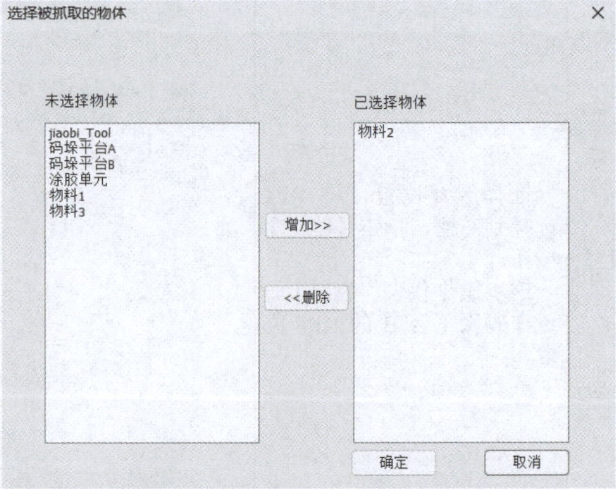
步骤 24	在物料 2 抓取点后添加发送事件	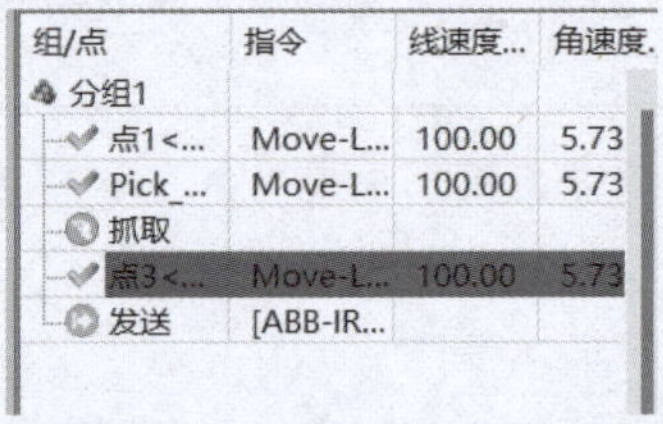
步骤 25	在物料 3 下落的第二个点位后添加等待事件。（注意这里等待的事不需要修改，默认就可以）	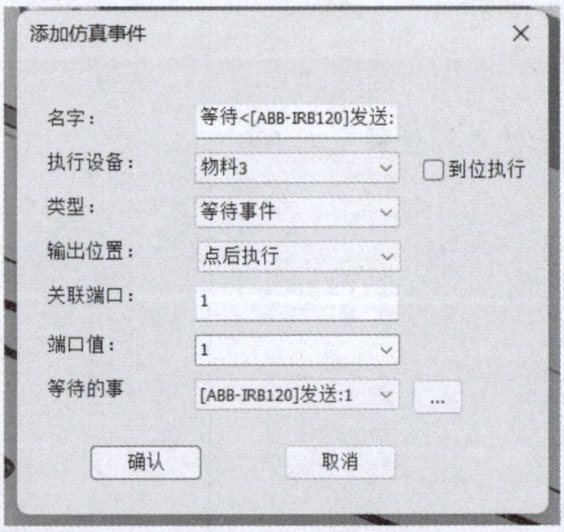
步骤 26	用三维球修改物料 3 的位置到滑梯最下方，关闭三维球，保存此位置的 POS 点	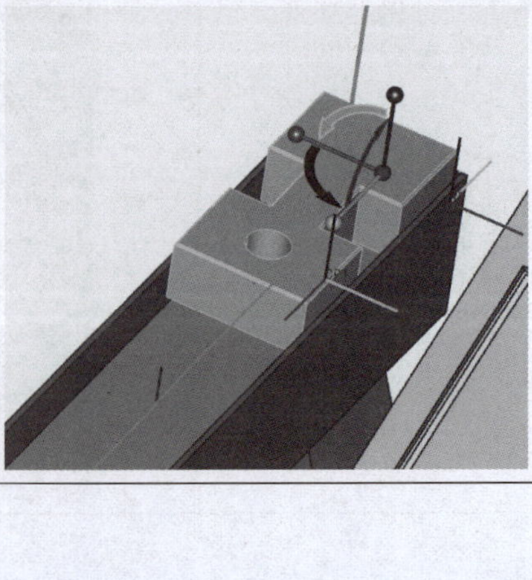

续表

步骤	操作内容	图示
步骤 27	鼠标右键单击工具，选择放开的物体，将物体 2 增加到右边，单击【确定】按钮	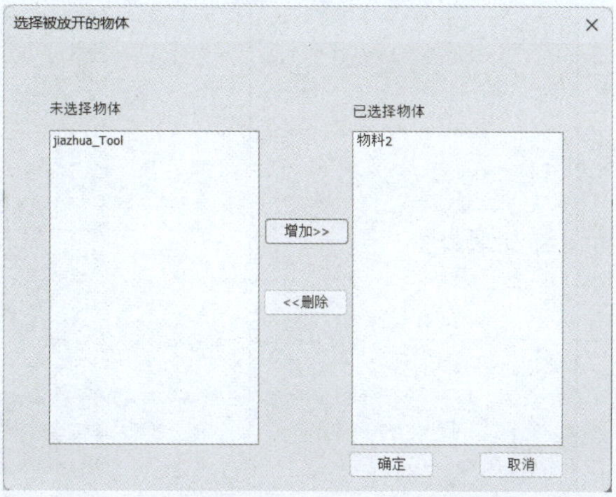
步骤 28	选择放开位置，增加 RP2 到右边，单击【确定】按钮	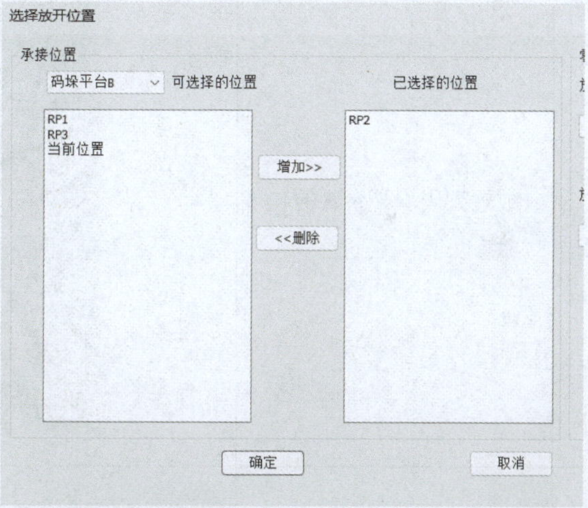
步骤 29	出入刀偏移量改为 100	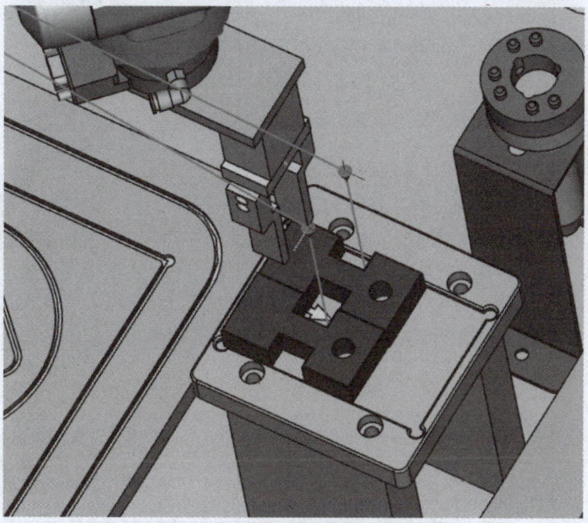

续表

步骤	操作内容	图示
步骤 30	抓取物料 3	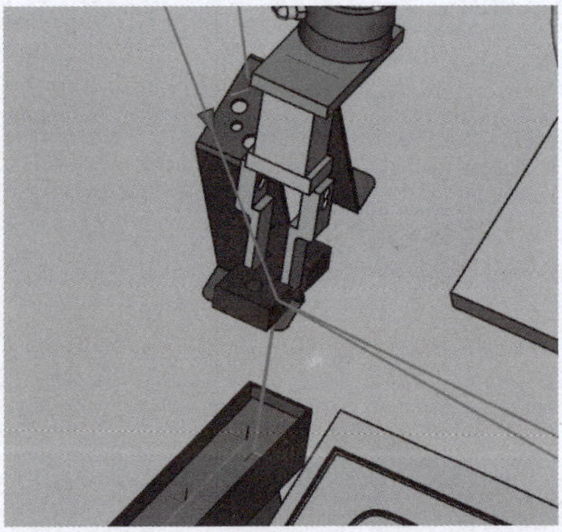
步骤 31	放置到码垛平台 B 的 RP3 位置	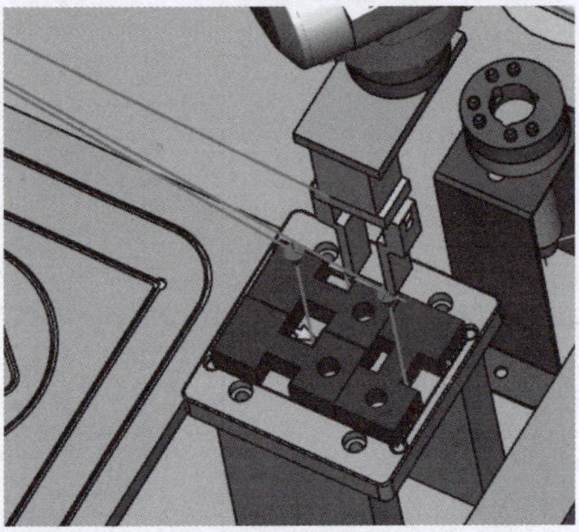
步骤 32	对着工具单击鼠标右键，在弹出的菜单中选择【卸载（生成轨迹）】。出入刀偏移量使用默认值 300	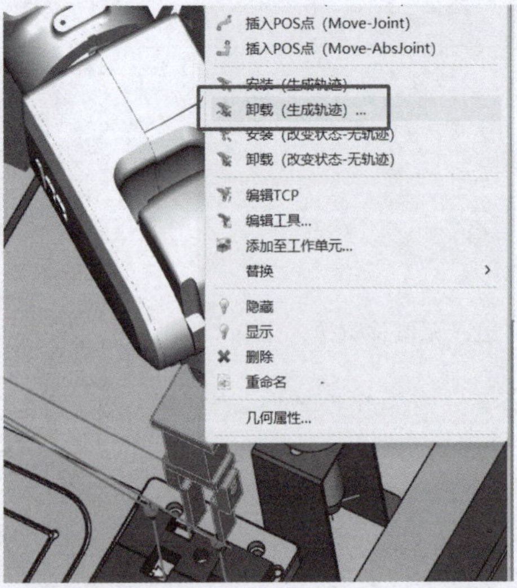

续表

步骤	操作内容	图示
步骤 33	鼠标右键复制 Home 点。让机器人卸载工具后可以回 Home 点	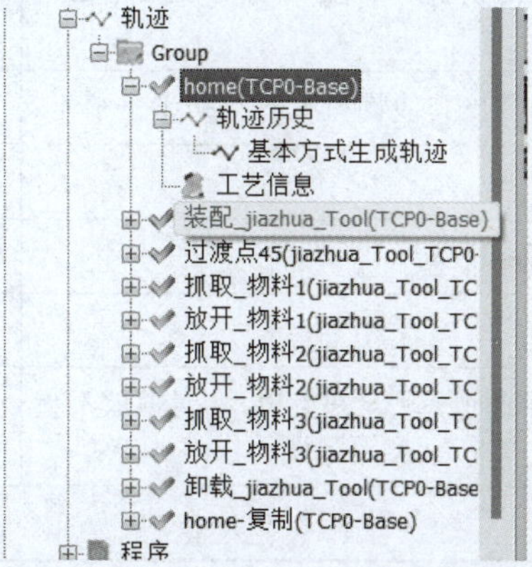
步骤 34	仿真调试。检查仿真动作是否正确，输出是否有报错	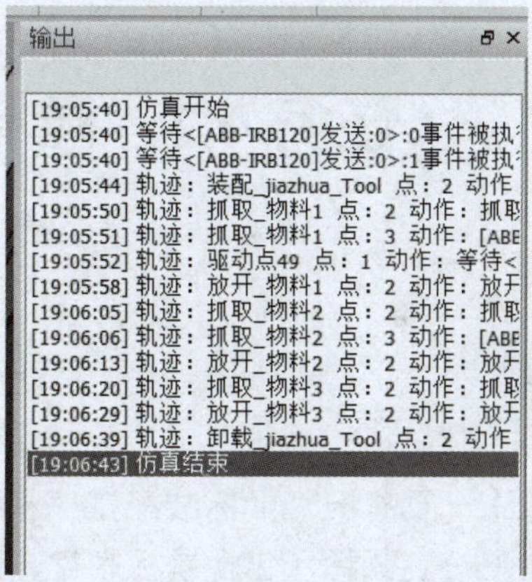

任务评价

任务评价如表 4－4 所示。

表 4－4　任务评价

序号	评分扣分项	分值	打分	备注
1	了解各种 IO 事件的含义	10 分		
2	了解 CP 点和 RP 点的定义	10 分		
3	完成机器人搬运码垛智能产线的搭建	10 分		
4	修改平台 B 的 RP 点	10 分		
5	机器人安装工具	10 分		

续表

序号	评分扣分项	分值	打分	备注
6	机器人将物料从平台 A 搬运至平台 B，码放整齐	10 分		
7	抓走物料，其他物料有下滑动作	10 分		
8	卸载工具	10 分		
9	仿真调试轨迹	10 分		
10	后置程序	10 分		
11	仿真调试时出现异常点位，物料摆放不整齐，物料在平台 A 无下滑动作	−2 分/处		扣分项
总分				

任务 4.2　鼠标装配智能产线

任务分析

鼠标装配是一项基于“鼠标装配工序模拟工作站”的工作任务，任务目标是使用两台 ABB 机器人装配一套鼠标（包含鼠标底盘、鼠标 USB、两块电池、鼠标外壳），再将其搬运至成品区。基本步骤如下：

（1）创建工作站；

（2）机器人抓取放置鼠标底盘；

（3）机器人进行电池装配；

（4）机器人进行鼠标外壳装配；

（5）机器人将装配好的鼠标移至成品区。

鼠标装配

要求：装配一套鼠标，仿真运行无碰撞、无奇点。熟练使用 IO 事件。

任务实施

1. 搭建鼠标装配机器人工作站

本项目已经为学习者构建好了工作站环境，学习者可直接使用。搭建鼠标装配机器人工作站操作步骤如表 4-5 所示。

表 4-5　搭建鼠标装配机器人工作站操作步骤

步骤	操作内容	图示
步骤 1	打开软件，单击【新建】	 新建
步骤 2	选择菜单栏【文件】模块，找到【工作站】，在【工作站】中搜索“鼠标”，找到鼠标装配工序模拟工作站，单击【插入】（下载）	
步骤 3	下载后的场景	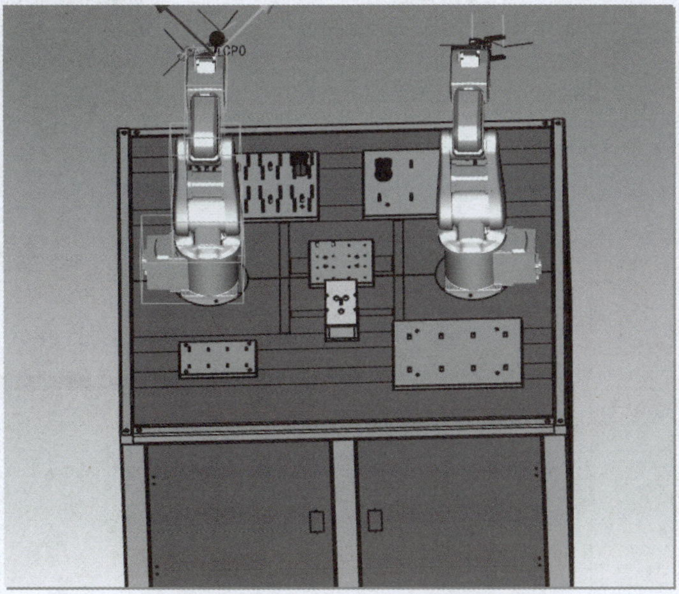

2. 规划鼠标装配机器人工作轨迹

搬运码垛轨迹规划操作步骤如表 4－6 所示。

表 4－6　搬运码垛轨迹规划操作步骤

步骤	操作内容	图示
步骤 1	分别给两个机器人插入 Home 点。 选中机器人，在调试面板将机器人：ABB-IRB120A（以下简称机器人 A）关节调为（90，0，0，0，90，0），ABB-IRB120B（以下简称机器人 B）关节调为（－90，0，0，0，90，0），分别利用鼠标右键对两台机器人插入 POS 点（Move-AbsJoint）。修改名称为 home	
步骤 2	对着机器人 B 的工具单击鼠标左键，打开三维球。先让三维球 Z 轴垂直桌面，Y 轴与上边平行，TCP 移到鼠标底座中心线上。然后三维球再绕 Y 轴旋转－15°，调整夹爪位置，直到在一个抓取鼠标底座较为合适的位置	
步骤 3	关闭三维球。对着工具单击鼠标右键，在弹出的菜单中选择【抓取（生成轨迹）】，在弹出的对话框中增加已选择物体——鼠标底盘，单击【确定】按钮	

续表

步骤	操作内容	图示
步骤 4	设置出入刀偏移量为 100	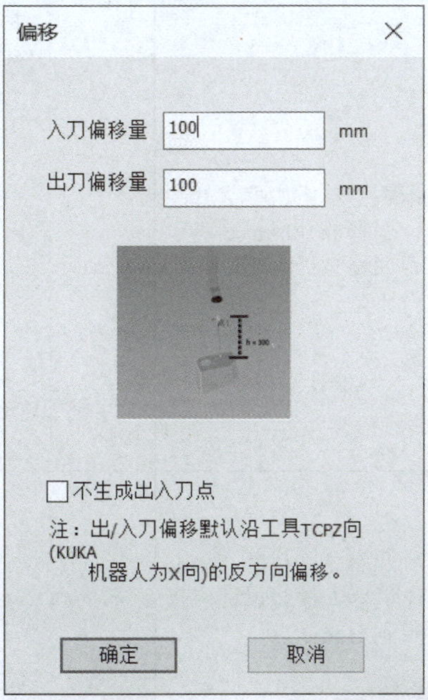 偏移 入刀偏移量 100 mm 出刀偏移量 100 mm 不生成出入刀点 注：出/入刀偏移默认沿工具TCPZ向(KUKA 机器人为X向)的反方向偏移。 确定　取消
步骤 5	要将鼠标底座移至装配平台上。 首先将鼠标底座三维球移到鼠标底座槽上一角。选择鼠标，单击三维球，按空格键，使三维球变白。然后移动三维球至鼠标底座槽上一角。再按空格键，使三维球变成彩色	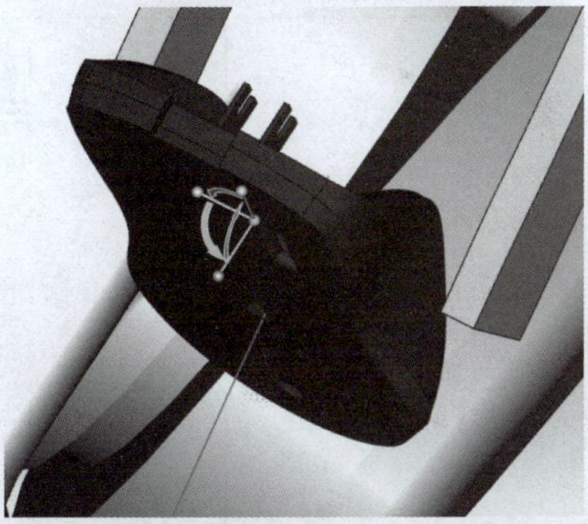
步骤 6	通过三维球移动鼠标底座，将鼠标底座槽一角对着安装台凸块一角，让 Z 轴垂直于台面	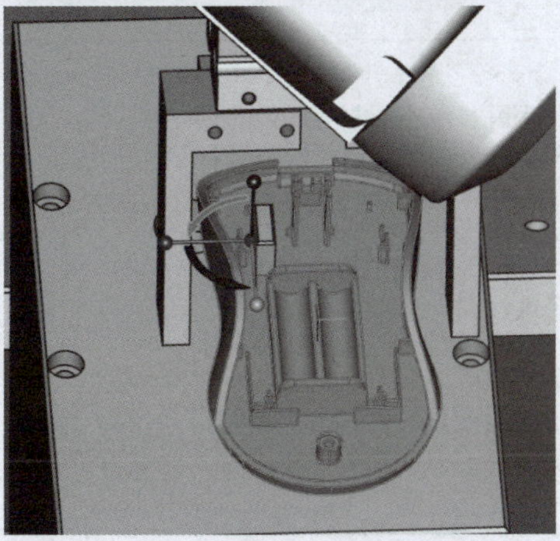

续表

步骤	操作内容	图示
步骤 7	鼠标右键单击机器人B的夹具，选择放开鼠标底盘。出入刀偏移量仍为 100	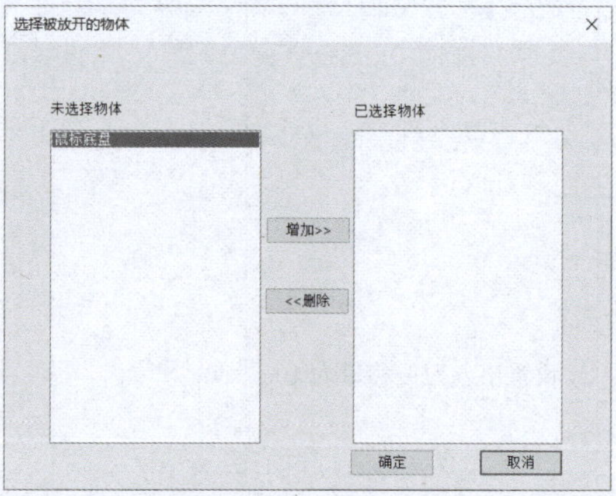
步骤 8	复制机器人 B 的 Home 点，让机器人放完鼠标底盘后，回到 Home 点	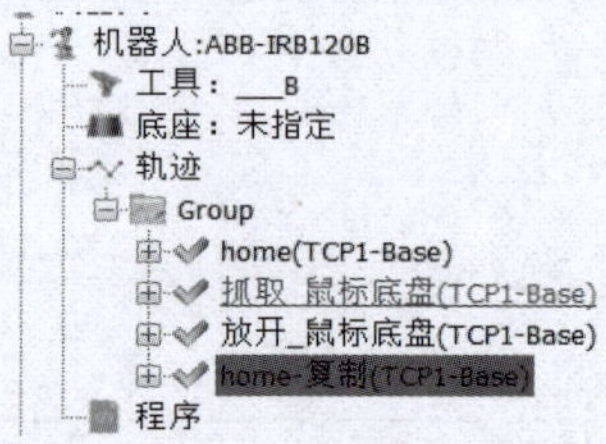
步骤 9	机器人B工作完后需要通知机器人A开始工作。 首先，单击复制的 Home 点，在调试面板对着点 1 单击鼠标右键，找到添加仿真事件，选择默认的发送事件，单击【确认】按钮	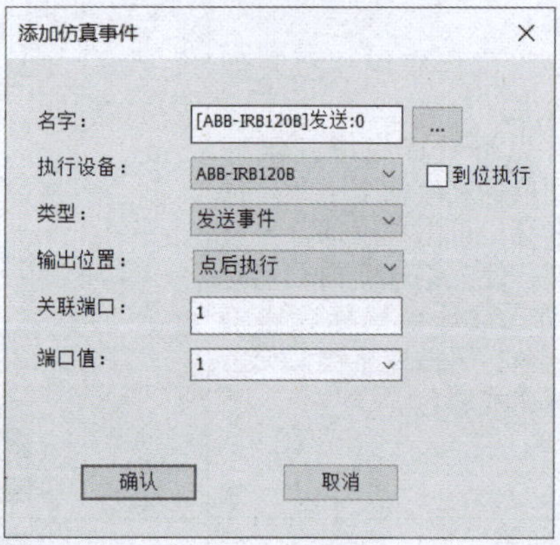
步骤 10	然后，单击机器人 A 的 Home 点，在调试面板对着点 1 单击鼠标右键，找到添加仿真事件，类型选择“等待事件”，输出位置选择“点前执行”。 在机器人B完成放鼠标底座工作后，机器人 A 就可以在得到指令后从 Home 点开始工作了	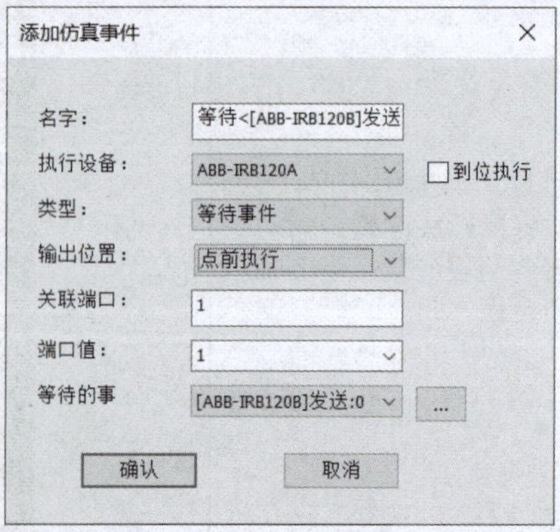

续表

步骤	操作内容	图示
步骤 11	使用机器人 A 夹电池。首先单击机器人 A 工具打开三维球。将夹具移至电池位置	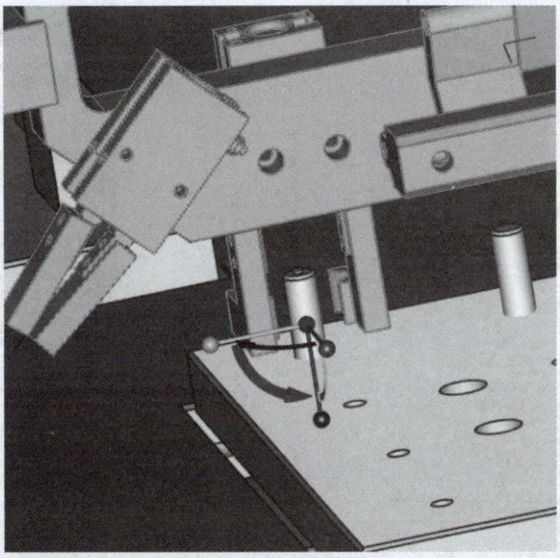
步骤 12	抓取电池 1，出入刀偏移量设置为 100	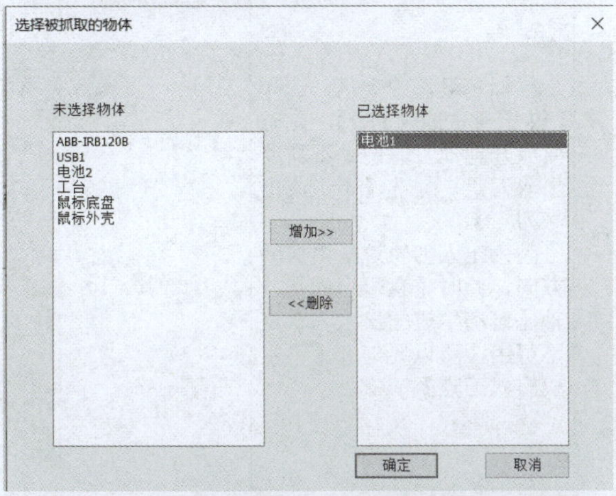
步骤 13	通过三维球将电池 1 放至鼠标底座槽内。 注意两点：① 要将电池中心对准槽圆弧中心点；② 机器人 A 其他工具要朝上，不要与安装台碰撞	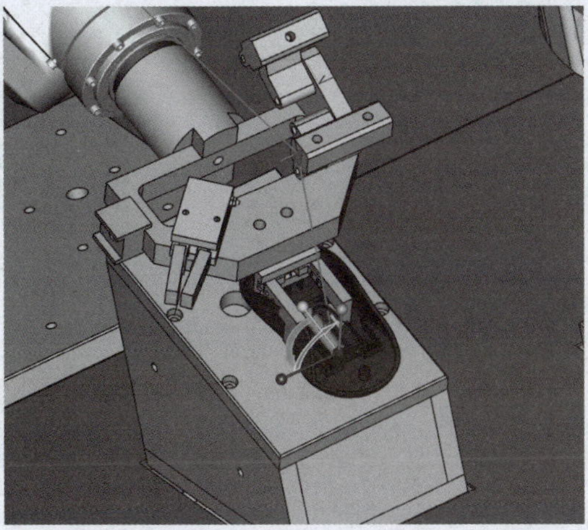

续表

步骤	操作内容	图示
步骤 14	拖动 *Y* 轴，抬起电池，确保夹爪不会与鼠标底盘碰撞	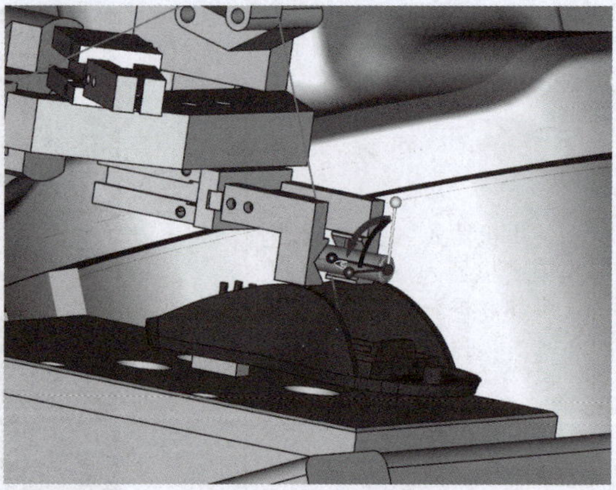
步骤 15	鼠标右键选中夹爪，选择【放开（生成轨迹）】，此时要放开电池 1。但是不需要出入刀点，勾选【不生成出入刀点】。 因为出入刀轨迹是沿 *Z* 轴方向，此时垂直平台的是 *Y* 轴，自动生成的出入刀轨迹不可用，所以要勾选【不生成出入刀点】	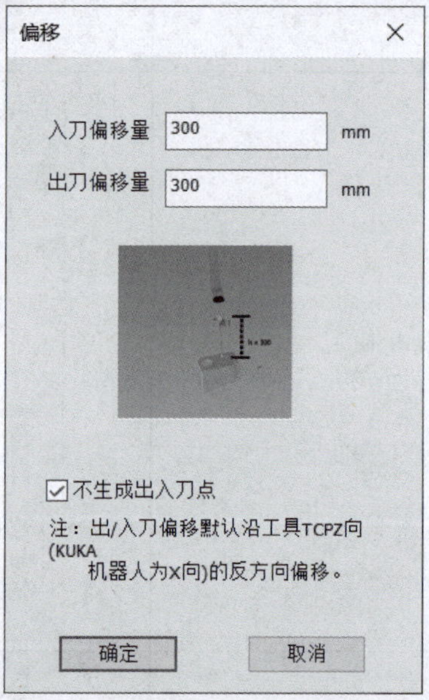
步骤 16	仿真时，发现放电池时会有碰撞，所以在放开电池之前，要手动添加出入刀。鼠标左键单击电池，打开三维球，沿 *Y* 轴方向移动 50，插入 POS 点（Move-Joint）	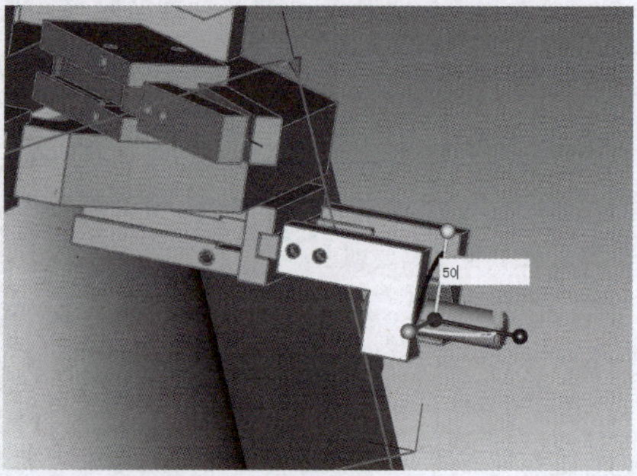

续表

步骤	操作内容	图示
步骤 17	复制刚刚插入的 POS 点，在“放开_电池 1”轨迹后放一个此点（过渡点 108）	
步骤 18	为了让电池 1 可以落下，需要机器人 A 给电池 1 发送信号。 首先在“放开_电池 1”点位后添加发送信号，添加发送事件	
步骤 19	然后给电池 1 插入 POS 点，在电池 1 的 POS 点前添加等待事件，等待刚刚机器人 A 发送的信号	
步骤 20	通过三维球将电池移至电池槽内，固定 Y 轴，用三维球中心对着槽圆弧中心，确保电池放在槽中心	

续表

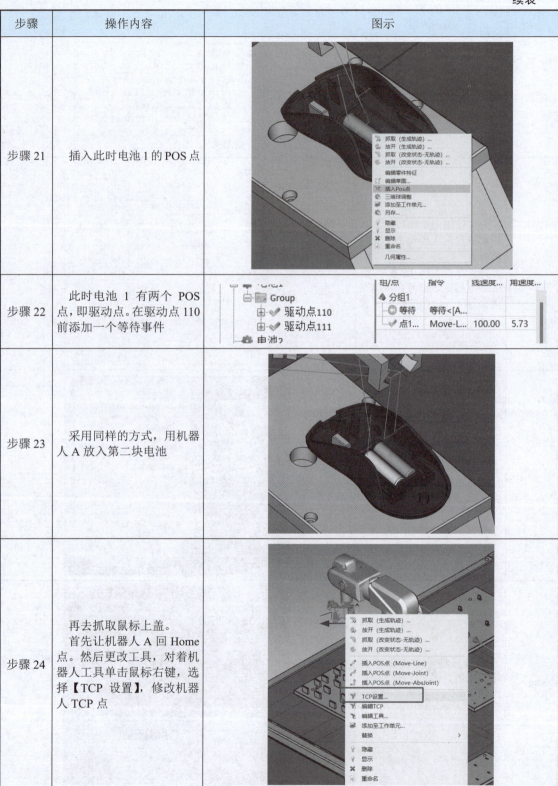

步骤	操作内容	图示
步骤 21	插入此时电池 1 的 POS 点	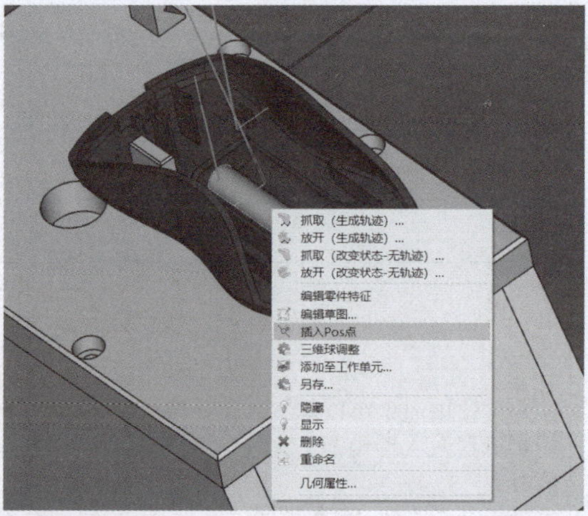
步骤 22	此时电池 1 有两个 POS 点，即驱动点。在驱动点 110 前添加一个等待事件	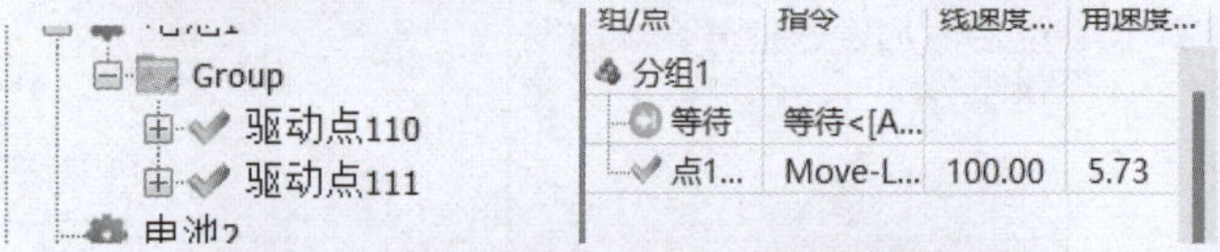
步骤 23	采用同样的方式，用机器人 A 放入第二块电池	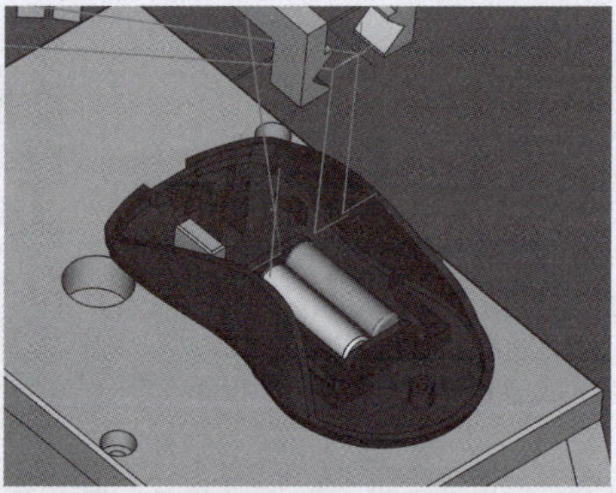
步骤 24	再去抓取鼠标上盖。 首先让机器人 A 回 Home 点。然后更改工具，对着机器人工具单击鼠标右键，选择【TCP 设置】，修改机器人 TCP 点	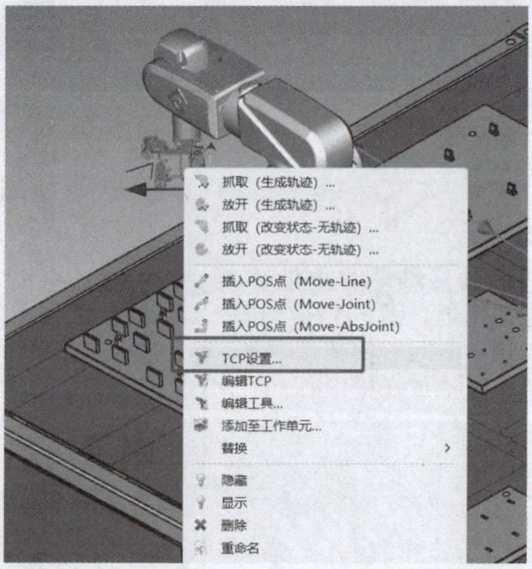

续表

步骤	操作内容	图示
步骤 25	鼠标左键双击 TCP2，将当前 TCP 修改为 TCP2，单击【确认】按钮	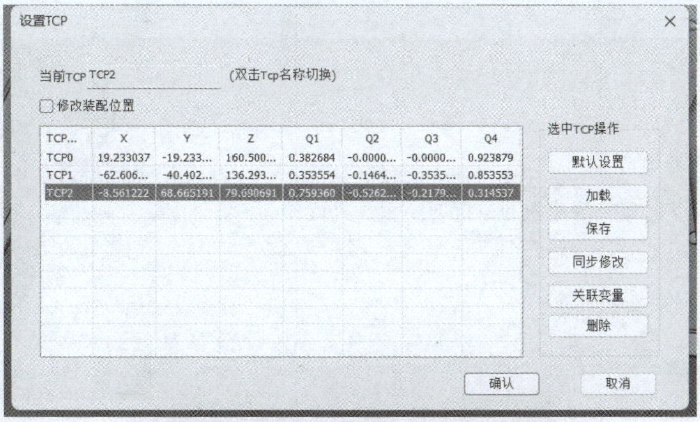
步骤 26	调整机器人 A 工具，抓取鼠标外壳	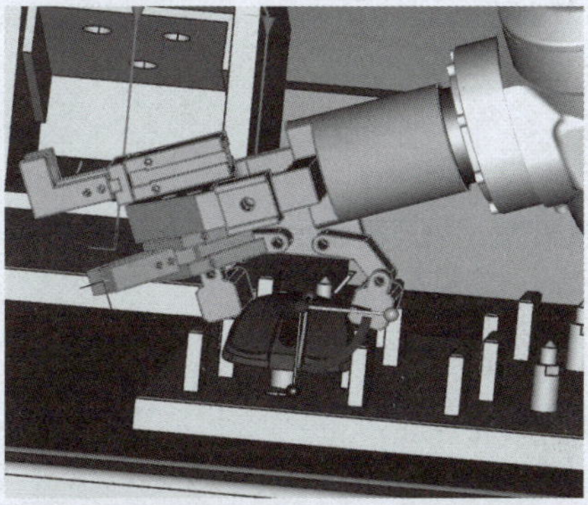
步骤 27	将鼠标外壳移至鼠标底座上。 第一步，将鼠标外壳三维球移至尾部中心点，并且使 *Z* 轴与鼠标外壳底面垂直	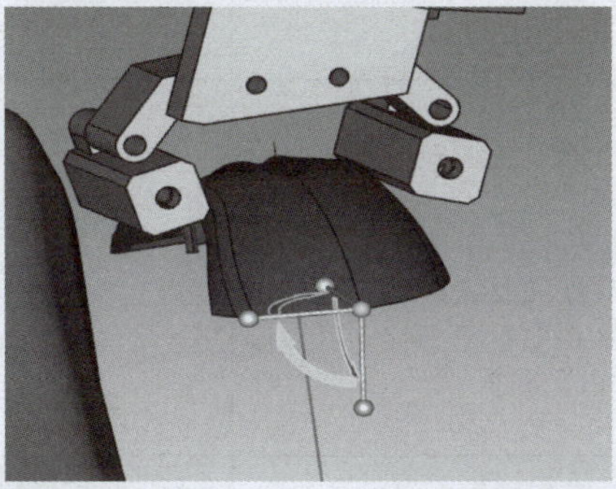
步骤 28	第二步，将鼠标外壳用三维球移至鼠标底座上	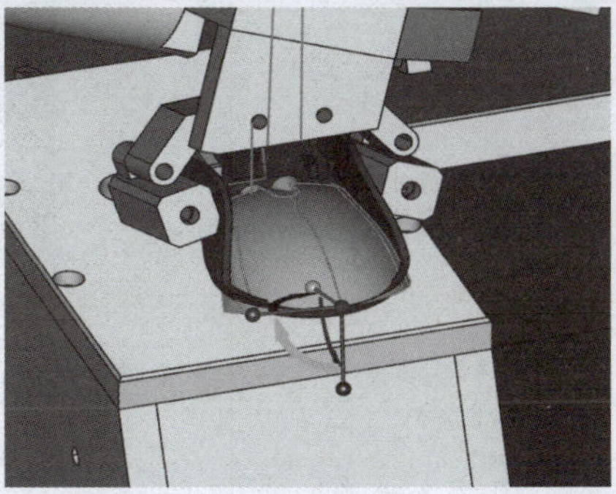

续表

步骤	操作内容	图示
步骤 29	第三步，使三维球 Z 轴与底座垂直。此时，鼠标外壳和底座对齐	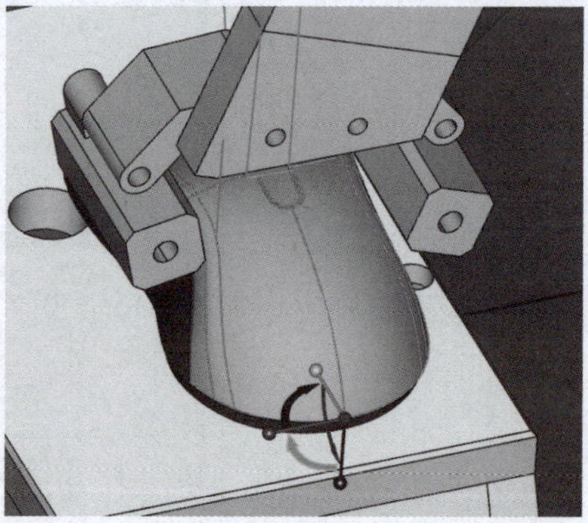
步骤 30	机器人 A 放开鼠标外壳，出入刀偏移量修改为 100。 放置鼠标外壳后，机器人回 Home 点	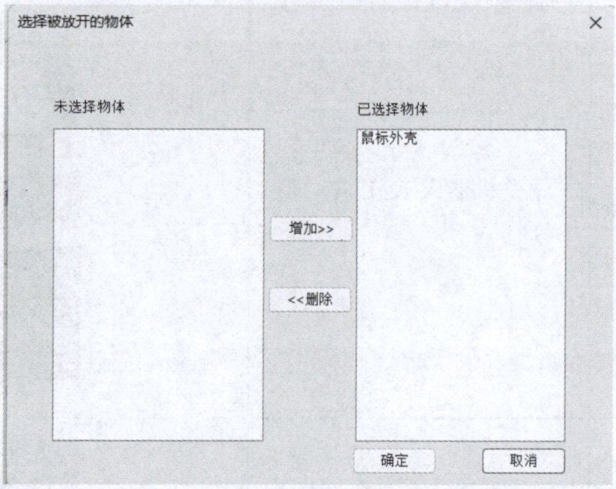
步骤 31	机器人A通知机器人B来抓取鼠标。 在机器人 A 新建的 Home 点后添加发送事件；在机器人 B 最后一个 Home 点后添加等待事件	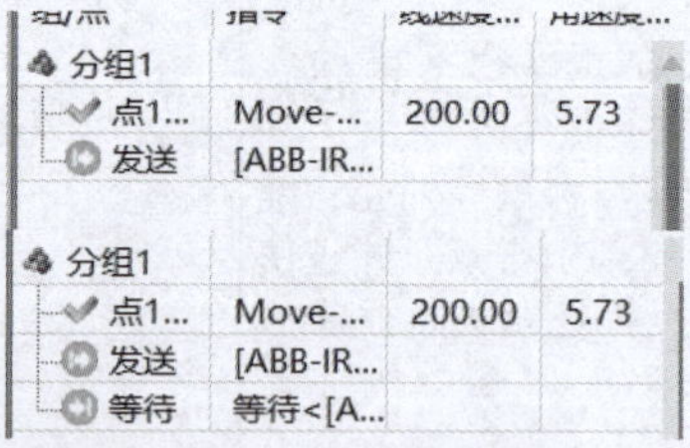
步骤 32	用机器人 B 抓取鼠标。 使用三维球将机器人B工具移至鼠标合适位置	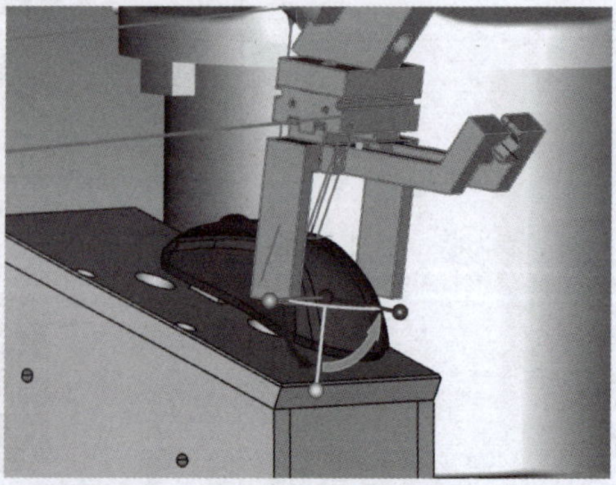

续表

步骤	操作内容	图示
步骤 33	对着工具单击鼠标右键，选择【抓取（生成轨迹）】。 选择抓取电池 1、电池 2、鼠标底盘、鼠标外壳，单击【确定】按钮。 出入刀偏移量改为 100	
步骤 34	将鼠标用三维球移至工台上	
步骤 35	选择【放开（生成轨迹）】，将电池 1、电池 2、鼠标底盘、鼠标外壳一起放置在工台上	

续表

步骤	操作内容	图示
步骤 36	最后复制机器人 B 的 Home 点，让机器人回 Home 点	
步骤 37	仿真，检查是否存在碰撞、不可达点	

任务评价

任务评价如表 4－7 所示。

表 4－7　任务评价

序号	评分扣分项	分值	打分	备注
1	放置鼠标底座轨迹	10 分		
2	安装两块电池轨迹	10 分		
3	电池有下落的动作	10 分		
4	会修改机器人工具 TCP	10 分		

续表

序号	评分扣分项	分值	打分	备注
5	放置鼠标上盖轨迹	10分		
6	抓取鼠标放置到成品区	10分		
7	机器人A与机器人B之间IO事件	10分		
8	仿真调试轨迹	10分		
9	查看后置程序	10分		
10	综合素养	10分		
11	仿真调试时出现异常点位，报错	−2分/处		扣分项
总分				

项目五 自定义功能

项目引入

PQArt 软件具有强大的自定义功能，本项目通过四个任务，使学生学习如何自定义工具、自定义零件、自定义状态机和自定义机构。学习后，可在软件内添加自己导入的工具、零件、状态机和机构；也可以更改现有的工具、零件、状态机和机构。

项目目标

知识目标：了解 PQArt 中工具、零件、状态机和机构的定义；了解 PQArt 中工具、零件、状态机和机构的种类；理解工具 FL 点和 CP 点的含义；了解工具 TCP 的含义；理解零件 CP 点和 RP 点的含义。

技能目标：会自定义法兰工具、快换工具和外部工具，设置工具的 FL 点和 CP 点；会自定义零件，设置 CP 点和 RP 点；会自定义状态机，使用状态机完成零件翻转；会自定义导轨机构。

素质目标：培养刻苦专研的学习态度，培养精益求精的工作作风。

思政目标：团队协作、合作共赢。

任务 5.1　自定义工具

任务分析

本任务主要的目标是学习如何自定义工具，包含法兰工具、法兰变位工具、快换工具和外部工具，学习后将对 PQArt 中的工具有重新认识，更加熟练掌握 PQArt 工具的认识。

知识链接

1. 工具含义

工具：工业机器人六轴末端安装的夹具、吸盘、焊枪等机械装置，可用于打磨、去毛刺、焊接、涂胶等工艺。PQArt 支持的工具格式为 robt。在 PQArt 中，与工具相关的元素包括工具中心点 TCP、工具坐标系等。

TCP：Tool Center Position，工具工作的中心点。

2. 工具库

PQArt 的工具库中包含了丰富的云端在线资源，涵盖了大部分行业的应用工具，如图 5－1 所示。

图 5－1　工具库工具

3. 工具分类

工具分类如表 5－1 所示。

表 5－1　工具分类

工具名称	说明	图示
法兰工具	安装在机器人法兰盘上的工具。 法兰盘：通常是指在一个类似盘状的金属体的周边开上几个固定用的孔，用于和机器人六轴末端的法兰进行装配	
	安装方式： 导入后直接安装在机器人的法兰盘上	
快换工具	由机器人侧用和工具侧用两头构成。 机器人侧用指的是与机器人法兰盘连接的工具，工具侧用指的是与法兰工具连接的工具。当机器人需要使用两种及以上的工具时，通过快换工具可以快速更换工具，而不用从法兰盘上拆下工具，省时省力	
	安装方式： 导入后快换工具直接安装在机器人的法兰盘上；然后再通过工具安装轨迹，将工具安装在快换工具上	
外部工具	独立于机器人之外的工具，如打磨机、砂轮等。有时机器人需要手持工件配合使用外部工具	
	安装方式： 导入后即可独立于机器人之外，配合机器人进行零件的加工	

任务实施

自定义法兰工具——夹爪

自定义法兰工具——快换头

1. 自定义法兰工具

1）法兰工具

该类工具一端需要安装到法兰盘上，需添加一个 FL 点；另一端加工工件，需添加至少一个 TCP 点。

自定义法兰工具步骤如表 5–2 所示。验证使用法兰工具步骤如表 5–3 所示。

表 5–2　自定义法兰工具步骤

步骤	操作内容	图示
步骤 1	打开软件，单击【新建】	新建
步骤 2	选择菜单栏【场景搭建】模块，找到【设备库】，左键单击【设备库】，选择【场景元素】。 注：场景元素里的设备都是没有定义的设备，加载后只是场景，所以自定义任务中需要自定义的工具、零件、状态机和机构均导入的场景元素	
步骤 3	在【场景元素】中找到机器人侧用工具，单击【插入】（下载）	华航教育—机器人 机器人侧用工具（ABB-IRB120） 3844次使用 下载约1S

续表

步骤	操作内容	图示
步骤 4	在机器人加工管理树中查看，此时机器人侧用工具属于场景，没有定义为工具	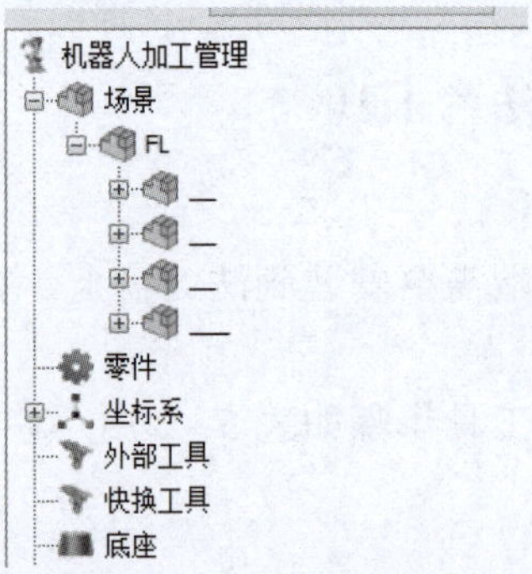
步骤 5	在工具栏中找到【自定义】的【定义工具】，并用鼠标左键单击	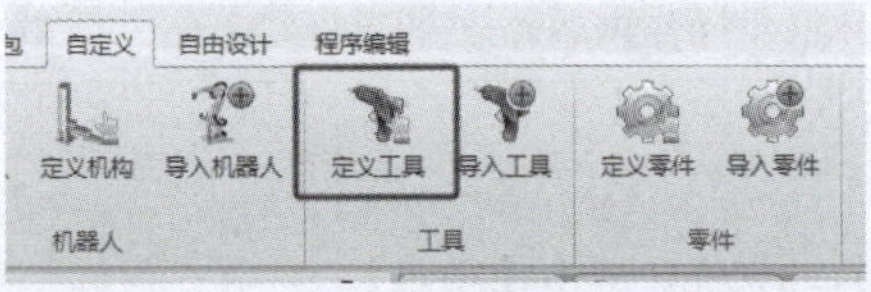
步骤 6	在“定义工具”对话框中，选择工具类型为法兰工具，添加 FL。 FL：指与机器人法兰盘安装的位置	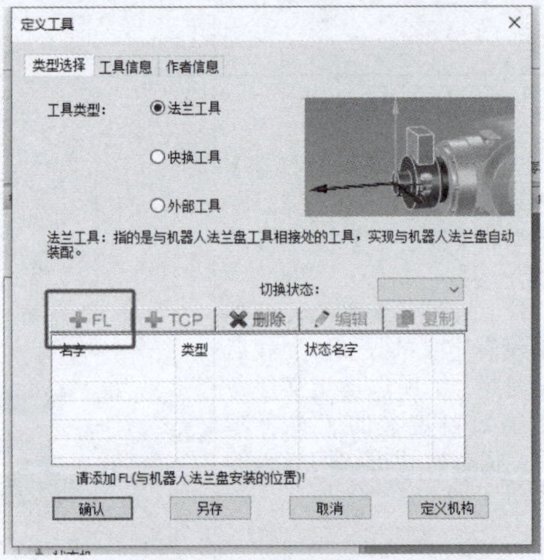
步骤 7	编辑 FL 位置。 第一步，滚动鼠标中键，缩小绘图区，找到 FL 的三维球	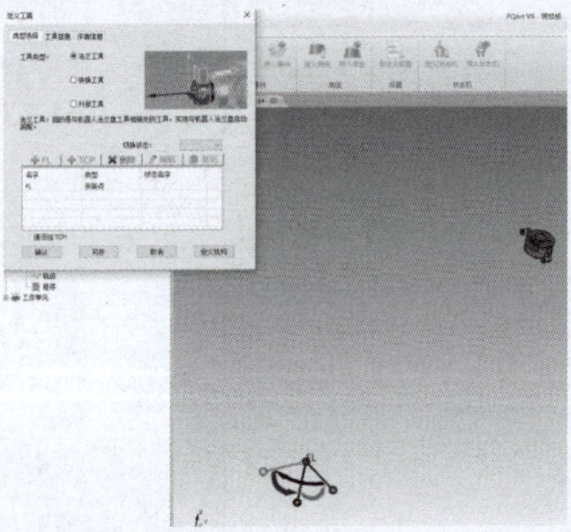

续表

步骤	操作内容	图示
步骤 8	第二步，用三维球的【到中心点】将 FL 点移至工具的中心	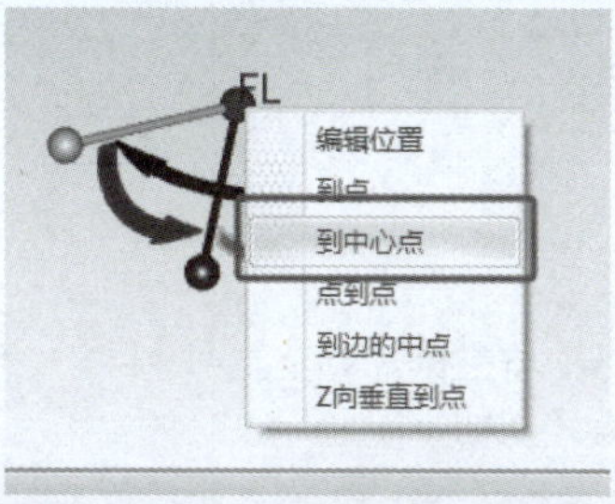
步骤 9	第三步，鼠标对准蓝色轴（*Z* 轴），单击右键，选择反向，让 *Z* 轴垂直朝上	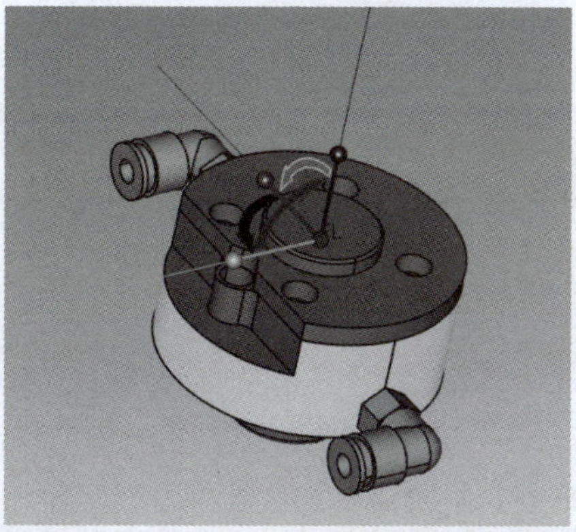
步骤 10	添加 TCP 点。 第一步，单击【+TCP】	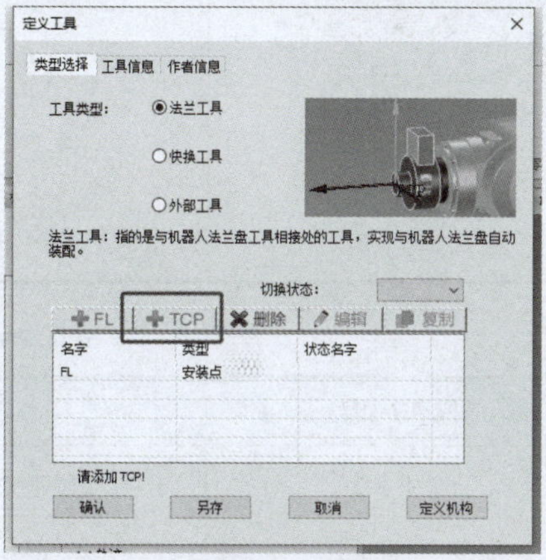
步骤 11	第二步，缩小视图，找到 TCP 三维球	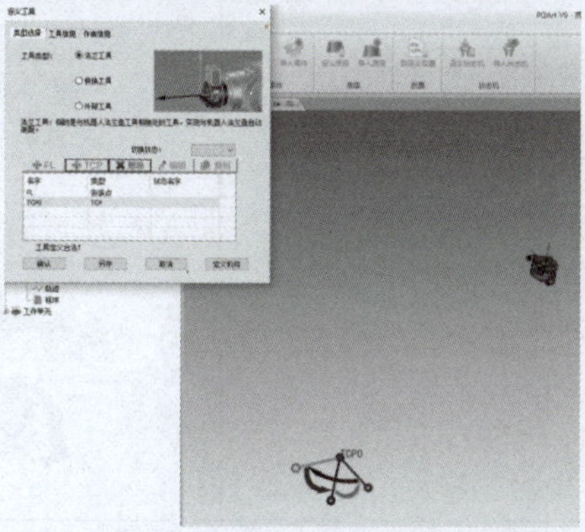

续表

步骤	操作内容	图示
步骤 12	第三步，将三维球移至工具下方，Z 轴朝下	
步骤 13	单击【确认】按钮，保存为法兰工具	

表 5-3　验证使用法兰工具步骤

步骤	操作内容	图示
步骤 1	新建文档，添加一台 ABB-IRB1410 机器人	

续表

步骤	操作内容	图示
步骤 2	在【自定义】工具栏中找到【导入工具】按钮	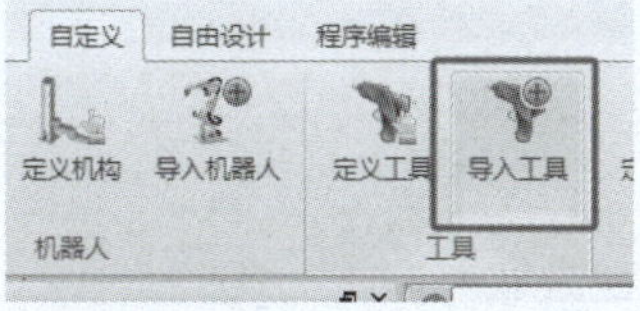
步骤 3	添加刚刚制作保存的法兰工具	
步骤 4	可以看到法兰工具自动安装在机器人六轴法兰盘上	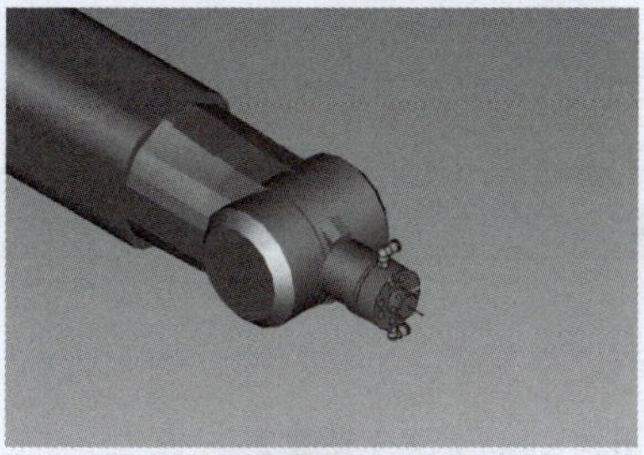
步骤 5	该法兰工具是一个快换头，可以添加快换工具——“打磨工具 A”安装在其上	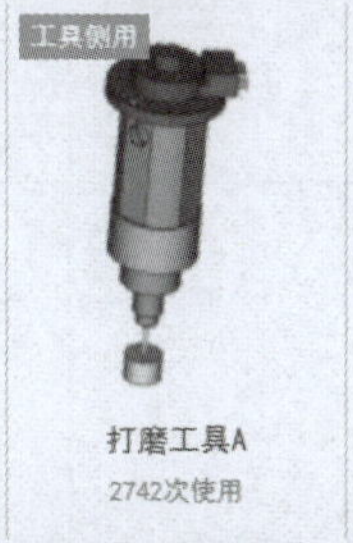
步骤 6	在工具库插入打磨工具 A，打磨工具 A 添加到绘图区	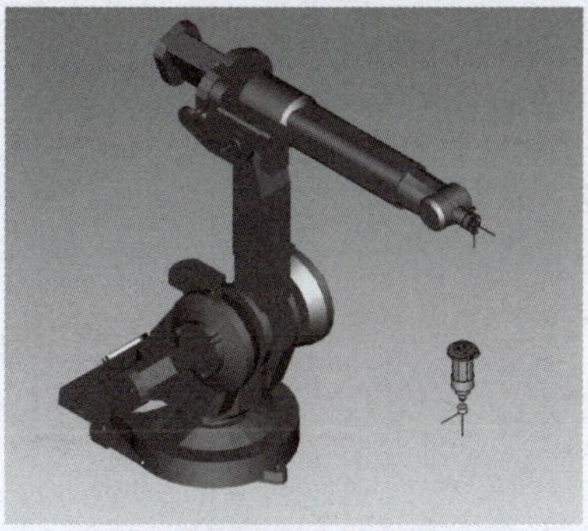

续表

步骤	操作内容	图示
步骤 7	鼠标右键单击打磨工具A，选择【安装（无轨迹-改变状态）】。可以看到打磨工具安装在自定义的法兰工具（快换头）上	

通过验证，证明自定义法兰工具的 FL、TCP 点均设置有效。

2）法兰变位工具

自定义法兰工具步骤如表 5-4 所示。验证使用法兰变位工具步骤如表 5-5 所示。

自定义法兰变位工具

表 5-4　自定义法兰变位工具步骤

步骤	操作内容	图示
步骤 1	打开软件，单击【新建】	新建
步骤 2	选择菜单栏中的【场景搭建】模块，找到【设备库】，左键单击【设备库】，选择【场景元素】	

续表

步骤	操作内容	图示
步骤 3	在【场景元素】中找到法兰变位工具，单击【插入】（下载）。此时它只是场景，并不属于工具，需要通过自定义把它定义为工具	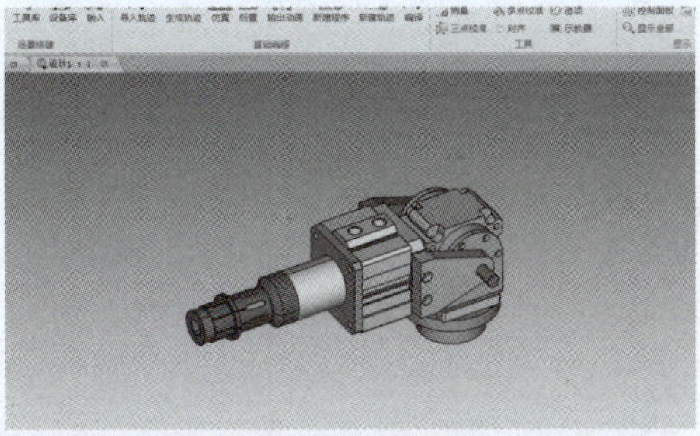
步骤 4	将法兰变位工具装配成如右图所示的两部分（BASE 和 J1），这两部分通过轴连接。 BASE 是安装在机器人的部分，J1 是变为工具的活动部分	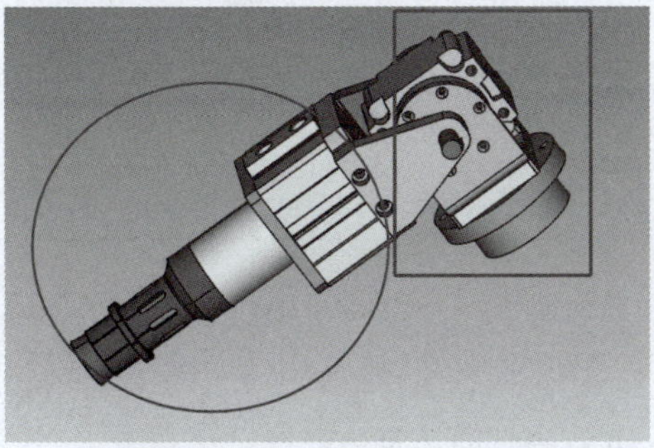
步骤 5	打开机器人加工管理树中【场景】下的【CHL－SP－720－0－EZ00A4】，对其进行装配	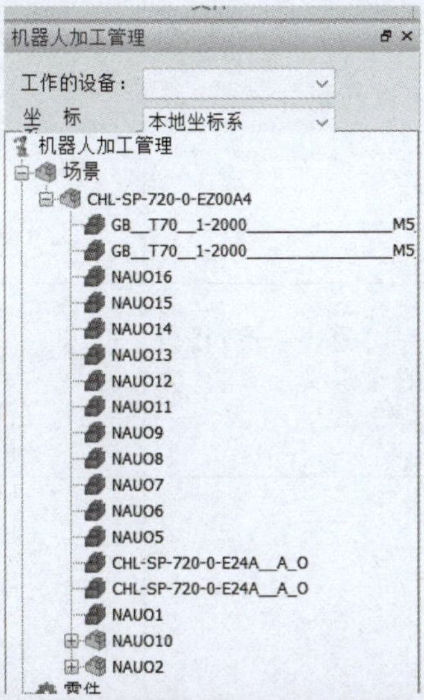
步骤 6	先装配 BASE，按住【Ctrl】键和鼠标左键，依次选择【CHL－SP－720－0－EZ00A4】下的 NAUO2、NAUO7、NAUO8、CHL－SP－720－0－E24A__A_O、CHL－SP－720－0－E24A__A_O 四样场景，被选中后的场景变为黄色，如右图所示	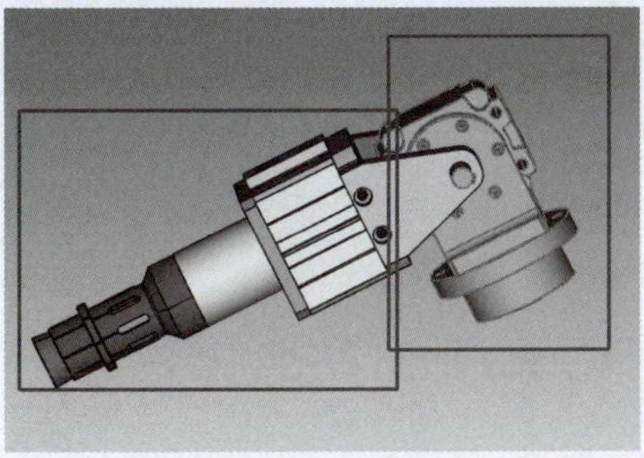

续表

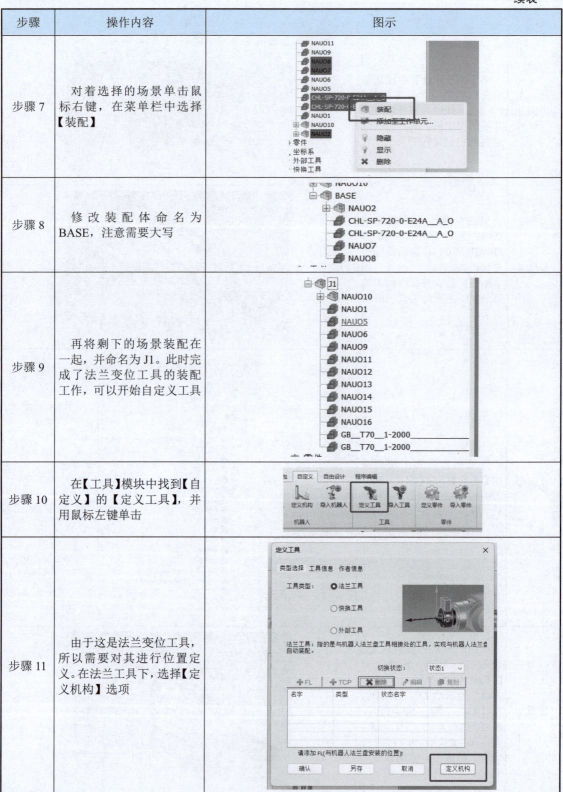

步骤	操作内容	图示
步骤 7	对着选择的场景单击鼠标右键，在菜单栏中选择【装配】	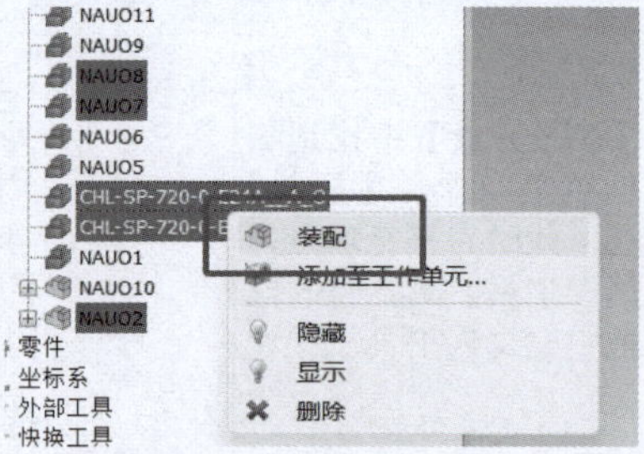
步骤 8	修改装配体命名为BASE，注意需要大写	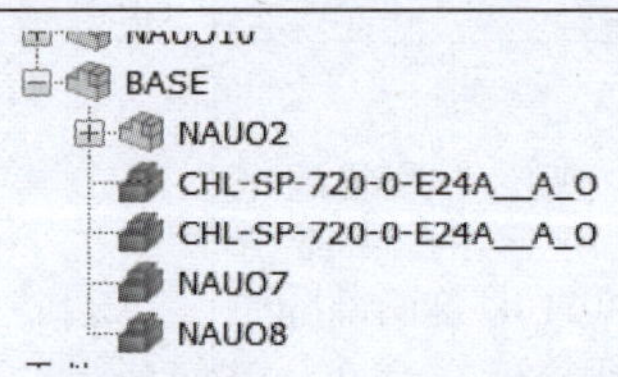
步骤 9	再将剩下的场景装配在一起，并命名为J1。此时完成了法兰变位工具的装配工作，可以开始自定义工具	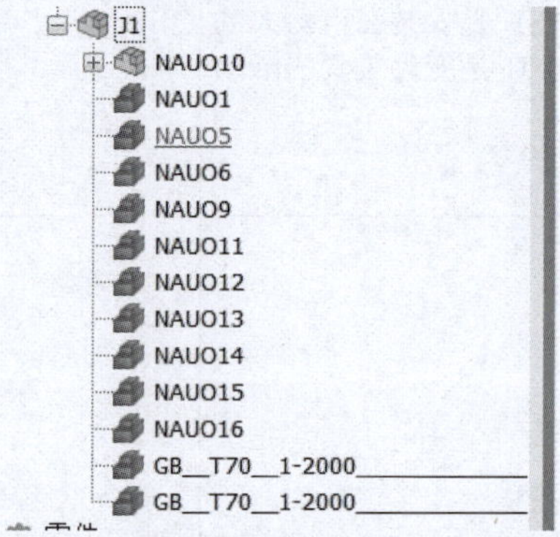
步骤 10	在【工具】模块中找到【自定义】的【定义工具】，并用鼠标左键单击	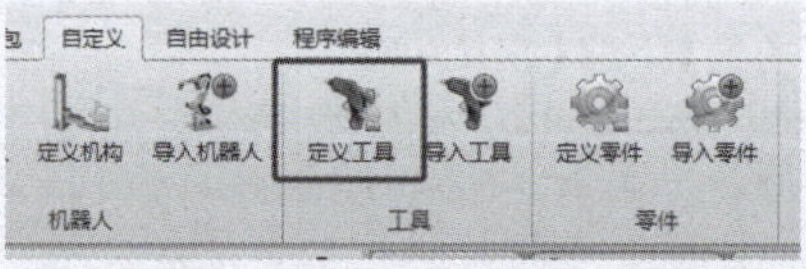
步骤 11	由于这是法兰变位工具，所以需要对其进行位置定义。在法兰工具下，选择【定义机构】选项	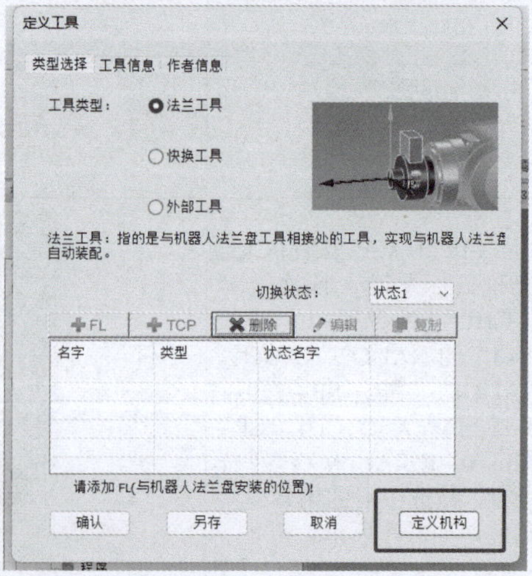

续表

步骤	操作内容	图示
步骤 12	在“定义状态机”页面中，关节选择“J1”，运动方式选择“旋转”，运动范围 0°～90°	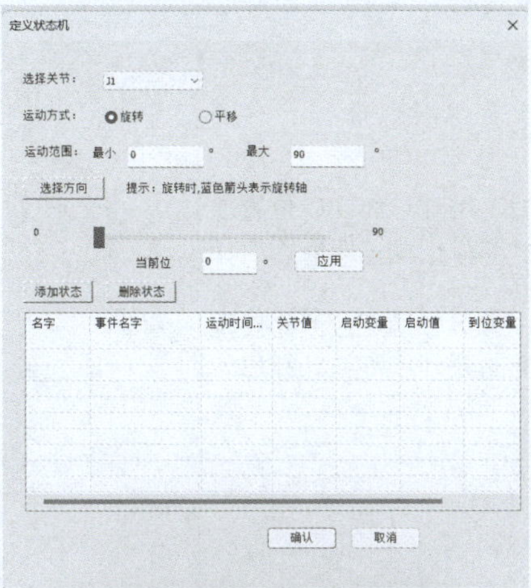
步骤 13	单击选择方向，把三维球移至轴上，单击【应用】按钮	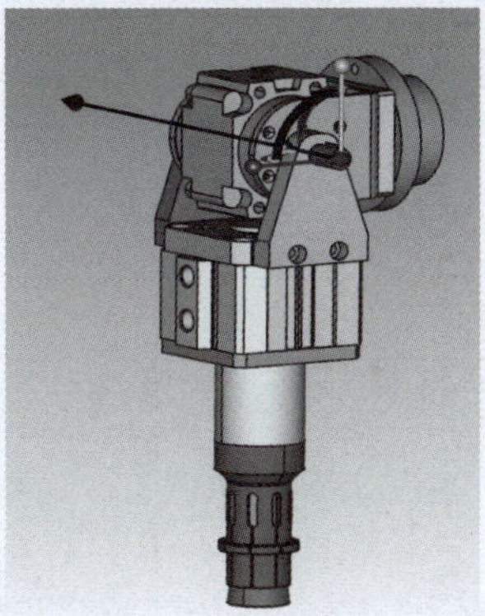
步骤 14	在当前位为 0° 的时候，添加一个状态，命名事件名字为 90，因为此时 J1 和 BASE 垂直；在当前位为 90° 的时候，添加一个状态，命名事件名字为 0。两个状态运动时间都改为 2。 最后，单击【确认】按钮	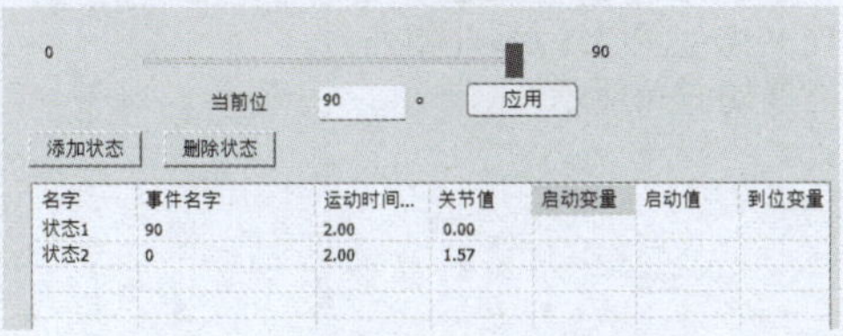
步骤 15	在“定义工具”对话框中，选择工具类型为法兰工具，添加 FL	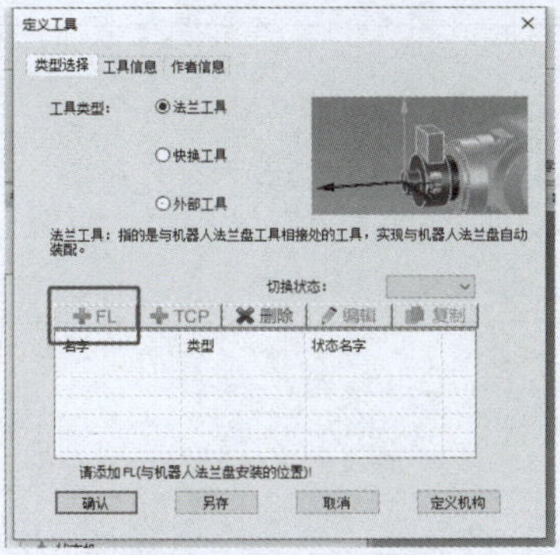

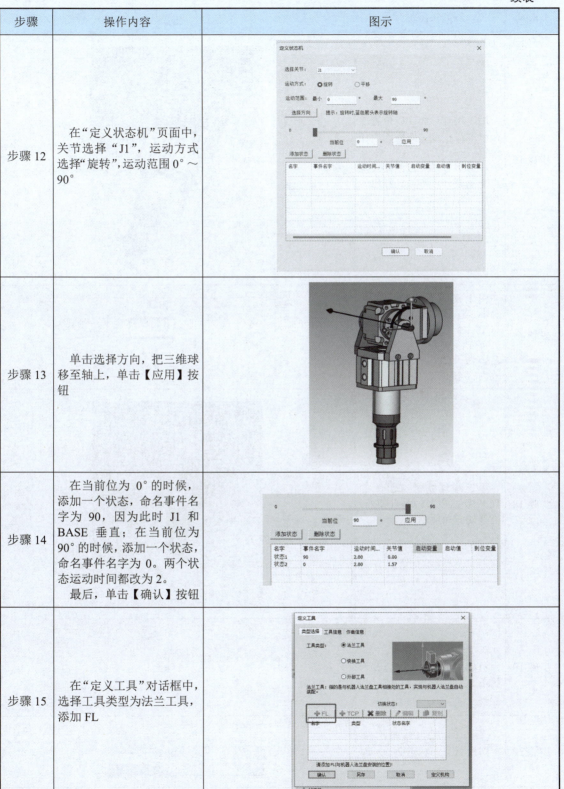

续表

步骤	操作内容	图示
步骤 16	用三维球，将 FL 位置放在法兰盘中心，如右图所在位置。 注意 *Z* 轴（蓝色）需要垂直平面朝外，*X* 轴（红色）与边平行	
步骤 17	由于法兰变位工具有两个状态，需要添加两个 TCP 点。 首先添加第一个 TCP 点，名字为 TCP0。状态名字修改为状态 1	名字 | 类型 | 状态名字 FL | 安装点 | TCP0 | TCP | 状态1
步骤 18	用三维球编辑 TCP0 的 TCP 点位置，*Z* 轴垂直朝外，位置如右图所示	TCP0
步骤 19	添加第二个 TCP 点，名字为 TCP1。状态名字修改为状态 2	名字 | 类型 | 状态名字 FL | 安装点 | TCP0 | TCP | 状态1 TCP1 | TCP | 状态2
步骤 20	切换状态为状态 2	切换状态： 状态2 状态1 状态2 删除 编辑

续表

步骤	操作内容	图示
步骤 21	编辑状态 2 的 TCP 点到工具顶尖	
步骤 22	保存为法兰变位工具	

表 5-5　验证使用法兰变位工具步骤

步骤	操作内容	图示
步骤 1	新建文档，添加一台 ABB-IRB1410 机器人	
步骤 2	在【自定义】工具栏中找到【导入工具】按钮	

续表

步骤	操作内容	图示
步骤 3	添加刚刚制作保存的法兰变位工具。可以看到法兰变位工具自动安装在机器人六轴法兰盘上。 此时验证出 FL 点设置无误	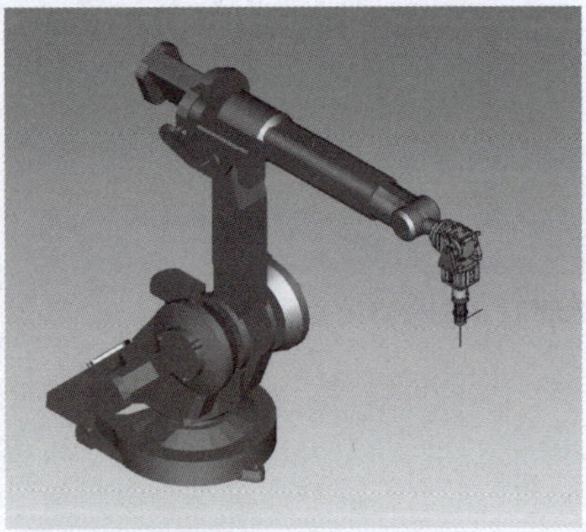
步骤 4	插入 POS 点	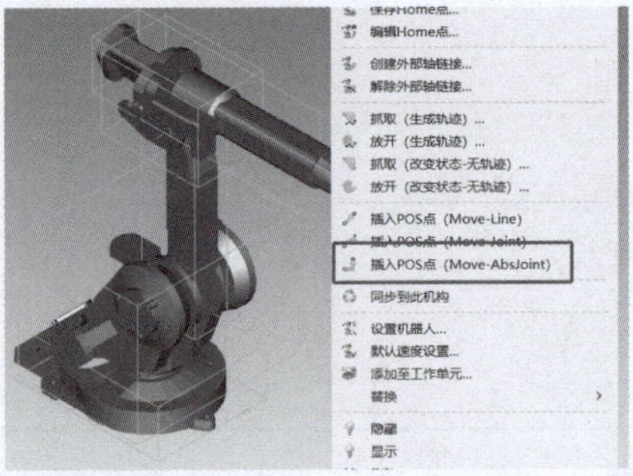
步骤 5	在该点后添加仿真事件	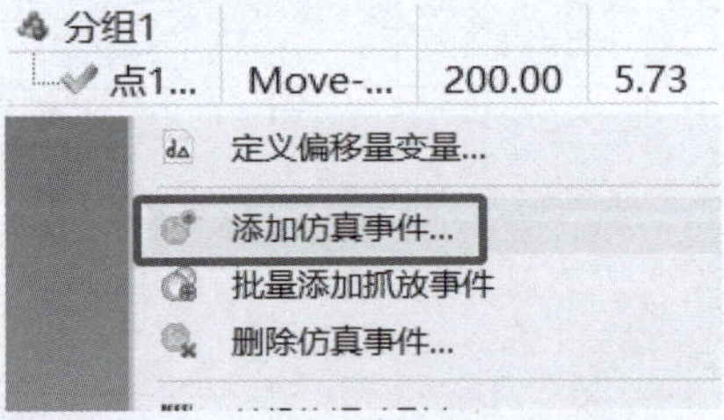
步骤 6	选择自定义事件，模板名字改为 0	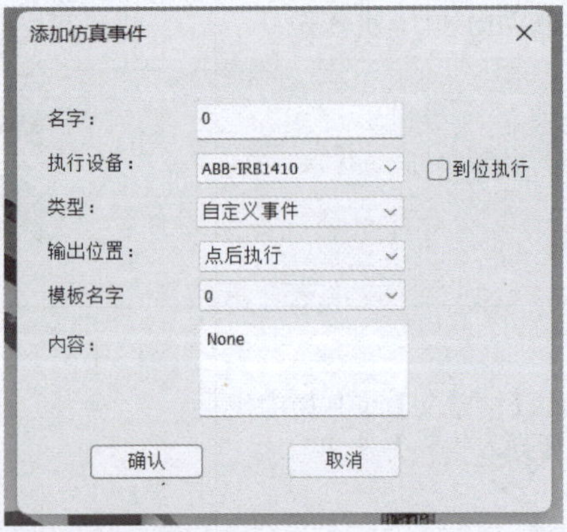

续表

步骤	操作内容	图示
步骤 7	仿真。可以看到工具有一个抬起的动作	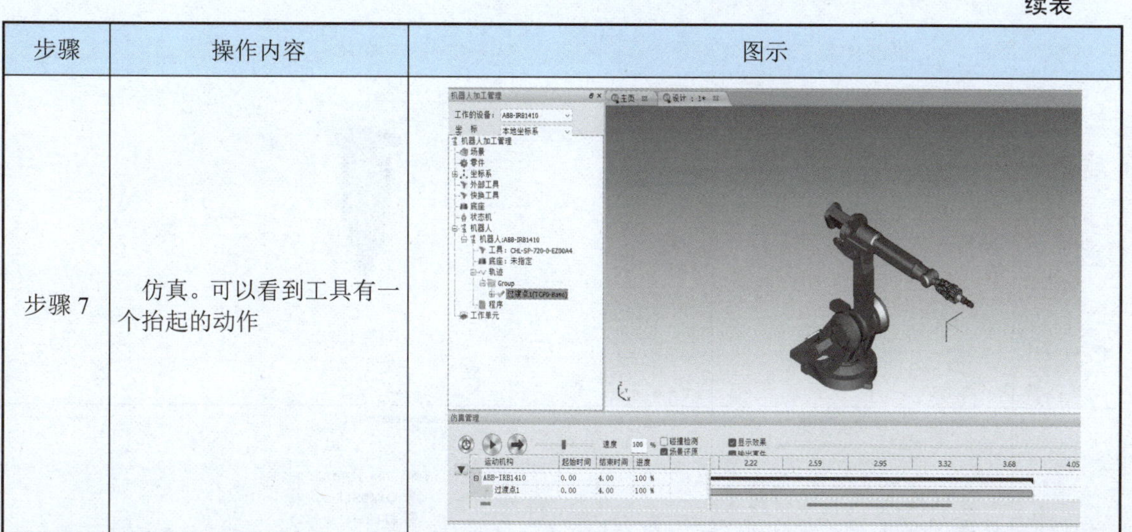

2. 自定义快换工具

自定义快换工具

快换工具由机器人侧用和工具侧用两部分构成。工具侧用的一端需安装到机器人侧用上，要添加一个 CP 点；另一端加工工件，需添加至少一个 TCP 点。自定义快换工具步骤如表 5-6 所示。验证使用快换工具步骤如表 5-7 所示。

表 5-6　自定义快换工具步骤

步骤	操作内容	图示
步骤 1	打开软件，单击【新建】	新建
步骤 2	选择菜单栏中的【场景搭建】模块，找到【设备库】，鼠标左键单击【设备库】，选择【场景元素】	

续表

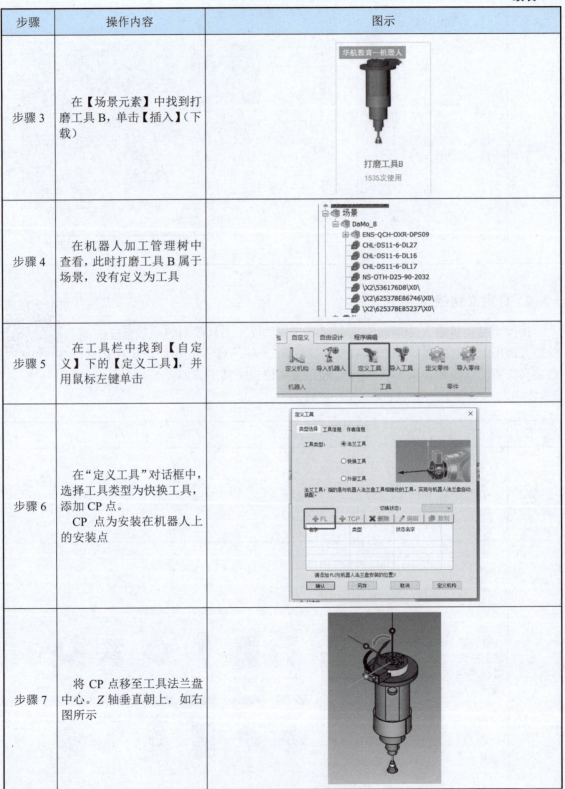

步骤	操作内容	图示
步骤 3	在【场景元素】中找到打磨工具 B，单击【插入】（下载）	华航教育—机器人 打磨工具B 1535次使用
步骤 4	在机器人加工管理树中查看，此时打磨工具 B 属于场景，没有定义为工具	场景 DaMo_B ENS-QCH-OXR-DPS09 CHL-DS11-6-DL27 CHL-DS11-6-DL16 CHL-DS11-6-DL17 NS-OTH-D25-90-2032 \X2\536176D8\X0\ \X2\625378E86746\X0\ \X2\625378E85237\X0\
步骤 5	在工具栏中找到【自定义】下的【定义工具】，并用鼠标左键单击	自定义 自由设计 程序编辑 定义机构 导入机器人 定义工具 导入工具 定义零件 导入零件 机器人 工具 零件
步骤 6	在“定义工具”对话框中，选择工具类型为快换工具，添加 CP 点。 CP 点为安装在机器人上的安装点	定义工具 类型选择 工具信息 作者信息 工具类型： 法兰工具 快换工具 外部工具 法兰工具：指的是与机器人法兰盘工具相接处的工具，实现与机器人法兰盘自动装配。 切换状态： FL TCP 删除 编辑 复制 名字 类型 状态名字 请添加FL(与机器人法兰盘安装的位置)! 确认 另存 取消 定义机构
步骤 7	将 CP 点移至工具法兰盘中心。Z 轴垂直朝上，如右图所示	

续表

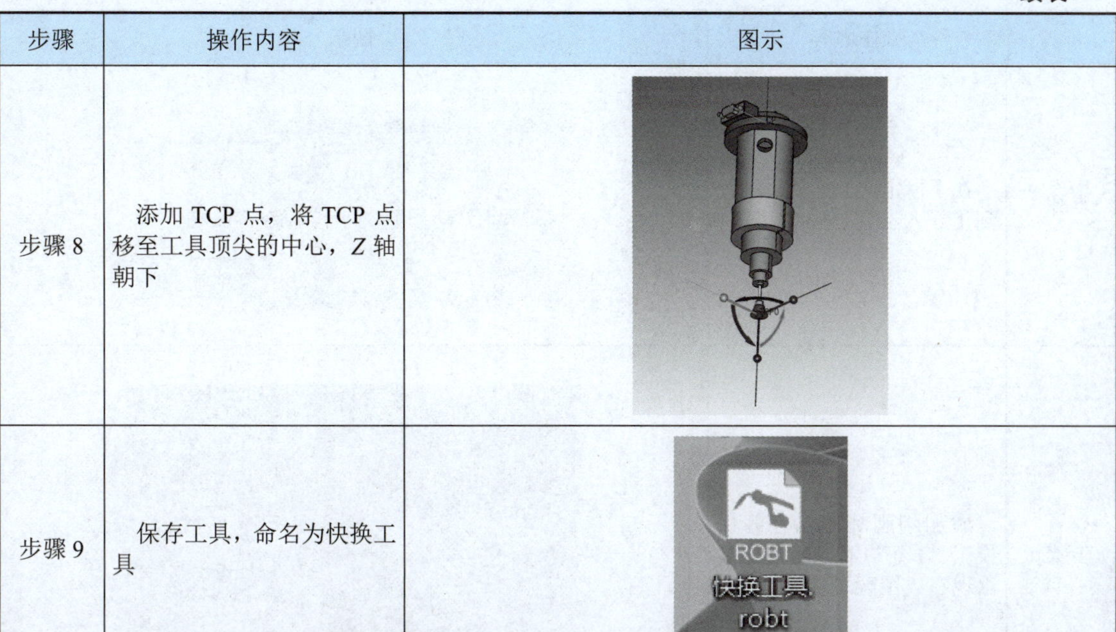

步骤	操作内容	图示
步骤 8	添加 TCP 点，将 TCP 点移至工具顶尖的中心，Z 轴朝下	
步骤 9	保存工具，命名为快换工具	

表 5-7　验证使用快换工具步骤

步骤	操作内容	图示
步骤 1	新建文档，添加一台 ABB-IRB1410 机器人	
步骤 2	在【工具库】找到机器人侧用工具，插入。机器人侧用工具自动安装在机器人上	

续表

步骤	操作内容	图示
步骤 3	在【自定义】工具栏中找到【导入工具】按钮	
步骤 4	添加刚刚制作保存的快换工具，可以看到快换工具出现在绘图区	
步骤 5	对着快换工具单击鼠标右键，选择“安装（改变状态－无轨迹）”	
步骤 6	可以看到快换工具安装在机器人上，证明快换工具 CP 点设置无误	

续表

步骤	操作内容	图示
步骤 7	鼠标左键选中工具，选择三维球。三维球出现在工具顶尖，证明 TCP 点设置无误	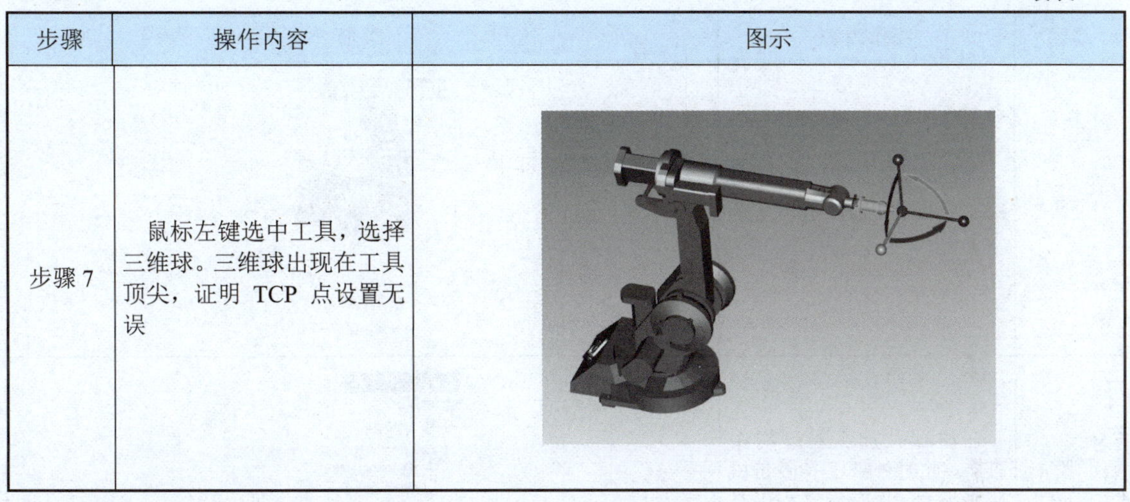

3. 自定义外部工具

该类工具在机器人外部，无需安装到任何设备上，只需添加加工工件的 TCP 点即可。自定义外部工具步骤如表 5-8 所示。

表 5-8　自定义外部工具步骤

步骤	操作内容	图示
步骤 1	打开软件，单击【新建】	新建
步骤 2	选择菜单栏【场景搭建】模块，找到【设备库】，左键单击【设备库】，选择【场景元素】	

续表

步骤	操作内容	图示
步骤 3	在【场景元素】中找到【外部工具砂带机】，单击【插入】（下载）	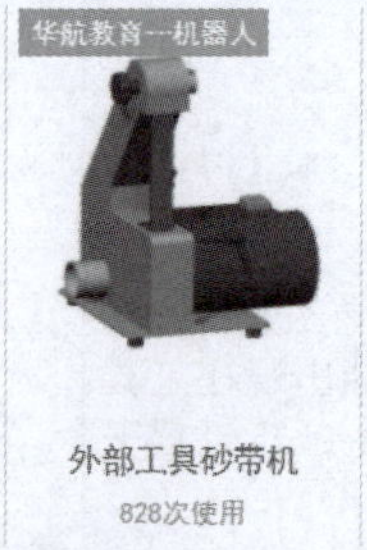 华航教育--机器人 外部工具砂带机 828次使用
步骤 4	在机器人加工管理树中查看，此时外部工具砂带机属于场景，没有定义为工具	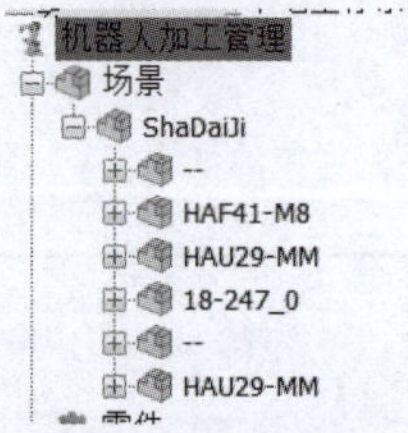 机器人加工管理 场景 ShaDaiJi -- HAF41-M8 HAU29-MM 18-247_0 -- HAU29-MM
步骤 5	在工具栏中找到【自定义】的【定义工具】，并用鼠标左键单击	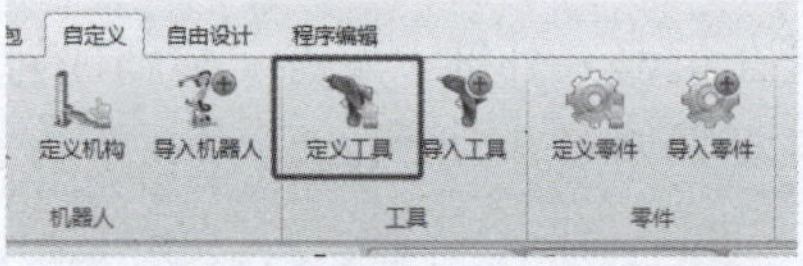 自定义 自由设计 程序编辑 定义机构 导入机器人 定义工具 导入工具 定义零件 导入零件 机器人 工具 零件
步骤 6	在“定义工具”对话框中，选择工具类型为外部工具。 由于外部工具不需要安装在机器人上，所以不用添加 CP 点和 FL 点，只需要添加 TCP 点即可	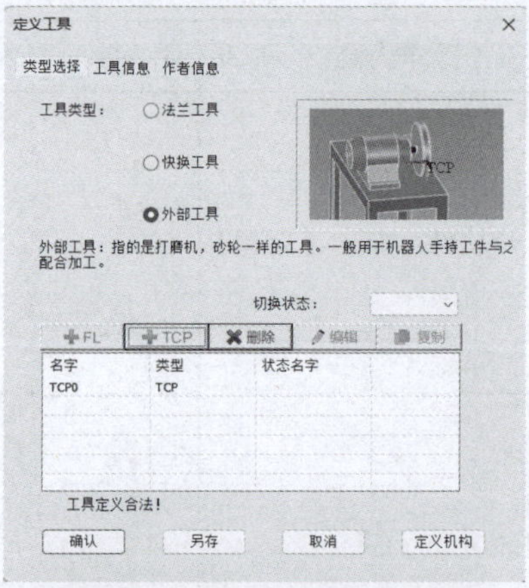 定义工具 类型选择 工具信息 作者信息 工具类型： 法兰工具 快换工具 外部工具 外部工具：指的是打磨机，砂轮一样的工具。一般用于机器人手持工件与之配合加工。 切换状态： FL TCP 删除 编辑 复制 名字 类型 状态名字 TCP0 TCP 工具定义合法！ 确认 另存 取消 定义机构
步骤 7	将 TCP 点设置在砂带上，Z 轴垂直朝外	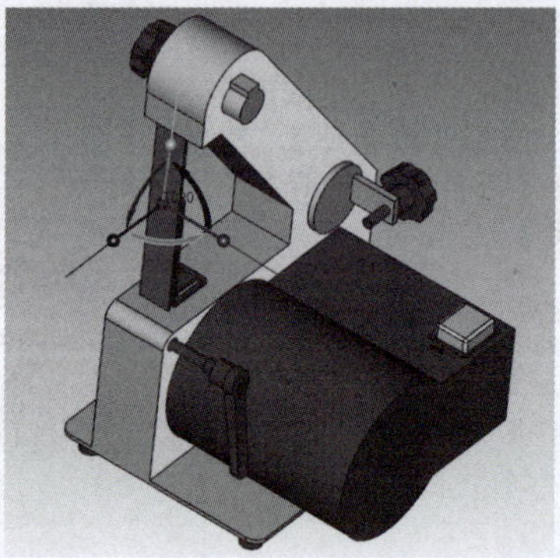

续表

步骤	操作内容	图示
步骤 8	也可以设置多个 TCP 点，用于外部工具不同打磨点位对机器人抓取物进行打磨	
步骤 9	保存工具，命名为外部工具	

任务评价

任务评价如表 5－9 所示。

表 5－9　任务评价

序号	评分扣分项	分值	打分	备注
1	了解工具的种类和含义，学会使用工具库工具，了解自定义工具含义	10 分		
2	自定义法兰工具	20 分		
3	自定义法兰变位工具	20 分		
4	自定义快换工具	20 分		
5	自定义外部工具	20 分		
6	综合素养	10 分		
总分				

任务 5.2　自定义零件

任务分析

本任务的主要目标是学习如何自定义零件，了解 CP 点、RP 点的含义，学会给零件添加 CP 点、RP 点，学会运用 CP 点、RP 点，用机器人自动拾取、放置零件。

知识链接

1. 常见术语

（1）零件：机械中不可分拆的单个制件，是机器的基本组成要素，也是机械制造过程中的合格的具有一定功能的物件。通过零件的组合能构成部件，部件组合能构成为产品。

在 PQArt 中，零件可分为场景零件和加工零件两种。场景零件用于搭建工作环境，而加工零件则是机器人加工制造的对象。零件的格式为 robp。

（2）工件：正在加工还没有成为成品的零件。

（3）装配体：装配体是机械的一部分，由若干装配在一起的零件组成。

（4）CP：为安装点、抓取点。对于零件，CP 点是工具抓取的点。

（5）RP：为放开点，是机器人放开零件时，零件与工作台接触的点。

设置零件 CP 点、RP 点，主要是为了让机器人可以自动生成抓取零件、放开零件轨迹，方便操作。

2. 零件相关操作

在 PQArt 中，零件涉及的操作包括以下几个方面：

（1）工件位置校准：确保软件的设计环境中机器人与零件的相对位置与真实环境中两者的相对位置保持一致。

（2）机器人搬运零件：机器人通过零件上的 CP、RP 点来实现上下料、搬运、码垛等。

（3）加工零件：在零件上生成加工轨迹，从而完成零件的加工。

任务实施

自定义零件

自定义零件步骤如表 5－10 所示。

表 5-10　自定义零件步骤

步骤	操作内容	图示
步骤 1	打开软件，单击【新建】	新建
步骤 2	在绘图区添加一台 ABB-IRB1410 机器人。 打开【设备库】，选择【场景元素】。在【场景元素】中找到【轮毂】，单击【插入】（下载），将轮毂添加到绘图区	
步骤 3	给机器人添加一个法兰工具。通过【工具库】/【法兰工具】/【夹具】（或其他法兰工具）完成。	夹具 夹具 7896次使用
步骤 4	在【自定义】模块下选择【定义零件】，弹出“选择模型”对话框，选择【场景】和【轮毂】，单击【确认】按钮	选择模型 零件　场景 名字　轮毂 确认　取消
步骤 5	弹出“定义零件”对话框，选择【管理附着点】，添加轮毂的 CP 点、RP 点	定义零件 作者信息　管理附着点 名字　类型　匹配方式　RP类型 CP　CP　RP　RP　编辑　删除 确认　另存　取消

续表

步骤	操作内容	图示
步骤 6	首先，添加零件 CP 点，单击第一个【+CP】按钮，弹出“添加抓取位置”对话框，使用默认设置，单击“确认”	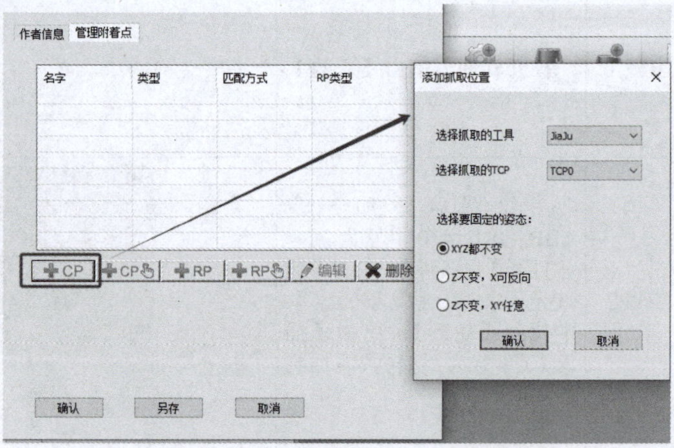
步骤 7	选中 CP1，单击【编辑】，用三维球修改 CP 点位置到轮毂上表面圆心	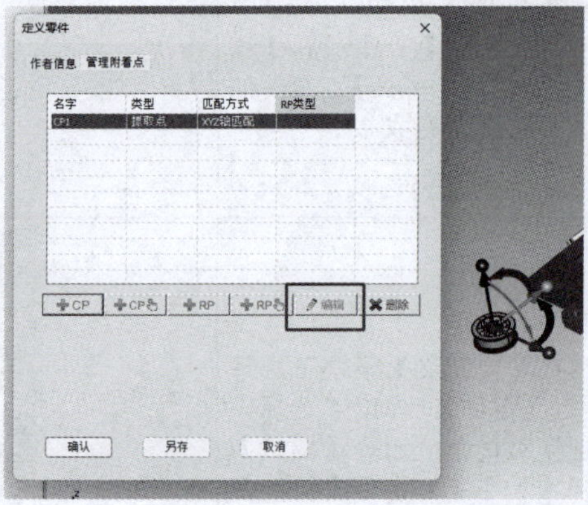
步骤 8	添加 RP 点，鼠标左键单击第四个【+RP】按钮，如右图所示。 注意两个+RP 点按钮不同，带手指的 RP 点供零件（例如这里的轮毂）使用，不带手指的 RP 点供承接位置（例如接收平台）使用。所以在这里选择带手指的 RP 点按钮	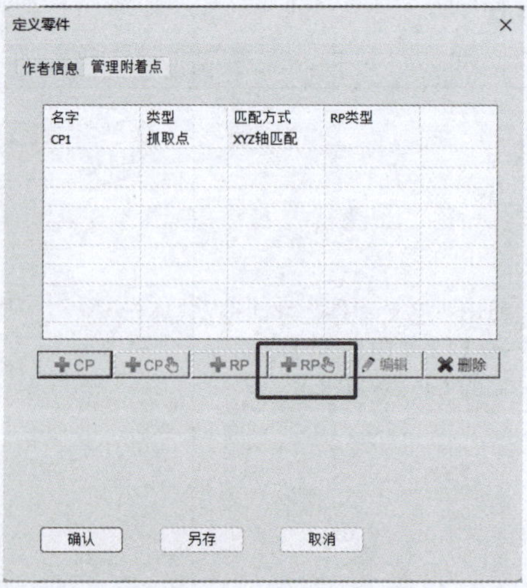

续表

步骤	操作内容	图示
步骤 9	将 RP 点设置在轮毂下方圆心上，*Z* 轴朝下	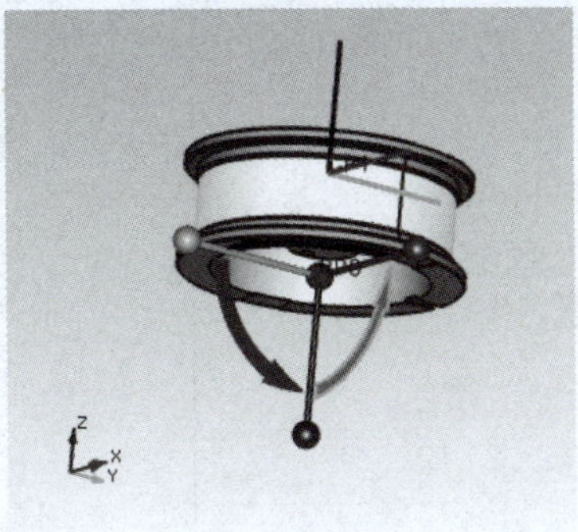
步骤 10	设置完 CP、RP 点后，单击【确认】按钮	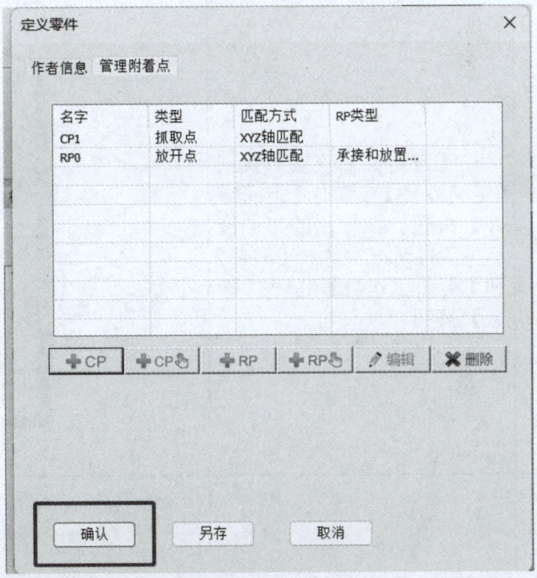
步骤 11	可以发现机器人加工管理树中的零件下有轮毂，证明轮毂零件自定义成功。接下来使用自定义轮毂，完成抓取、放置动作	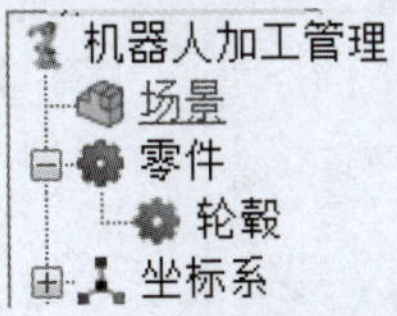
步骤 12	从【设备库】添加实训工作台到绘图区	

续表

步骤	操作内容	图示
步骤 13	使用三维球将轮毂放置在实训工作台上	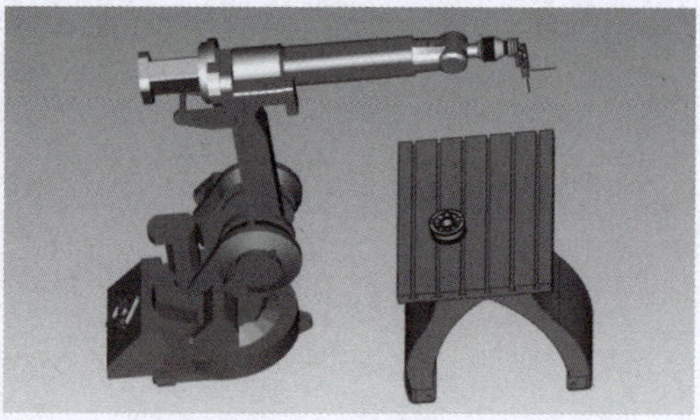
步骤 14	在【自定义】模块下找到【定义零件】，单击【定义零件】按钮。在弹出的“选择模型”对话框中选择【零件】和【实训工作台】，单击【确认】按钮	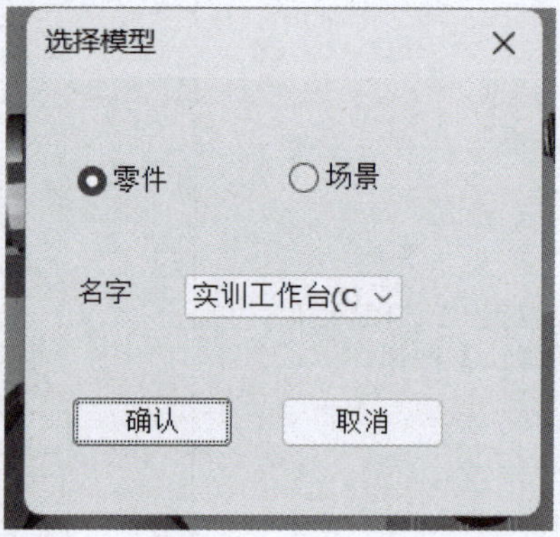
步骤 15	给实训工作台添加RP点，选择第三个按钮【+RP】。	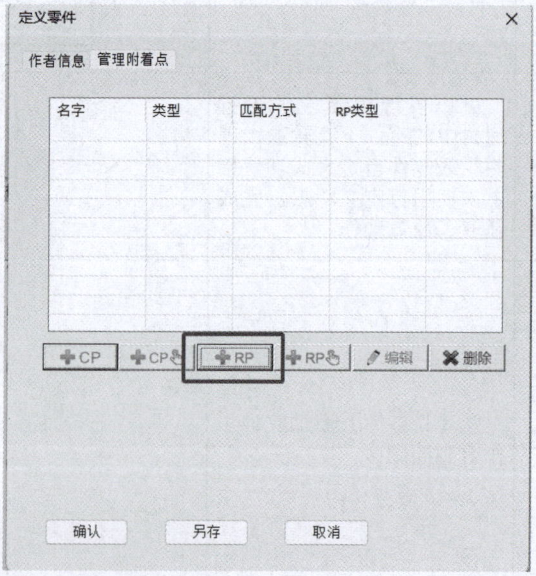

续表

步骤	操作内容	图示
步骤 16	弹出“添加抓取位置”对话框，默认设置，单击【确认】按钮	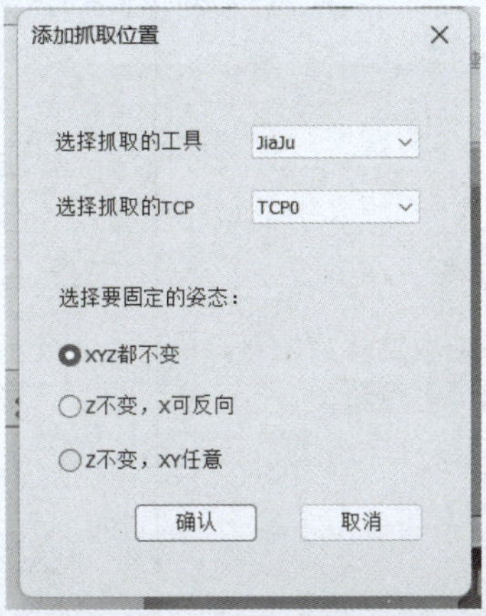
步骤 17	编辑 RP 点位置，修改到桌面上一角，Z 轴朝上，单击【确认】按钮	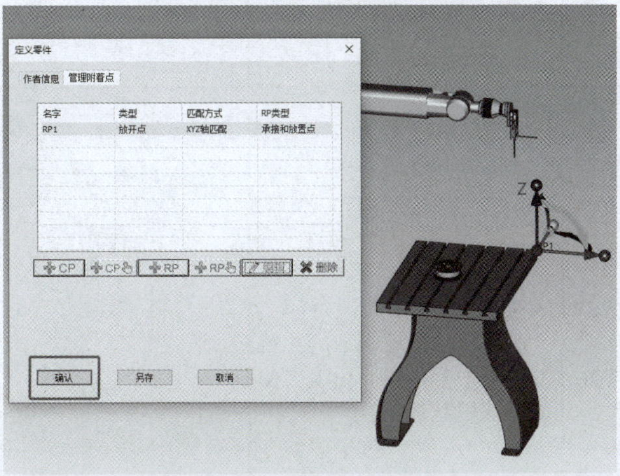
步骤 18	添加机器人 Home 点。然后对着工具单击鼠标右键，弹出菜单栏，选择【抓取（生成轨迹）】	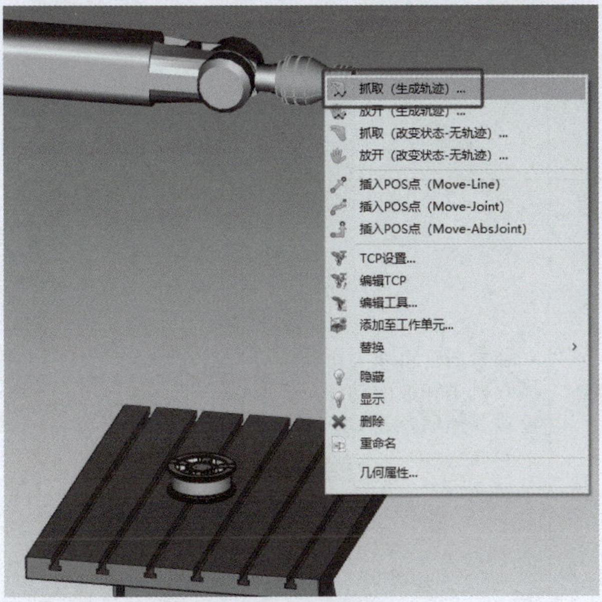

续表

步骤	操作内容	图示
步骤 19	选择抓取物体为轮毂，单击【确定】按钮	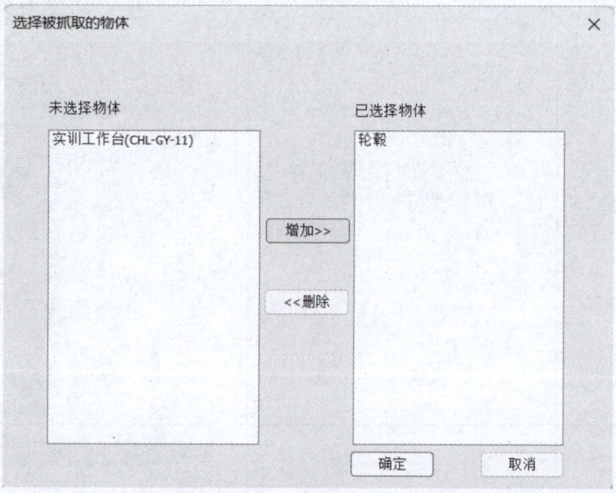
步骤 20	选择抓取位置为 CP1，单击【确定】按钮。出入刀偏移量使用默认设置	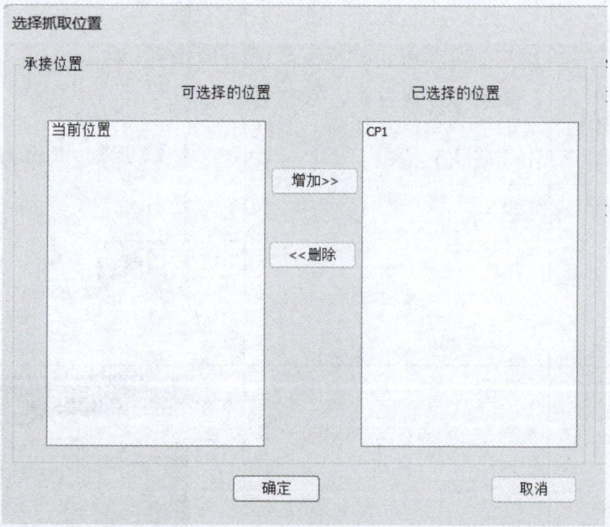
步骤 21	确定后，机器人自动生成抓取轨迹和抓取动作，抓取轮毂（抓取点为 CP 点）	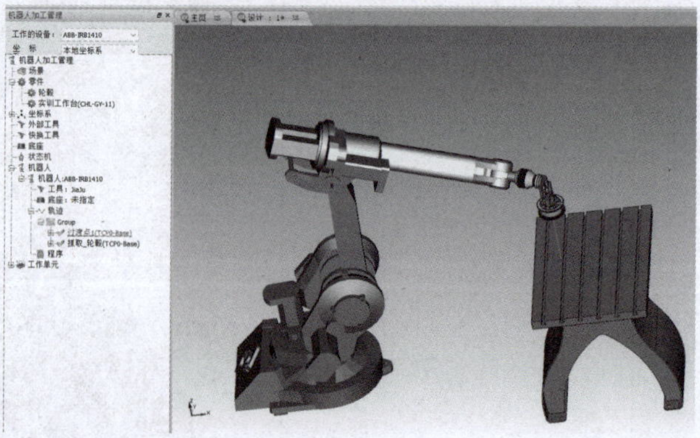

续表

步骤	操作内容	图示
步骤 22	鼠标右键单击工具，选择【放开（生成轨迹）】	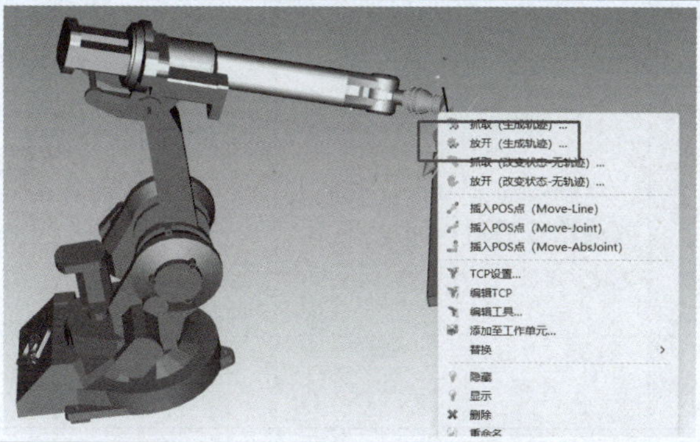
步骤 23	选择被放开的物体——轮毂；选择放开的位置——RP1 点，也就是选择的工作台一角	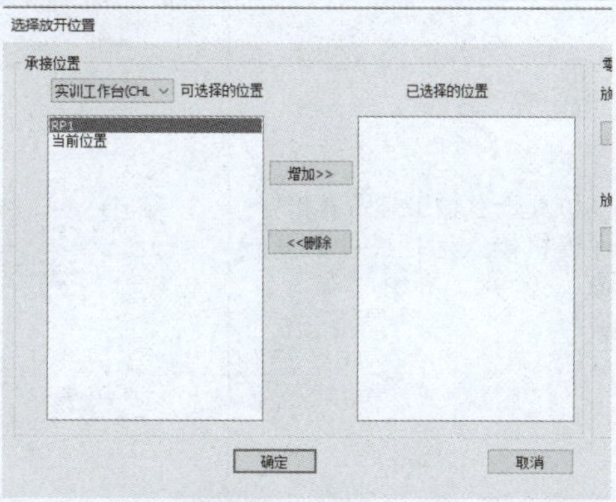
步骤 24	放开时，轨迹出现了轴超限，需要调整机器人位姿	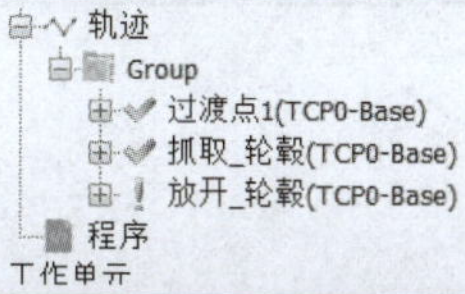
步骤 25	鼠标左键双击打感叹号的点位，发现调试面板此时 4 轴超限。鼠标右键单击该点，选择调整位姿	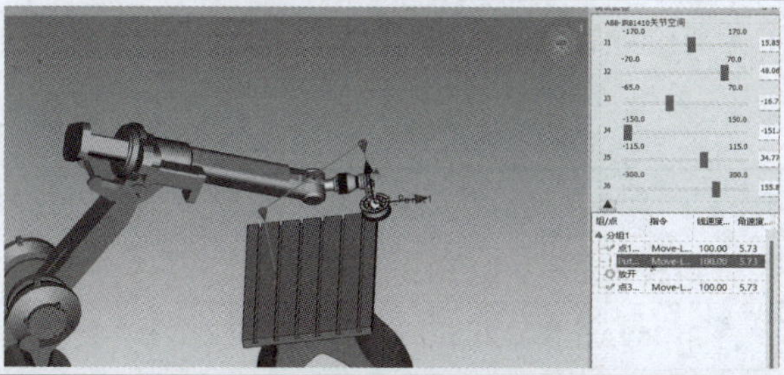
步骤 26	调整到合适位姿，保证控制面板每个轴的关节空间都在限制范围内（滑块在线条中间）。关闭三维球，重新编译，轴超限问题得以解决	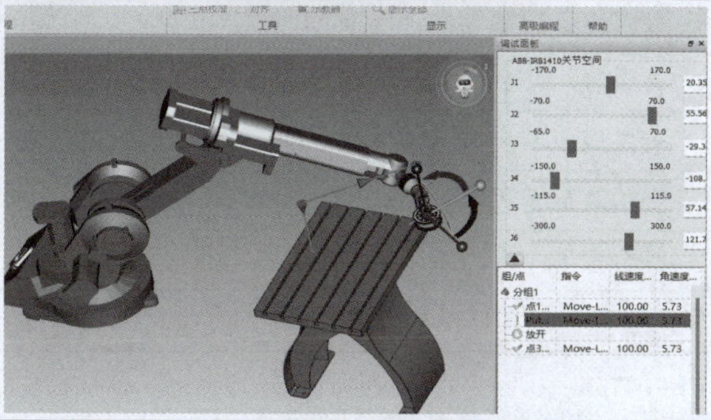

续表

步骤	操作内容	图示
步骤 27	复制过渡点 1，让机器人放置轮毂后可以回原点	底座：未指定 轨迹 Group 过渡点1(抓取_轮毂 放开_轮毂 程序 工作单元 创建和重命名分组 复制轨迹 按轴复制轨迹（单选轨迹）... 按轴移动轨迹点... 轨迹往复... 插入POS点... 生成出入刀点... 进刀和过切设置...
步骤 28	仿真查看输出是否有报警，保证机器人运行过程中无碰撞	

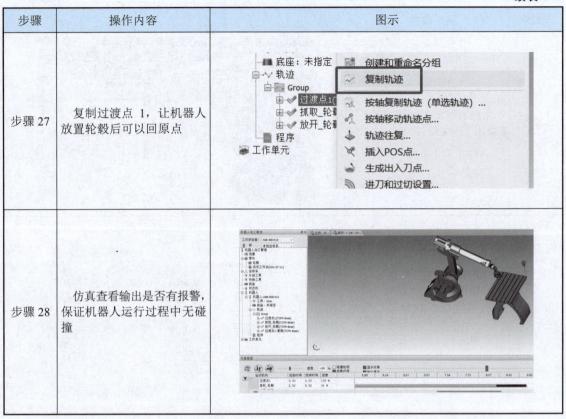

任务评价

任务评价如表 5-11 所示。

表 5-11　任务评价

序号	评分扣分项	分值	打分	备注
1	了解什么是零件、工件、装配体	10 分		
2	了解 PQArt 中 CP 点和 RP 点的含义	10 分		
3	会自定义轮毂零件，设置 CP 点、RP 点	20 分		
4	会设置工作台的 RP 点	20 分		
5	会生成机器人搬运零件的轨迹	20 分		
6	会仿真后置程序	10 分		
7	综合素养	10 分		
总分				

任务 5.3　自定义状态机

任务分析

本任务的主要目标是学习如何自定义状态机，了解状态机的含义，学会给模型进行预处理，设置状态机运动方向，添加状态机状态。

知识链接

1. 状态机含义

状态机是具有两种及以上的姿态的装配体，定义状态机需经过“模型预处理”→“选择方向”→“添加状态”三个步骤。

2. 模型预处理

将导入的模型，根据零部件运动关系装配成基座和各关节。根目录为一个总装，名字一般为状态机名称，子节点下依次为 BASE、J1、J2、……、Jn，如图 5-2 所示。

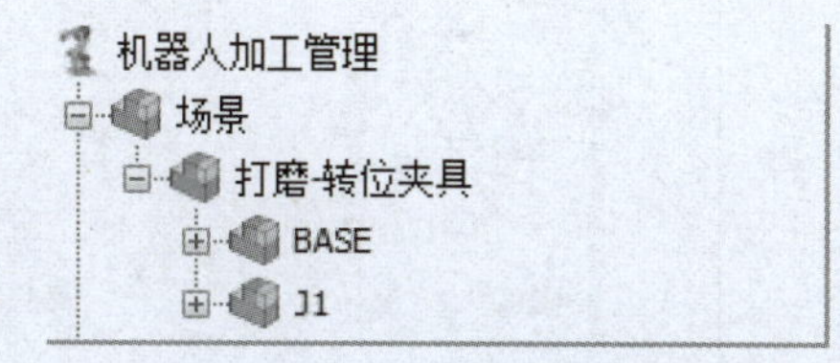

图 5-2　模型预处理完成效果图

任务实施

自定义状态机

自定义零件步骤如表 5-12 所示。验证使用状态机步骤如表 5-13 所示。

表 5-12　自定义零件步骤

步骤	操作内容	图示
步骤 1	打开软件，单击【新建】	新建

续表

步骤	操作内容	图示
步骤 2	在【设备库】里打开【场景元素】，找到打磨－转位夹具，单击【下载】	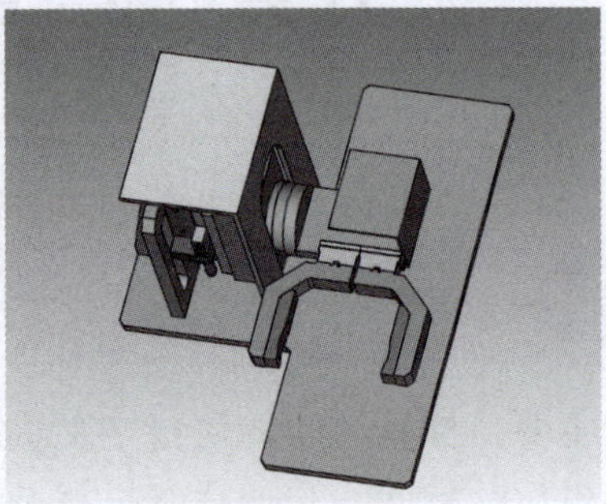
步骤 3	打开机器人加工管理状态树下的场景，可以发现导入的打磨－转位夹具已经预处理。只需要修改一下名称为转位夹具	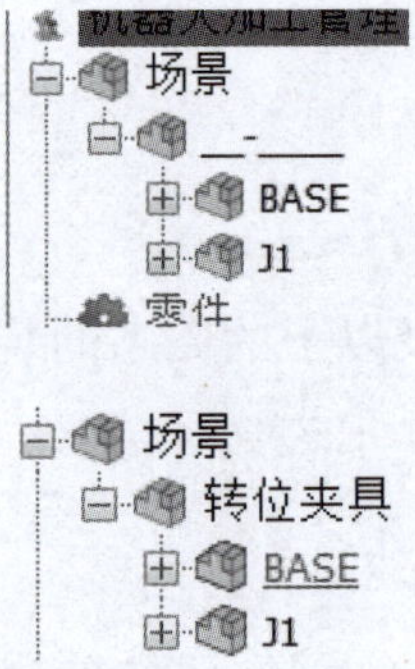 机器人加工管理 场景 BASE J1 零件 场景 转位夹具 BASE J1
步骤 4	在【自定义】模块下选择【定义状态机】，弹出“定义状态机”对话框	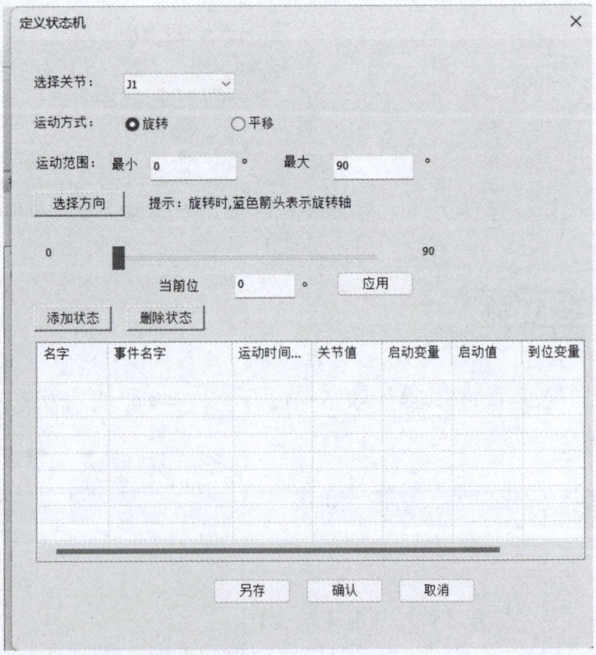 定义状态机 选择关节： J1 运动方式： 旋转 平移 运动范围： 最小 0 ° 最大 90 ° 选择方向 提示：旋转时,蓝色箭头表示旋转轴 0 90 当前位 0 ° 应用 添加状态 删除状态 名字 事件名字 运动时间... 关节值 启动变量 启动值 到位变量 另存 确认 取消

续表

步骤	操作内容	图示
步骤 5	关节选择 J1，运动方式为旋转，运动范围为 0°～180°。单击【选择方向】按钮	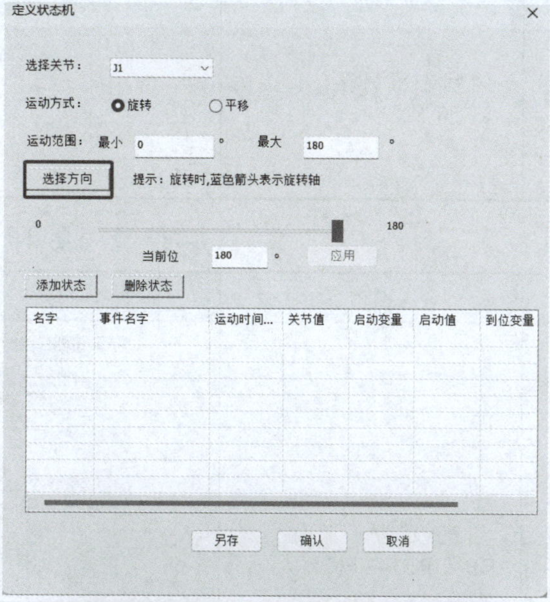
步骤 6	将三维球移至旋转轴的中心点，箭头反向，如右图所示	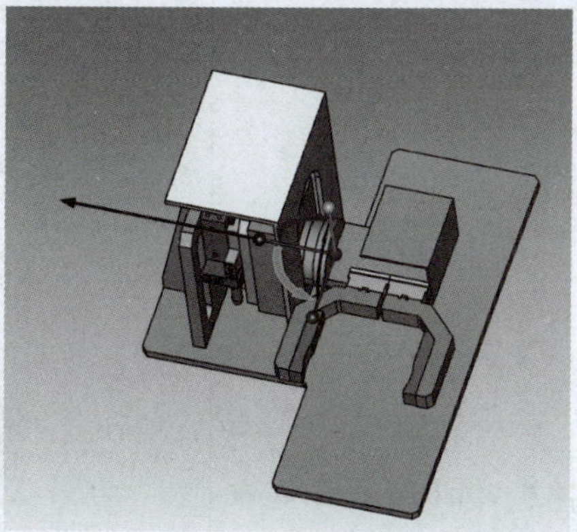
步骤 7	在“定义状态机”对话框单击【应用】按钮，拖动滑块，观察状态机旋转方向是否正确。 在当前位为 0° 时添加一个状态，在 180° 时添加另一个状态	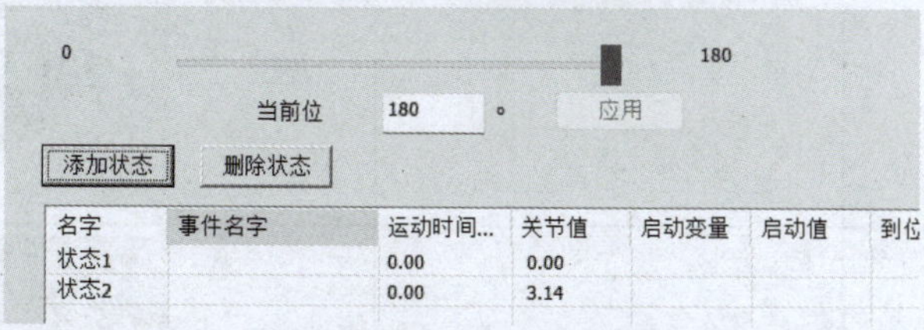
步骤 8	设置两个状态的事件名字为 0 和 180。运动时间均改为 2	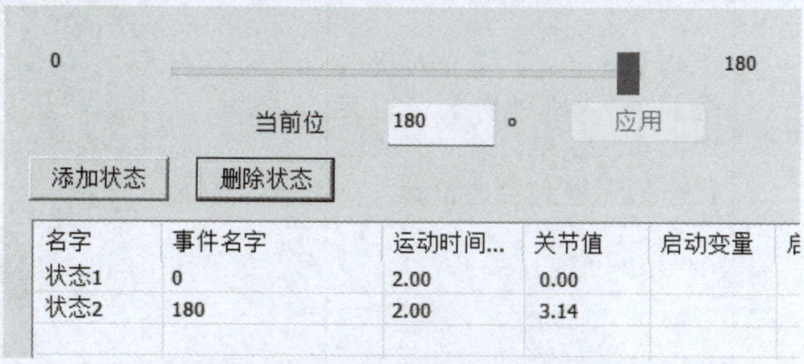

续表

步骤	操作内容	图示
步骤 9	将状态机另存，命名为“转位夹具”	ROBR 转位夹具 robm

表 5-13 验证使用状态机步骤

步骤	操作内容	图示
步骤 1	新建文档，添加一台 ABB-IRB1410 机器人	
步骤 2	添加一个机器人工具	
步骤 3	从【自定义】/【导入状态机】，导入刚刚自定义的旋转夹具状态机。用三维球将状态机调整到合适位置	

续表

步骤	操作内容	图示
步骤 4	给机器人添加一个 POS 点，选择点位。在其后添加仿真事件，弹出“添加仿真事件”对话框。 名字修改为 180，类型选择自定义事件，单击【确认】按钮	
步骤 5	移动机器人 1 轴到 90°，插入 POS 点。用同样的方法，在 POS 点后面添加一个名字为 0 的仿真事件	
步骤 6	进行运动仿真，查看旋转夹具状态机是否转动	

任务评价

任务评价如表 5－14 所示。

表 5－14　任务评价

序号	评分扣分项	分值	打分	备注
1	了解什么是状态机，模型预处理是什么	10 分		
2	设置状态机，让其 180° 旋转	30 分		
3	搭建带状态机的机器人工作站	10 分		
4	设置状态机自定义事件，让状态机随机器人运动	30 分		
5	仿真后置程序	10 分		
6	综合素养	10 分		
总分				

任务 5.4　自定义机构

任务分析

本任务的主要目标是通过自定义导轨机构，学习如何使用自定义机构功能，包括了自定义机构的流程和相关的背景知识等。

知识链接

自定义机构类似于定义一台机器人，定义后的机构也有法兰和关节，法兰用于安装工具，关节是可以运动的，运动形式包括旋转和平移。所以在自定义导轨时，需要设置它的法兰位置，还有它的关节运动方向和范围。

任务实施

自定义机构步骤如表 5－15 所示。验证使用自定义机构步骤如表 5－16 所示。

表 5－15　自定义机构步骤

步骤	操作内容	图示
步骤 1	打开软件，单击【新建】	新建
步骤 2	在【设备库】/【场景元素】中找到导轨（ABB－IRB120），单击【下载】	华航教育--机器人 导轨（ABB-IRB120） 8141次使用

续表

步骤	操作内容	图示
步骤 3	首先预处理导轨场景。删除导轨上的 CHL-DS11-2-AZ03 部分，这部分在自定义机构时暂时不需要	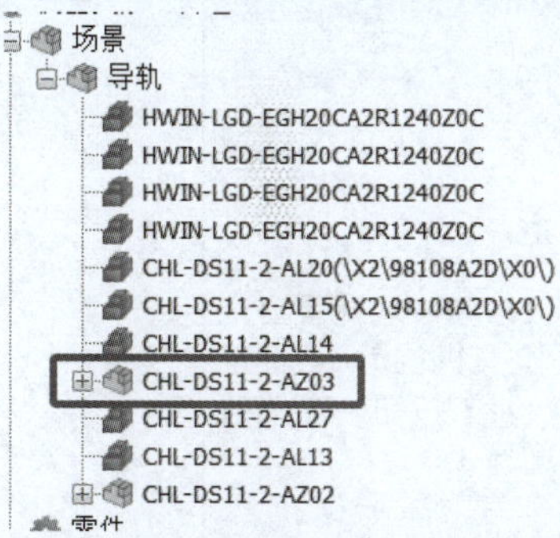 场景 导轨 HWIN-LGD-EGH20CA2R1240Z0C HWIN-LGD-EGH20CA2R1240Z0C HWIN-LGD-EGH20CA2R1240Z0C HWIN-LGD-EGH20CA2R1240Z0C CHL-DS11-2-AL20(\X2\98108A2D\X0\) CHL-DS11-2-AL15(\X2\98108A2D\X0\) CHL-DS11-2-AL14 CHL-DS11-2-AZ03 CHL-DS11-2-AL27 CHL-DS11-2-AL13 CHL-DS11-2-AZ02
步骤 4	合并除 CHL-DS11-2-AZ02 外的其他部分，全选后单击鼠标右键进行装配	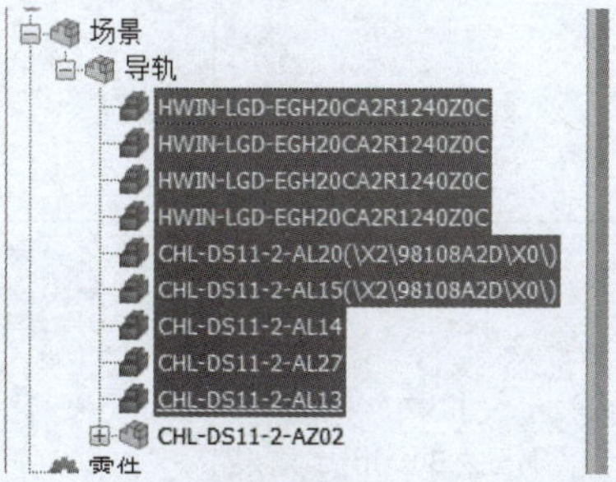 场景 导轨 HWIN-LGD-EGH20CA2R1240Z0C HWIN-LGD-EGH20CA2R1240Z0C HWIN-LGD-EGH20CA2R1240Z0C HWIN-LGD-EGH20CA2R1240Z0C CHL-DS11-2-AL20(\X2\98108A2D\X0\) CHL-DS11-2-AL15(\X2\98108A2D\X0\) CHL-DS11-2-AL14 CHL-DS11-2-AL27 CHL-DS11-2-AL13 CHL-DS11-2-AZ02
步骤 5	修改 CHL-DS11-2-AZ02 装配体名称为 BASE，修改装配 78 名称为 J1	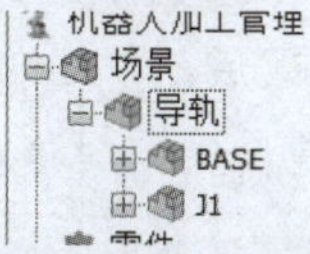 场景 导轨 BASE J1
步骤 6	鼠标左键单击导轨，打开三维球。按空格键将三维球变白，锁定 Z 轴。鼠标右键选择【到点】方式，让三维球移至导轨平台表面上	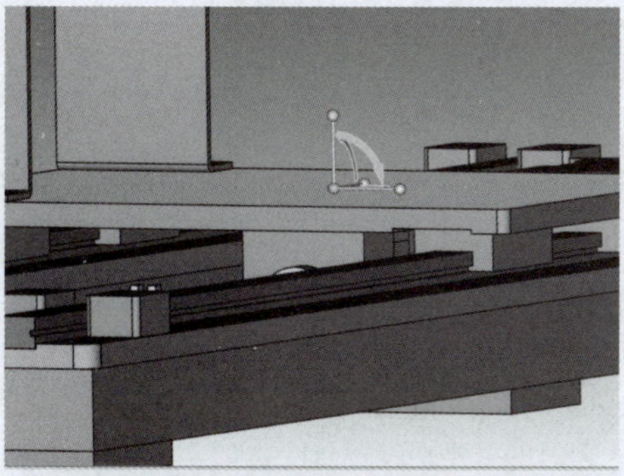
步骤 7	按空格键，三维球变为彩色，鼠标右键编辑位置，修改 Z 的坐标为 0	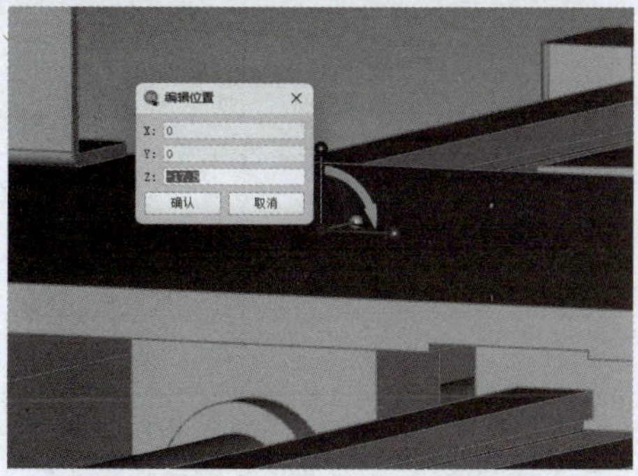 编辑位置 X: 0 Y: 0 Z: 确认　取消

续表

步骤	操作内容	图示
步骤 8	关闭三维球，选择【自定义】/【定义机构】。一直选择【下一步】按钮。在关节检查处选择 1	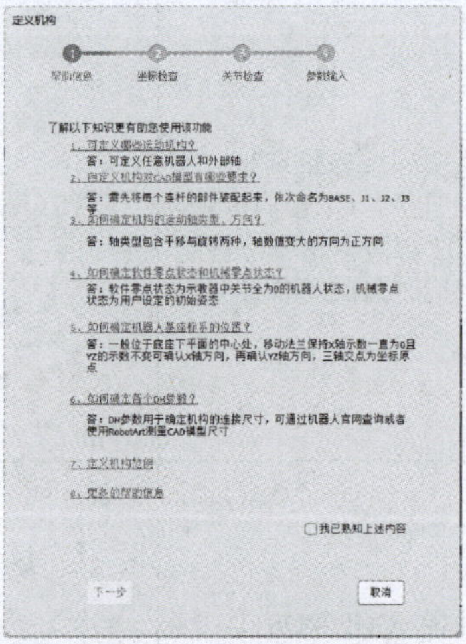
步骤 9	进入“定义机构”对话框，修改 J1 和法兰的 alpha 角度为 90° 和 –90°。J1 轴类型修改为平移。修改后，单击【更新】。 这一步主要是设置导轨的法兰位置，也就是工具安装位置；还设置了导轨的运动方向和类型	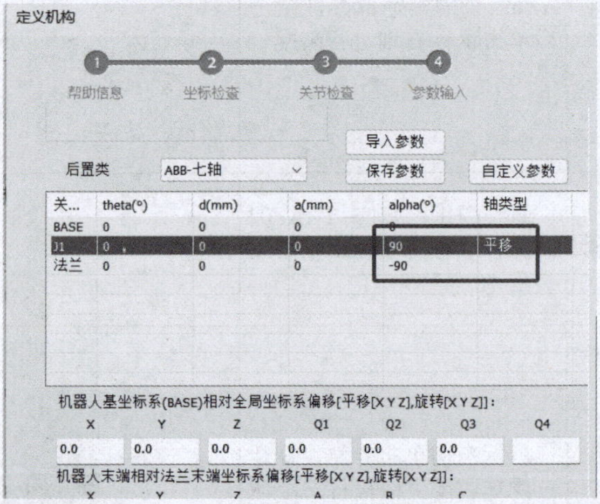
步骤 10	修改 J1 最大、最小限位为 400 和 –400。单击【更新】。 这一步主要是设置 J1 的运动范围	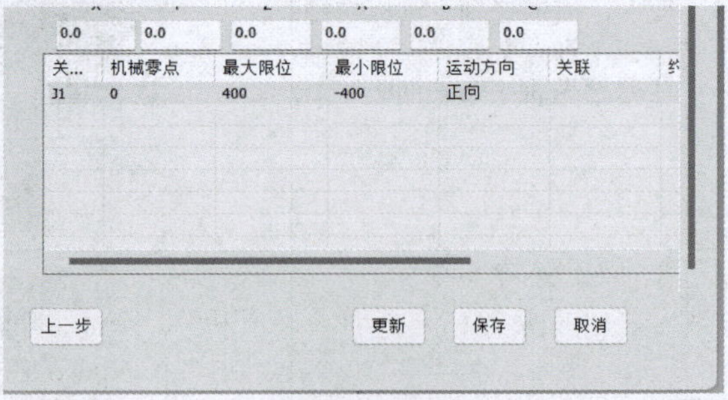
步骤 11	保存自定义机构	

注：定义机构设置表中的 theta 代表 X 轴，alpha 代表 Z 轴，J1 轴绕 Z 轴旋转 90° 后，Z 轴方向与导轨方向平行。法兰在到 J1 轴的基础上绕 Z 轴旋转 –90°，回到 BASE 的坐标。

表 5-16　验证使用自定义机构步骤

步骤	操作内容	图示
步骤 1	首先给自定义机构设置工具。 在【场景元素】下找到导轨（ABB-IRB120），单击【插入】	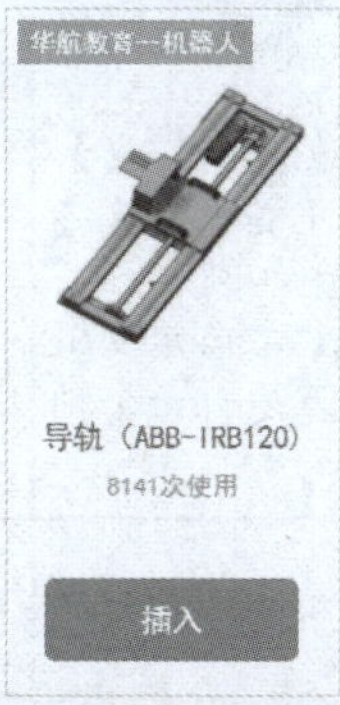
步骤 2	删除导轨场景中的其他场景，只留下 CHL-DS11-2-AZ03，将其自定义为导轨的法兰工具	
步骤 3	在自定义工具下，选择法兰工具。设置 FL 点在工具的下表面中心点上。注意 *Z* 轴朝外	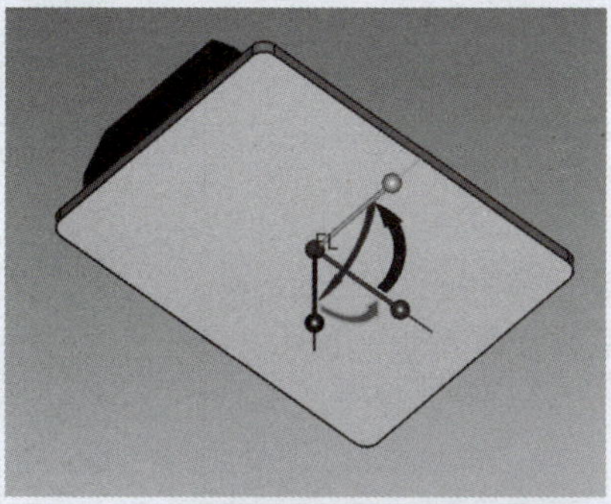
步骤 4	将 TCP 点设置在工具的上表面中心点上。*Z* 轴要朝外，*X* 轴方向与大地坐标一致	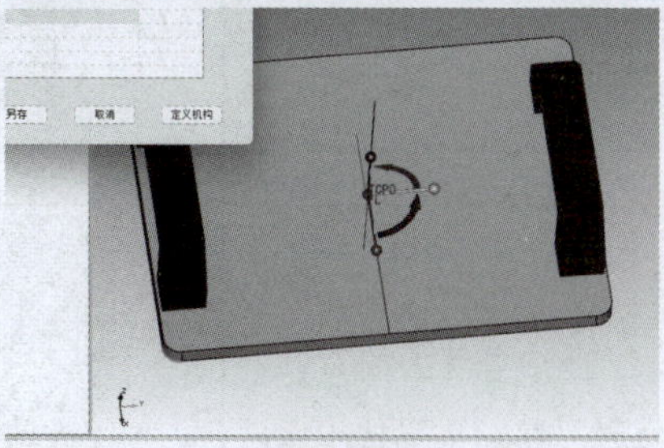
步骤 5	单击【另存】，将该工具命名为“导轨工具”	

续表

步骤	操作内容	图示
步骤 6	再将导轨工具安装到导轨上。 新建文档。在【自定义】模块下，鼠标左键单击【导入机器人】，选择导轨。 （因为在 PQArt 中自定义机构后的导轨也算是有一个轴的机器人）	
步骤 7	导入工具，选择导轨工具。可以看到导轨工具自动安装在导轨上	
步骤 8	最后添加机器人，从机器人库里添加 ABB－IRB120。机器人自动安装在导轨上	
步骤 9	选择导轨，可以使用调试面板拖动导轨，并且带动机器人运动	

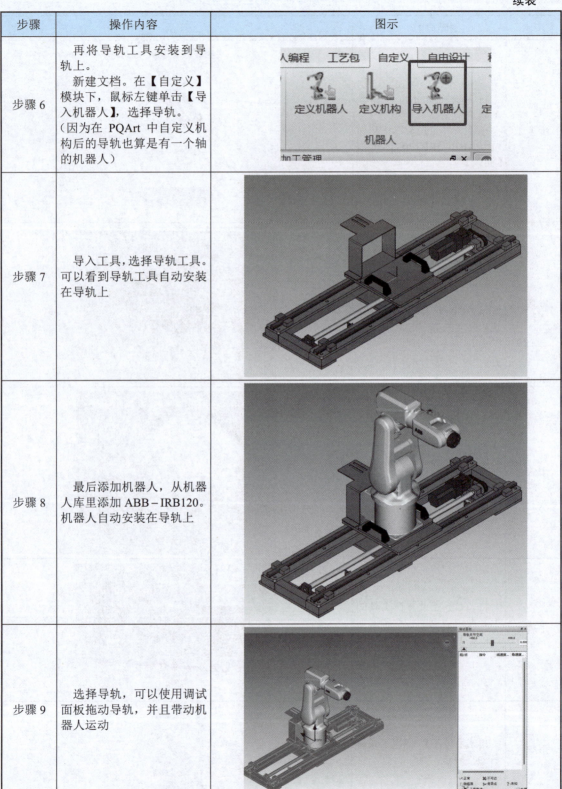

任务评价

任务评价如表 5－17 所示。

表 5－17　任务评价

序号	评分扣分项	分值	打分	备注
1	了解什么是自定义机构	10 分		
2	会自定义导轨机构	40 分		
3	会设置导轨机构的工具	20 分		
4	会在导轨上安装工具，并将机器人安装上	20 分		
5	综合素养	10 分		
总分				

项目六 智能产线设备创建与应用

项目引入

掌握了如何自定义工具、零件和机构等之后，学生通过本项目学习如何创建和应用设备，通过导轨和变位机的创建和应用两个工作任务，逐步掌握设备的创建和应用，并对智能产线设备有一定了解。

项目目标

知识目标：了解导轨的概念，掌握导轨的链接、运行、接触链接、后置等基础知识；了解变位机概念，掌握变位机的链接、运行、接触链接、后置等基础知识。

技能目标：会搭建含有导轨的智能产线；会创建导轨外部轴链接；会使用带导轨的机器人完成焊接轨迹；会搭建含有变位机的智能产线；会使用变位机与机器人完成管道焊接。

素质目标：提升对智能产线的认识；培养刻苦学习的学习态度；培养爱岗敬业的职业精神。

思政目标：热爱专业、践行工业强国。

任务 6.1　导轨的创建与应用

任务分析

本任务的主要目标是学习导轨的创建和应用，首先学习 PQArt 软件中导轨的基础知识，然后学习搭建含有导轨的智能产线，最后运用导轨和机器人共同完成钢结构梁柱的焊接任务。

知识链接

1. 导轨概念

机器人导轨是一套线性输送系统，用于机器人工位间的位置移动，或机器人工位内的工件输送，如图 6－1 所示。其主要应用于物料搬运、焊接等。

借助导轨，机器人的可达空间、可达距离得到拓展；同时也可实现一个机器人多工位、多工种的连续、联动工作方式。

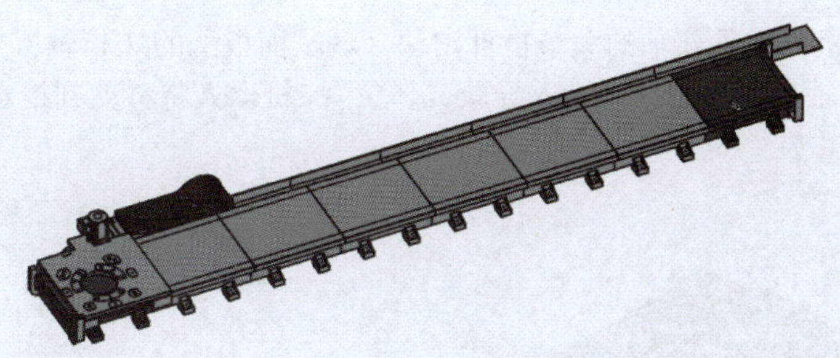

图 6－1　机器人导轨示意图

2. 导轨与机器人链接

选中机器人，并单击鼠标右键，再鼠标左键选择菜单上的【创建外部轴链接...】，即可展开“链接外部轴”设置界面，如图 6－2 所示。

从“直线导轨”下拉菜单选择想要与机器人链接的导轨，然后单击界面中的【确定】按钮，即可创建链接，如图 6－3 所示。

图 6－2　菜单－创建外部轴链接

图 6－3　创建外部轴链接

注意：（1）是否同步位置：勾选后机器人会自动吸附到导轨的底座上。

（2）机器人安装底座角度：机器人安装到底座时，有 0°、90°、180°、270°四个角度可供选择。导轨位置不变，机器人位置会随选择角度不同而发生变化。

3. 导轨运行

拖动已经作为机器人外部轴的关节控件滑块（调试面板上的 E1 轴），来实现导轨的运动，或者直接在 E1 轴后面的数据栏输入导轨具体位置，机器人将移动到指定位置，如图 6－4 所示。

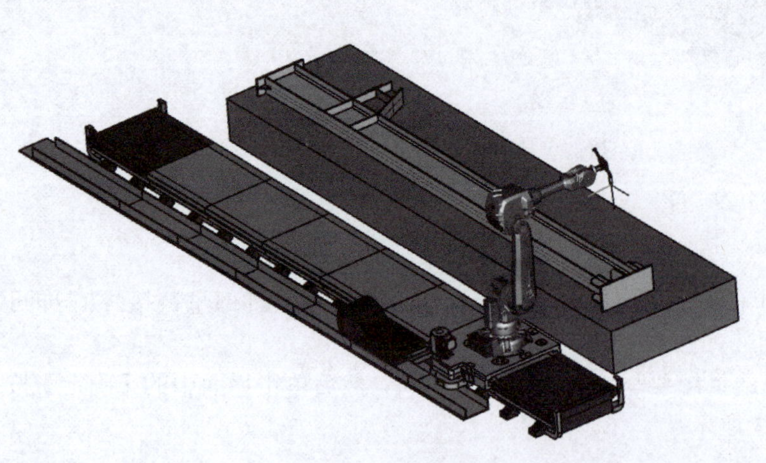

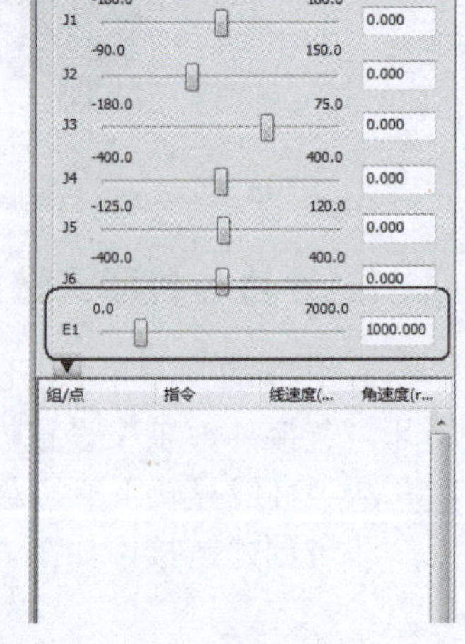

图 6－4　拖动滑块移动导轨

机器人和导轨建立链接关系后，实际的位置关系有两种：

（1）同步位置后，机器人安装到滑轨上：这种情况下，导轨移动会带着机器人一起从动；

（2）不同步位置，机器人未安装到导轨上：这种情况下，导轨移动后，机器人不随着从动。

4. 解除导轨链接

选中机器人，并单击鼠标右键，再鼠标左键选择菜单上的【解除外部轴链接...】，如图 6－5 所示，即可展开“解除外部轴”设置界面。

在“解除外部轴”设置界面内，可以对已连接的外部轴进行解除链接操作，除掉多余的外部轴链接，如图 6－6 所示。

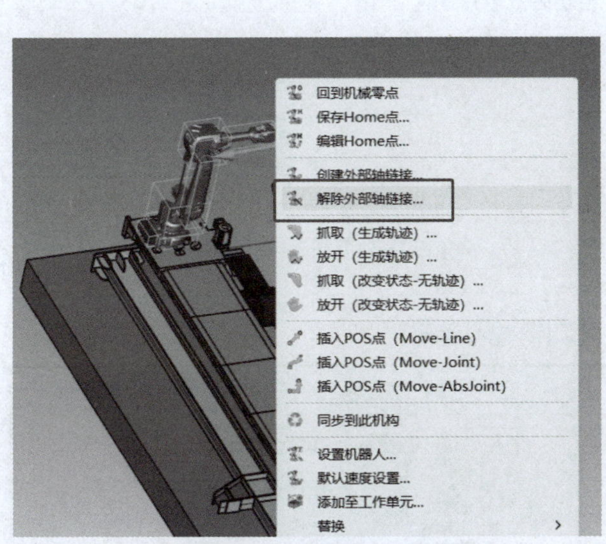

图 6－5　解除外部轴链接

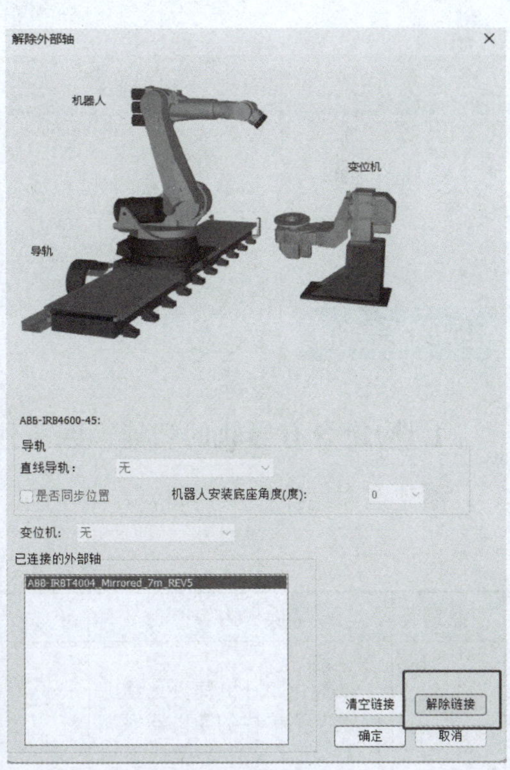

图 6－6　解除链接

5. 导轨后置

导轨和机器人建立关联后，一方面，实现了机器人通过统一、集中的调试面板来实现对导轨的控制；另一方面，导轨移动过程中的行程数据会随着机器人的轨迹后置操作，输出到机器人的后置代码内。

这些导轨的行程数据一般记录在各品牌机器人后置代码行后面预留的六个外部轴数据记录段的位置，如图 6－7 所示。导轨数据具体占据六位预留位置中的哪位，在创建链接时就已经确定了。

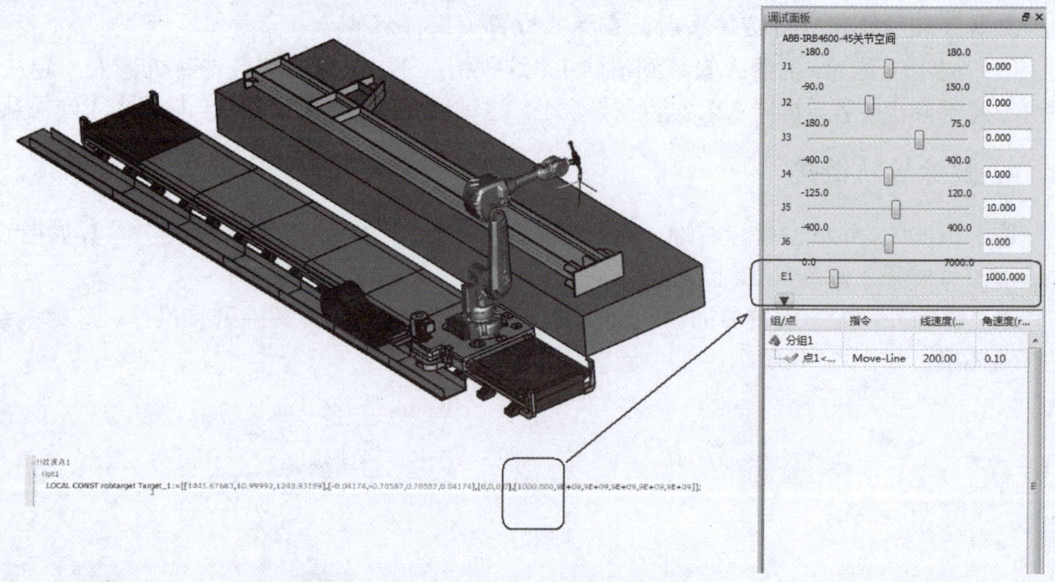

图 6-7　导轨后置示意图

任务实施

导轨与机器人协作

1. 构建含有导轨的智能产线工作站

搭建工作站操作步骤如表 6-1 所示。

表 6-1　搭建工作站操作步骤

步骤	操作内容	图示
步骤 1	单击 PQArt 机器人离线编程软件菜单栏的【机器人编程】，在【文件】模块下单击【工作站】	
步骤 2	通过搜索功能，找到钢结构梁柱焊接工作站，然后单击【插入】	

续表

步骤	操作内容	图示
步骤 3	加载出钢结构梁柱焊接工作站，鼠标左键单击机器人，发现机器人此时只有六个轴，没有外部轴链接	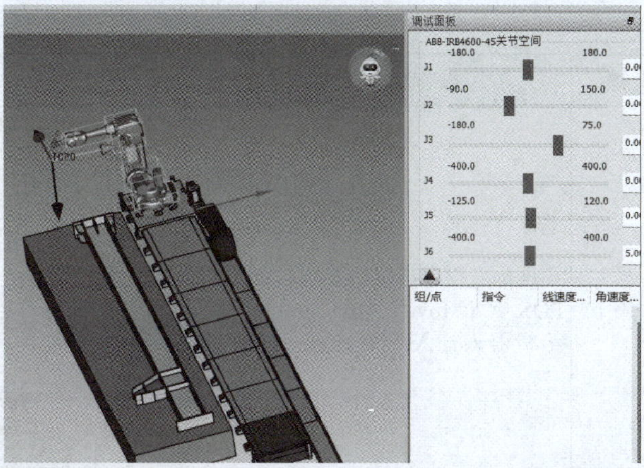
步骤 4	创建导轨外部轴链接。对着机器人单击鼠标右键，在弹出的菜单中选择【创建外部轴链接】。 然后在“链接外部轴”设置界面内设置机器人与导轨同步位置，安装角度设为0°	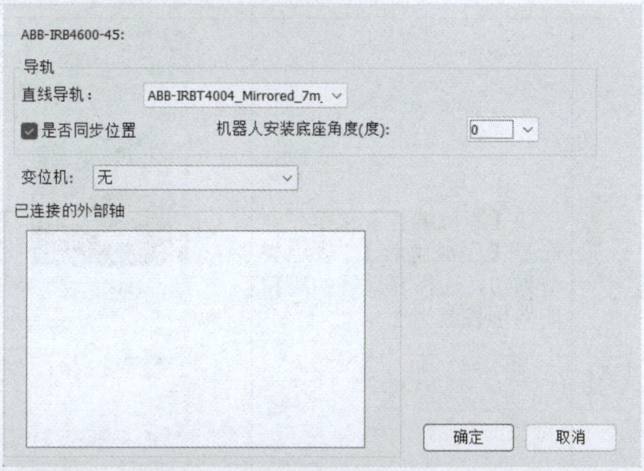
步骤 5	此时鼠标左键单击机器人，发现新增 E1 关节空间，这就是导轨的移动空间	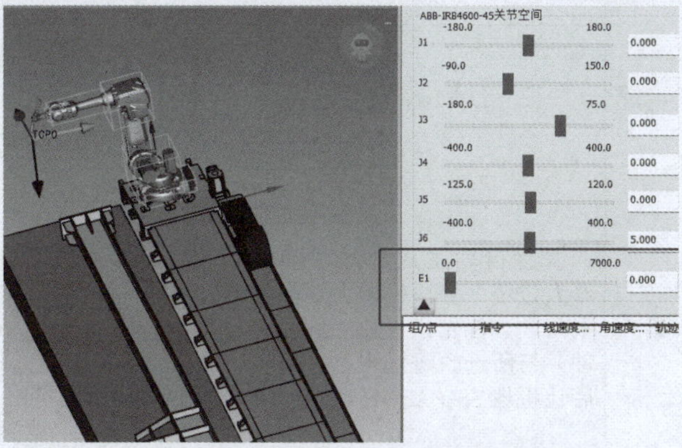

2. 完成钢结构梁柱焊接任务

使用带导轨的机器人，完成钢结构梁柱的三处焊接轨迹规划。要求焊接过程中，焊

枪与梁柱无碰撞。机器人的工作路径主要分为五部分。焊接钢结构梁柱工作轨迹规划步骤如表 6–2 所示。

表 6–2　焊接钢结构梁柱工作轨迹规划步骤

步骤	操作内容	图示
步骤 1	鼠标右键单击机器人，插入 POS 点（Move–AbsJoint），给机器人插入一个 Home 点	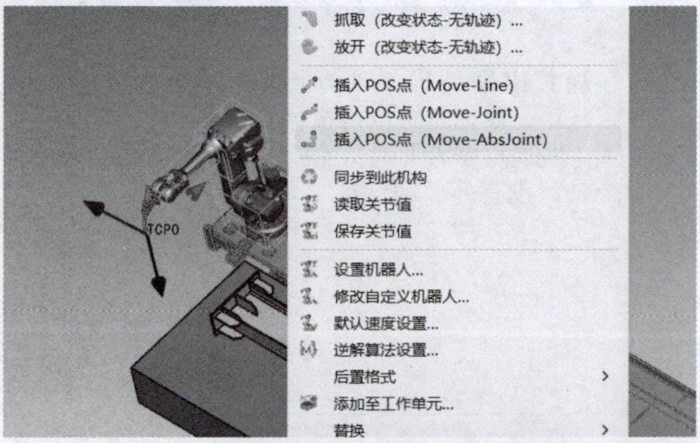
步骤 2	在【基础编程】菜单栏，选择【生成轨迹】。轨迹类型为边，选择好焊缝的线和面，步长改为 2	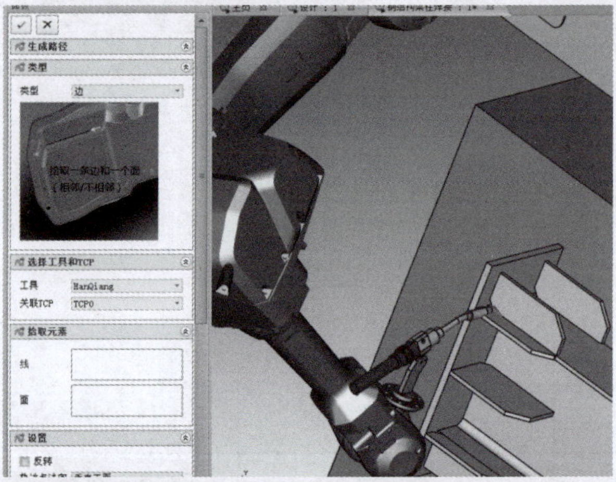
步骤 3	调整自动生成轨迹的机器人位姿，解决机器人轴超限问题。首先让 X 轴（红色轴）与所选轨迹边平行，然后让机器人绕 X 轴转动 30°	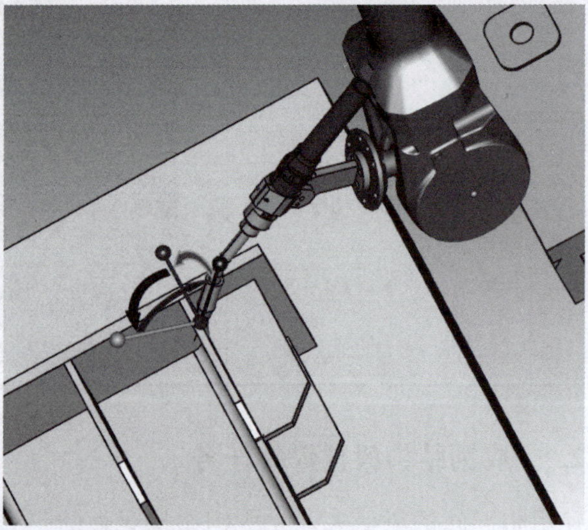

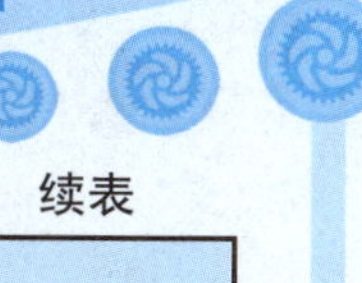

续表

步骤	操作内容	图示
步骤 4	关闭三维球，确定位姿。鼠标右键单击轨迹，添加出入刀点（200 mm）	出入刀点 入刀偏移量 200 入刀指 Move-Joint 出刀偏移量 200 出刀指 Move-Line 确认 取消
步骤 5	编译后，发现没有轴超限，轨迹一切正常。通过复制 Home 点，添加回 Home 点的轨迹	轨迹 Group home(TCP0-Base) 焊缝1(TCP0-Base) home(TCP0-Base) 程序
步骤 6	双击 Home 点，机器人回 Home 点后，拖动 E1 轴，或者在 E1 轴关节数据栏中输入 5000，使机器人随导轨移动到第二个焊缝位置	-400.0 400.0 J6 5.000 0.0 7000.0 E1 5000.00
步骤 7	鼠标右键单击机器人，插入 POS 点(Move-AbsJoint)，修改名称为 Home2，设置为第二个 Home 点	

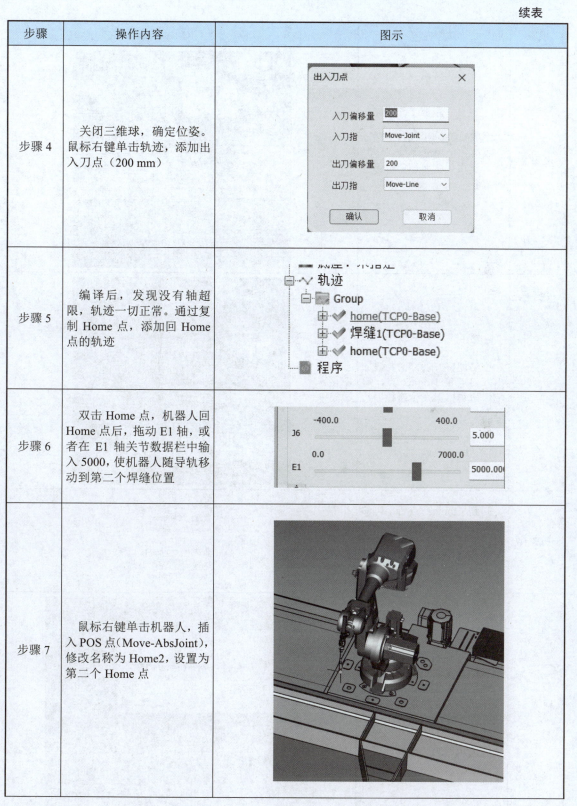

续表

步骤	操作内容	图示
步骤 8	生成轨迹，用“边”类型，完成第二个焊缝焊接。与焊缝 1 类似，需要调整焊缝 2 的位姿	
步骤 9	位姿调整好后，也要增加出入刀点和 Home2 点，避免焊枪与横梁发生碰撞	
步骤 10	回到 Home2 点后，再移动机器人到 E1 为 6300 的位置。鼠标右键单击机器人插入 POS 点（Move-AbsJoint），保存此点为 Home3 点	Group home(TCP0-Base) 焊缝1(TCP0-Base) home(TCP0-Base) home2(TCP0-Base) 轨迹18(TCP0-Base) home2-复制(TCP0-Base) home3(TCP0-Base) 程序
步骤 11	采用同样的方法，完成焊缝 3 的焊接轨迹规划。 注：如果生成轨迹时，出现图示警告，则是拾取元素的线面不在一个零件上。需要将拾取元素中的面删除，更改为边的另一个面即可	警告 所选点、边、面不在同一零件上，请重新选择！ 确定

续表

步骤	操作内容	图示
步骤 12	采用同样的方法调整姿态，增加出入刀点和 Home3 点	
步骤 13	复制 Home 点，使机器人焊接完后回到原点	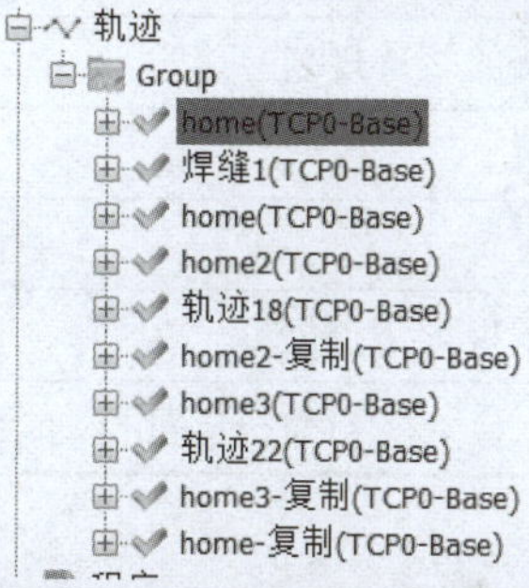
步骤 14	仿真轨迹，并调整轨迹，使其无轴超限点、不可达点或奇异点	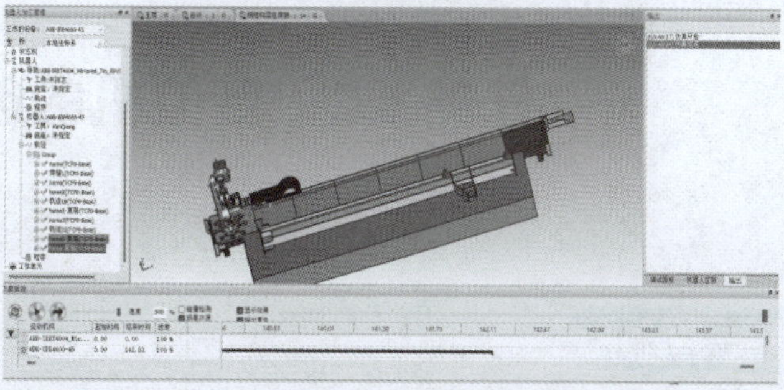
步骤 15	仿真结束，确认轨迹和机器人姿态没有问题后，可将机器人钢结构梁柱焊接轨迹输出动画到云端，复制链接在网页上查看。同时还可以将自己的动画作品分享到作品墙	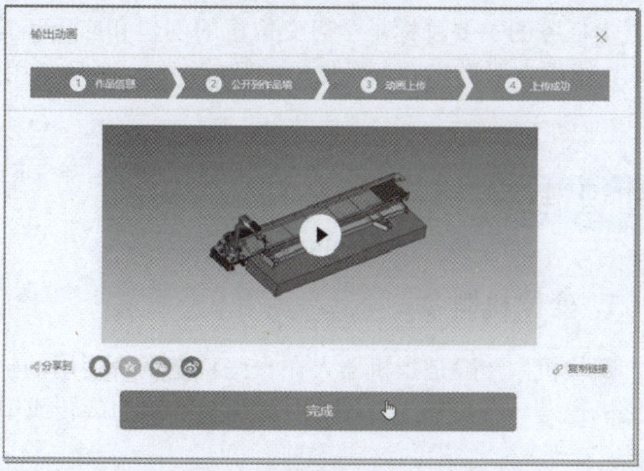

如果时间足够，可以多完成几条焊缝的轨迹规划，提升熟练度。

任务评价

任务评价如表 6-3 所示。

表 6-3　任务评价

序号	评分扣分项	分值	打分	备注
1	了解导轨的概念	10 分		
2	掌握机器人导轨链接、导轨运行、解除链接和导轨后置的方法	20 分		
3	完成含有导轨的智能产线的搭建	20 分		
4	完成梁柱焊接的轨迹规划	30 分		
5	仿真调试轨迹	10 分		
6	综合素养	10 分		
7	仿真调试时出现异常点位	−2 分/处		扣分项
总分				

任务 6.2　变位机的创建与应用

任务分析

本任务的主要目标是学习变位机的创建和应用，首先学习 PQArt 软件中变位机的基础知识，然后学习搭建含有变位机的智能产线，最后运用变位机和机器人共同完成钢管的焊接任务。

知识链接

1. 变位机概念

变位机，一般是指机器人在一些特定场合使用的辅助设备，如图 6-8 所示。广义上讲，变位机也是一种机器人，它也由有几个不等的旋转或平移机构组成，从而拥有数量不等的自由度。

实际工作中，借助变位机额外增加的几个旋转或平移自由度，机器人得以实现理想的加工位置和焊接速度。

变位机可与机器人、焊机配套使用，组成自动焊接中心，也可用于手工作业时的工件变位。工作台回转采用变频器无级调速，调速精度高。遥控盒可实现对工作台的远程操作，也可与操作机、焊接机控制系统相连，实现联动操作。

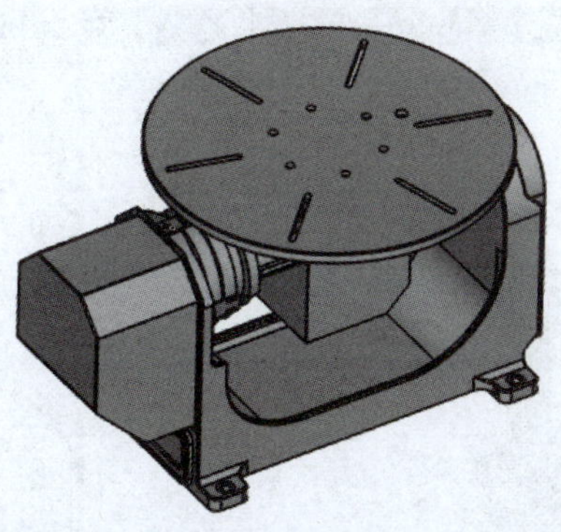

图 6-8　变位机示意图

2. 变位机与机器人的链接

选中机器人，并单击鼠标右键，然后单击右键菜单上的【创建外部轴链接...】，即可展开“链接外部轴”设置界面，从“变位机”下拉菜单选择想要与机器人链接的变位机，然后单击界面中的【确定】按钮，即可创建链接，如图 6-9 所示。

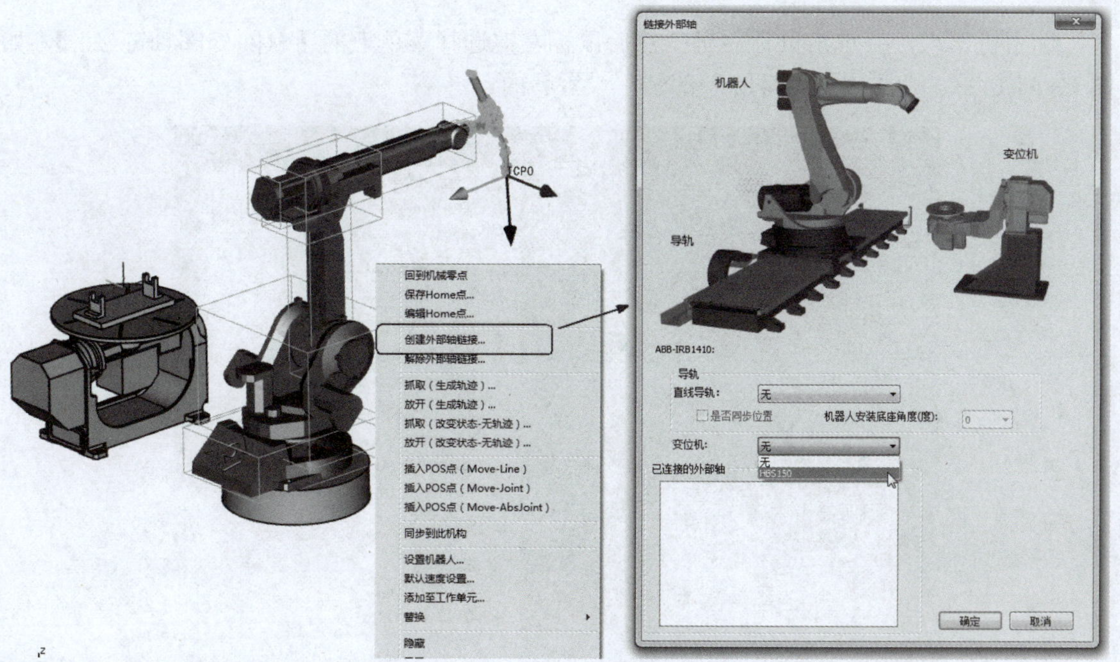
TCP0
回到机械零点
保存Home点...
编辑Home点...
创建外部轴链接...
解除外部轴链接...
抓取（生成轨迹）...
放开（生成轨迹）...
抓取（改变状态-无轨迹）...
放开（改变状态-无轨迹）...
插入POS点（Move-Line）
插入POS点（Move-Joint）
插入POS点（Move-AbsJoint）
同步到此机构
设置机器人...
默认速度设置...
添加至工作单元...
替换
隐藏
链接外部轴
机器人
变位机
导轨
ABB-IRB1410:
导轨
直线导轨：
无
是否同步位置
机器人安装底座角度(度):
0
变位机：
无
无
HBS150
已连接的外部轴
确定
取消

图 6-9　机器人与变位机链接示意图

3. 变位机运行

目前，只能通过拖动已经作为机器人外部轴的关节控件滑块，通过外部轴的滑块滑动（和变位机各个旋转、移动关节的行程相对应），来实现变位机的运动。变位机运行示意图如图 6－10 所示。

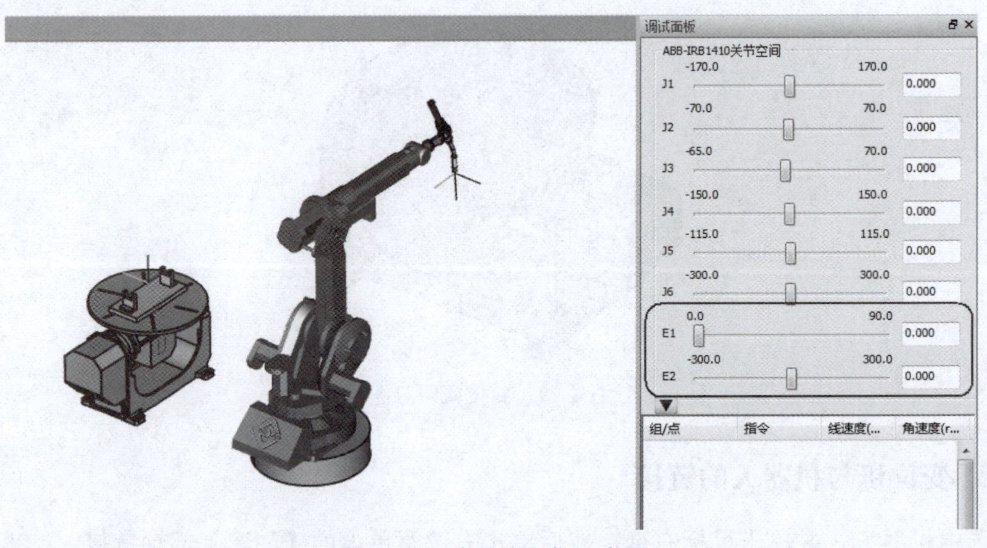

图 6－10 变位机运行示意图

4. 解除变位机链接

选中机器人，并单击鼠标右键，然后鼠标左键选择菜单上的【解除外部轴链接...】，如图 6－11 所示，即可展开“解除外部轴”设置界面。

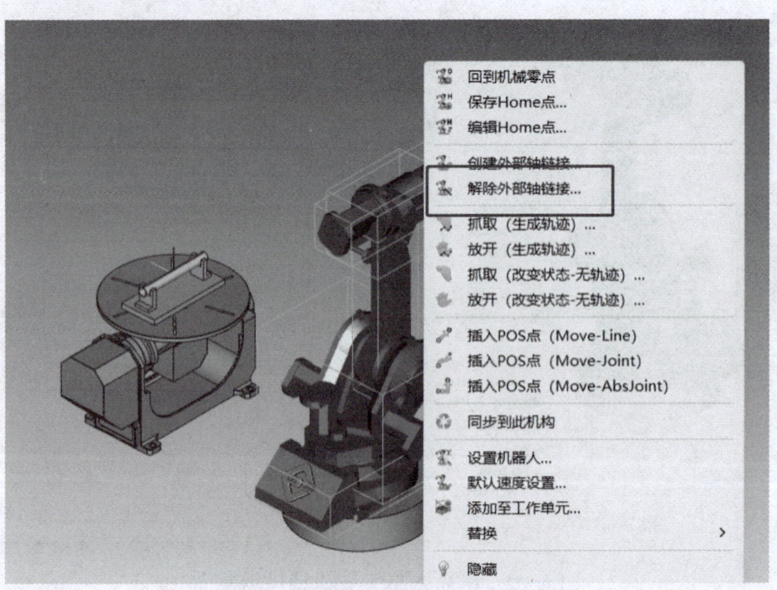

图 6－11 解除变位机链接示意图

在“解除外部轴”设置界面内，可以对已连接的外部轴进行解除链接操作，除掉多余的外部轴链接。图 6－12 所示为外部轴解除链接示意图。

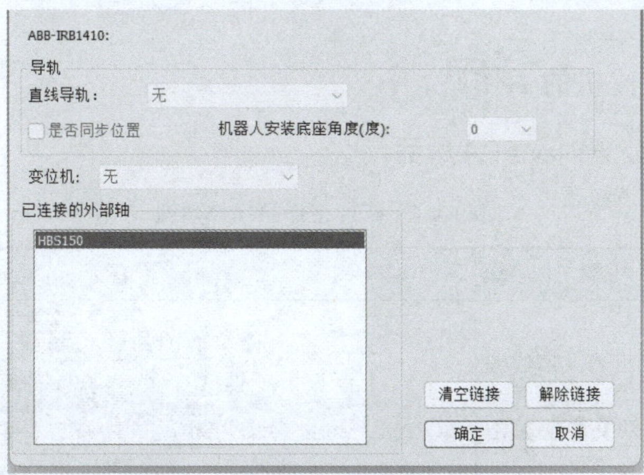

图 6－12 外部轴解除链接示意图

5. 变位机后置

变位机和机器人建立关联后，一方面，实现了机器人通过统一、集中的调试面板来实现对变位机的控制；另一方面，变位机各关节移动或旋转过程中的行程数据，会随着机器人的轨迹后置操作，输出到机器人的后置代码内。

这些变位机的行程数据一般记录在各品牌机器人后置代码行后面预留的六个外部轴数据记录段的位置，如图 6－13 所示。变位机数据具体占据六位预留位置中的哪几位，在创建链接时就已经确定了。

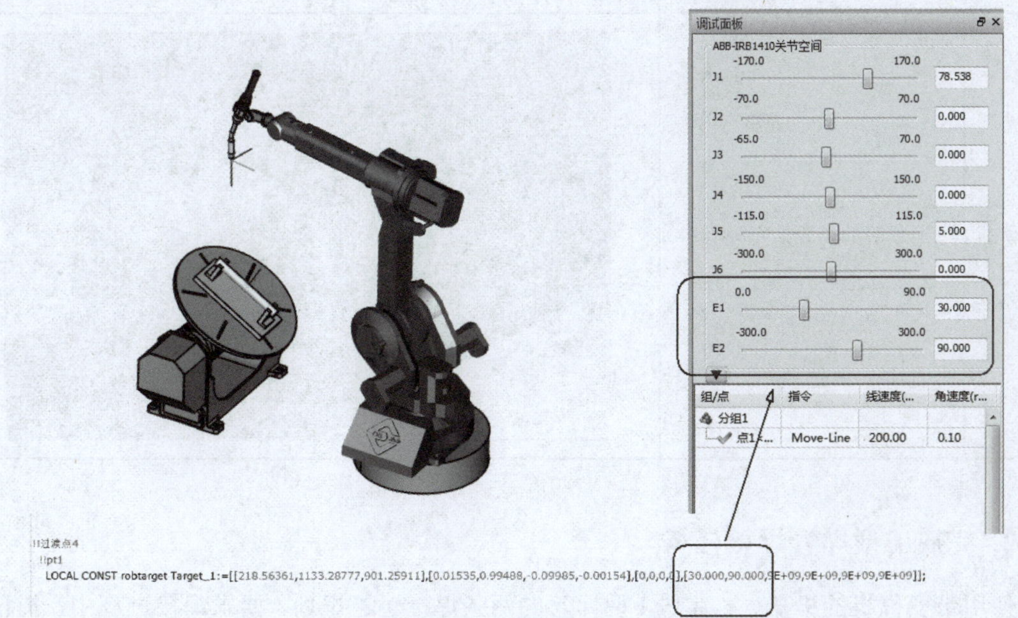

图 6－13 变位机后置示意图

任务实施

1. 构建含有变位机的工作站

搭建工作站操作步骤如表 6－4 所示。

表 6－4　搭建工作站操作步骤

步骤	操作内容	图示
步骤 1	单击 PQArt 机器人离线编程软件菜单栏的【机器人编程】，在【文件】模块单击【工作站】	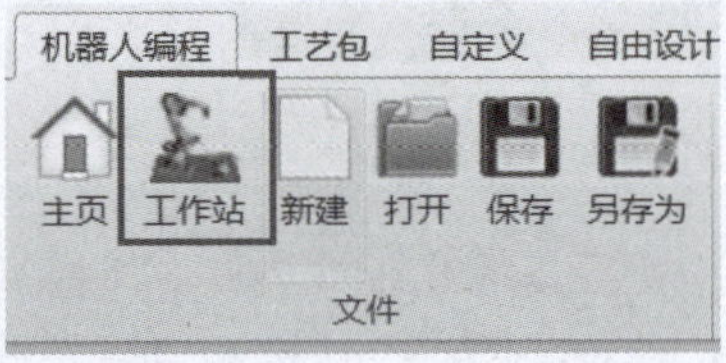
步骤 2	通过搜索功能，找到 I 型焊管焊接工作站，然后单击【插入】	
步骤 3	下载后的场景如右图所示	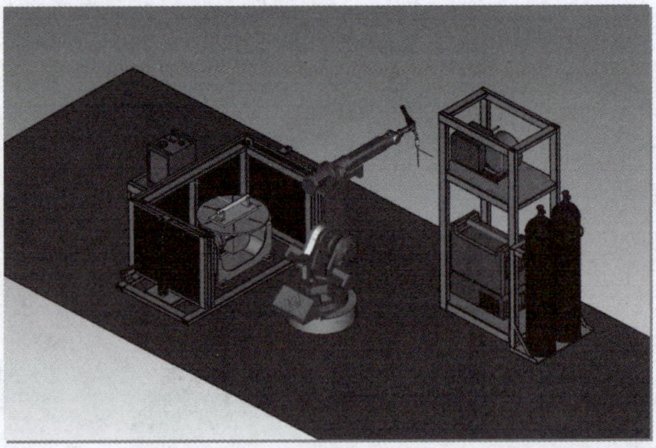

2. 完成 I 型焊管焊接任务

使用带变位机的机器人，完成 I 型焊管的两条焊接轨迹规划。要求焊接过程中，焊枪与设备、焊管无碰撞。机器人的工作路径主要分为五部分。

（1）机器人与变位机创建链接；

（2）机器人插入 Home 点；

（3）生成第一条焊接轨迹；

（4）生成第二条焊接轨迹；

（5）机器人回到 Home 点。

I 型焊管焊接工作轨迹规划步骤如表 6－5。

表 6－5　I 型焊管焊接工作轨迹规划步骤

步骤	操作内容	图示
步骤 1	鼠标右键单击机器人，插入 POS 点（Move－AbsJoint），给机器人插入一个 Home 点	
步骤 2	机器人绕 1 轴旋转 90°，即机器人的 J1 调到 90°	
步骤 3	同时修改变位机的 J1 轴角度值为 25°，J2 轴角度值为 90°	

续表

步骤	操作内容	图示
步骤 4	单击机器人，用轨迹类型“边”生成焊接轨迹，步长为 2 mm	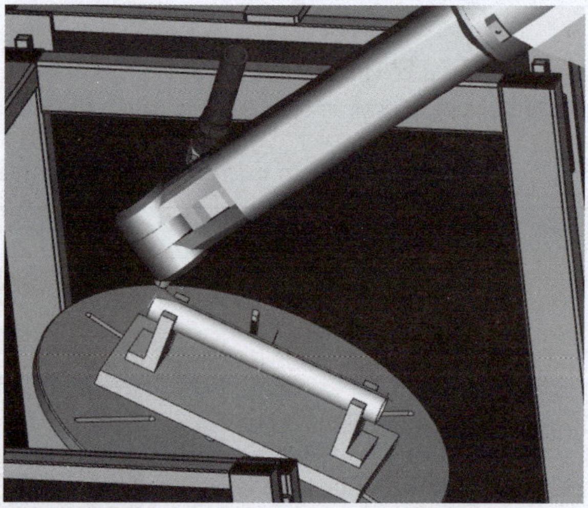
步骤 5	鼠标右键单击轨迹，设置出入刀偏移量，修改出入刀偏移量为 100	
步骤 6	再让机器人和变位机也回原点，调整机器人 1 轴为 90°。插入 POS 点（Move-AbsJoint），设置为机器人过渡点	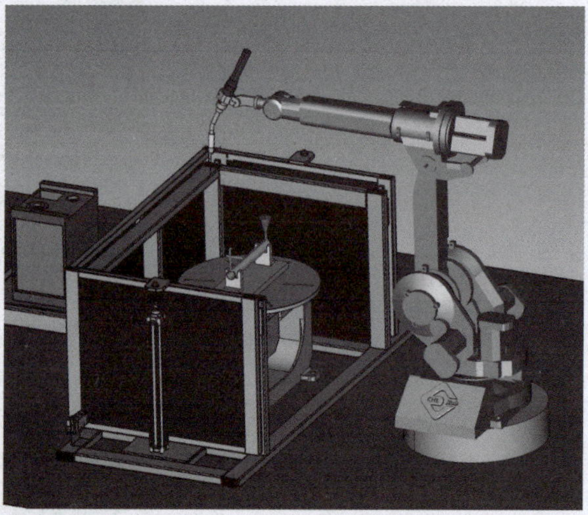

续表

步骤	操作内容	图示
步骤 7	生成轨迹，用“边”类型，选择第二条焊缝焊接	
步骤 8	鼠标右键单击焊缝 2 的轨迹，选择统一位姿调整位姿，使轨迹不再轴超限。然后关闭三维球。设置出入刀偏移量为 100	
步骤 9	复制“home2”点和“home”点，让机器人和变位机焊接结束后可以顺利回到原点	机器人 机器人:ABB-IRB1410 工具：HanQiang 底座：Seat 轨迹 Group home(TCP0-Base) 焊缝1(TCP0-Base) home2(TCP0-Base) 焊缝2(TCP0-Base) home2-复制(TCP0-Base) home-复制(TCP0-Base) 程序

续表

步骤	操作内容	图示
步骤 10	仿真调试。仿真调试轨迹，确保无不可达点、轴超限点及奇异点	
步骤 11	保存工作站。将机器人 I 型焊管焊接轨迹输出动画到云端，复制链接在网页上查看。同时还可以将自己的动画作品分享到作品墙	

任务评价

任务评价如表 6-6 所示。

表 6-6　任务评价

序号	评分扣分项	分值	打分	备注
1	了解变位机的概念	10 分		
2	掌握变位机与机器人链接、变位机运行、解除链接和后置的方法	20 分		
3	完成含有变位机的智能产线的搭建	20 分		
4	完成 I 型焊管焊接的轨迹规划	30 分		
5	仿真调试轨迹	10 分		
6	综合素养	10 分		
7	仿真调试时出现异常点位	-2 分/处		扣分项
总分				

项目七 综合实训

项目引入

通过前几个项目掌握 PQArt 所有基础知识后，本项目将综合应用所有知识，完成 CHL－KH11（ABB）自动化生产线流程仿真任务。该任务对接工业机器人集成应用 1＋X 证书考核，对接省级国家级高职院校技能大赛机器人系统集成赛项。通过完成 CHL－KH11（ABB）自动化生产线搭建、取放轮毂等一系列任务，学生可熟练掌握 PQArt 这款软件，为未来求职发展、职业规划打下坚实基础。

项目目标

知识目标：认识 CHL－KH11（ABB）各生产设备；认识 CHL－KH11（ABB）自动化生产线工艺流程；掌握 CHL－KH11（ABB）自动化生产线布局；掌握机器人与导轨之间的 IO 事件设置。

技能目标：会搭建 CHL－KH11（ABB）自动化生产线；会用机器人安装、卸载工具；会使用机器人完成轮毂取放等工作；会推出仓储托盘；会对 CHL－KH11（ABB）自动化生产线进行仿真调试。

素质目标：培养好学的学习态度；培养刻苦钻研的精神；培养善于沟通交流、团队协作的能力；加强智能产线虚拟构建的理念。

思政目标：工匠精神、精益求精。

任务　CHL－KH11（ABB）自动化生产线流程仿真

任务分析

1. 任务介绍

1）工作站搭建

打开“CHL－KH11（ABB）智能制造单元系统集成应用平台中级”工作站，并以执行单元为基准按照图 7－1 所示布局工作站。

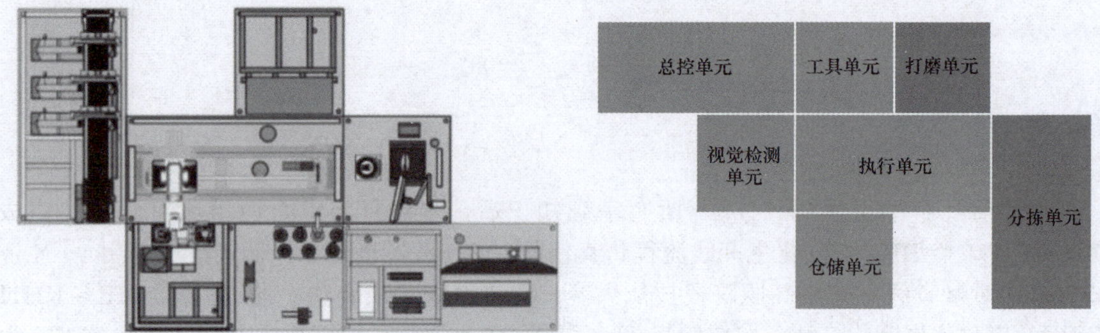

图 7－1　工作站布局示意图

2）离线编程

（1）手动调节工业机器人随导轨运动至便于安装工具的位置，基于当前工作站布局离线编写程序并进行仿真，实现工业机器人由 Home 点［导轨 400，机器人（0，－30，30，0，90，0）］位姿运动至工具单元（导轨－320），抓取夹爪工具，然后抓取 6 号轮毂。

（2）通过导轨将机器人运动至打磨位（导轨 400），机器人将 6 号轮毂放置打磨工台，机器人回工具单位位置（导轨－320），换取打磨工具。

（3）完成 6 号轮毂两边打磨，打磨外圆。

（4）机器人放回打磨工具，回 Home 点。

2. 提示及要求

（1）导轨的起始位置和轮毂打磨位置为：400 mm，导轨抓放工具位置为：－320 mm。

（2）机器人运动前，要通知导轨，导轨就位后，要反馈给机器人。

（3）依据加工的需要，可以借助翻转工位，通过夹紧、升降、旋转、松开，使轮毂在打磨工位和旋转工位上来回搬动。

（4）打磨转台的撑紧机构和打磨工台的夹紧机构，是对放入的轮毂进行夹持的，确保轮毂打磨加工过程中的稳固性，如图 7－2 所示。非工作状态为松弛放开状态（“打磨转台”工位通过气缸外撑来固定轮毂，“打磨工台”工位通过气缸夹紧来固定轮毂）。

图 7－2　打磨设备示意图

（左边的是“打磨工台”，右边的是“打磨转台”）

（5）轮毂两侧端面因凹槽分成了三个断面，因此需要制作三段轨迹，轨迹的点步长为 2 mm，每段轨迹都需要添加出入刀高度为 100 mm。

（6）确保机器人在仿真运动时无碰撞，无不可达点、奇异点和轴超限出现，仿真过程中，不允许出现机器人和导轨联动运行的现象。

任务实施

1. 搭建 CHL－KH11（ABB）自动化生产线

CHL－KH11（ABB）自动化生产线

搭建自动化生产线步骤如表 7－1 所示。

表 7－1　搭建自动化生产线步骤

步骤	操作内容	图示
步骤 1	打开软件，单击【新建】	新建

续表

步骤	操作内容	图示
步骤 2	选择菜单栏【文件】模块，找到【工作站】，在【工作站】中选择【示例】，找到 CHL－KH11（ABB）进行工作台搭建，单击【插入】（下载）	
步骤 3	待绘图区下方进度条加载到 100%	
步骤 4	加载完成后，工作站出现在绘图区，导入成功	
步骤 5	导入工作站后，点开工作单元，先将用不到的单元隐藏，选择要隐藏的【SCARA 机器人单元】、【压装单元】和【数控加工单元】，单击鼠标右键打开菜单进行隐藏	
步骤 6	隐藏完成后，在【工作单元】中单击要移动的单元，或是选择要移动的单元的部件再次选择【整体】图标，来将要移动的整体全部选中	

续表

步骤	操作内容	图示
步骤 7	选中整体后，在工具栏中找到【三维球】或按【F10】键快速打开	
步骤 8	将三维球打开后，如果三维球并不在需要的位置，使用空格键将三维球变成白色，选择【到点】，鼠标左键单击需要放的位置进行放置，再次单击空格键取消定义三维球，使三维球变成彩色	
步骤 9	选择【三维球】，拖动坐标轴或旋转箭头，来定义距离或角度，摆放到需要的姿态，鼠标右键单击三维球选择【到点】，选择【对齐点】，完成后再次单击三维球，或按【F10】键取消三维球	
步骤 10	完成所有单元的摆放后，工作站搭建完成	

2. 轨迹规划

1）初始化

初始化操作步骤如表 7-2 所示。

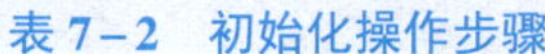

表 7－2　初始化操作步骤

步骤	操作内容	图示
步骤 1	首先定义初始姿态，将机器人姿态修改为默认值（0，－30，30，0，90，0），作为初始姿态	
步骤 2	鼠标右键选中机器人，左键打开属性，右键选择【保存 Home 点】，修改名称为“Home”，选择“添加”，完成后单击【关闭】按钮	
步骤 3	鼠标选择机器人导轨，将机器人移动至初始位置	
步骤 4	定义机器人及导轨初始姿态轨迹，鼠标右键单击机器人，选择【插入 POS 点（Move-Absjoint）】。同理，导轨也是一样的操作，鼠标右键单击导轨，选择【插入 POS 点（Move-AbsJoint）】	
步骤 5	定义轨迹名称，以便后续保存或查找，鼠标左键点开【机器人】，继续打开【机器人：ABB－IRB120】，打开【轨迹】，选择【Group】文档，修改名称为【Robot】。同理，【导轨：机器人导轨（1P）】名称修改为【SlideRai1】	

续表

步骤	操作内容	图示
步骤 6	修改机器人及轨道【过渡点】名称，以便自己清晰认识刚刚建立的点位，按【机器人】/【机器人：ABB－IRB120】/【轨迹】/【Robot】顺序选择【过渡点】，通过鼠标右键菜单的【重命名】修改名称，改为【机器人原点】，同理，通过【机器人】/【导轨：机器人导轨（1P）】/【轨迹】/【SlideRail1】修改【过渡点】名称为【导轨原点】	

2）取工具（夹爪）

取工具夹爪操作步骤如表 7－3 所示。

表 7－3　取工具夹爪操作步骤

步骤	操作内容	图示
步骤 1	初始化完成后，打开轨迹中【Robot】文档，选择刚刚建立和修改的【机器人原点（TCP0-Base）】	
步骤 2	单击【机器人原点】，在右边【调试面板中】选择【点】，鼠标右键选择【添加仿真事件...】	

续表

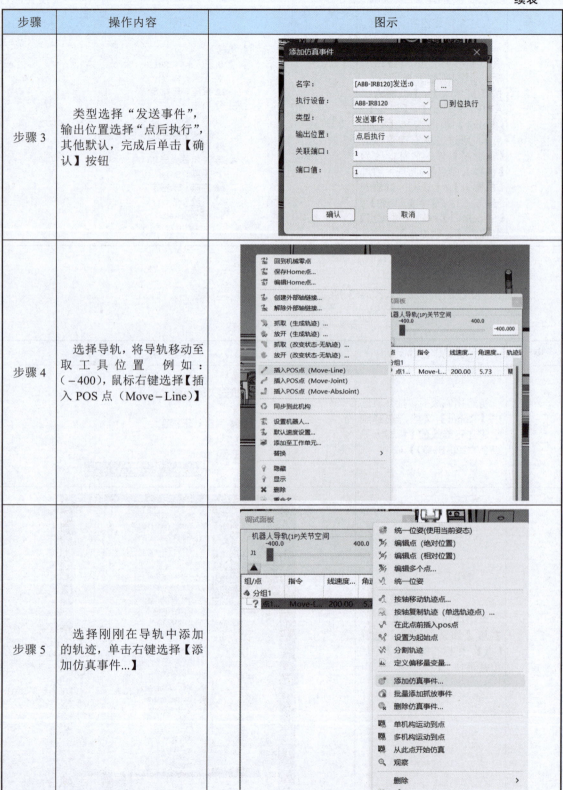

步骤	操作内容	图示
步骤 3	类型选择“发送事件”，输出位置选择“点后执行”，其他默认，完成后单击【确认】按钮	
步骤 4	选择导轨，将导轨移动至取工具位置 例如：(–400)，鼠标右键选择【插入 POS 点（Move–Line)】	
步骤 5	选择刚刚在导轨中添加的轨迹，单击右键选择【添加仿真事件...】	

续表

步骤	操作内容	图示
步骤 6	类型改为“等待事件”，输出位置改为“点前执行”，其他默认，完成后单击【确认】按钮	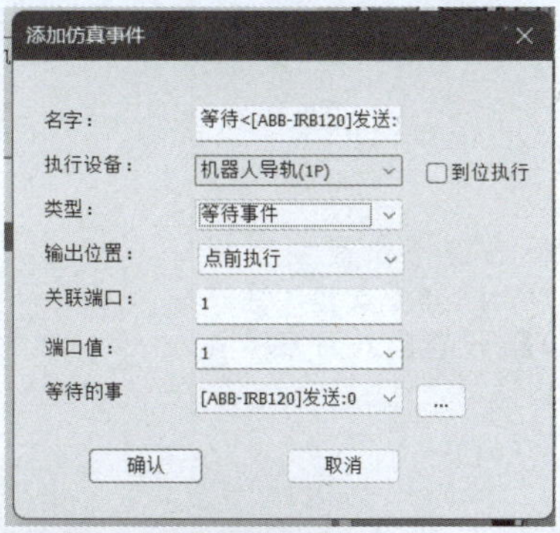
步骤 7	再次单击上个点，类型改为【发送事件】，输出位置为【点后执行】，单击【确认】按钮退出	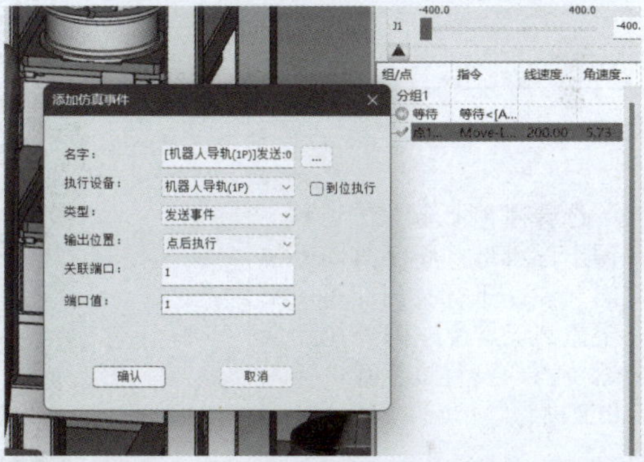
步骤 8	导轨移动至取工具位置，单击机器人插入 POS 点，在此点添加“等待事件”，选择“点前执行”，其他默认，完成后单击【确认】按钮	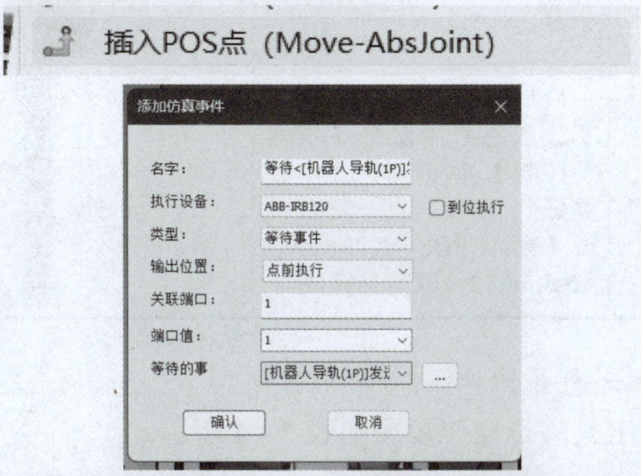
步骤 9	选择机器人前端工具，单击三维球或【F10】键，选择需要安装的工具，根据需要调整六轴角度，完成后，鼠标右键单击三维球，单击【到中心点】，选择需要安装的工具，完成后关闭三维球或再次按【F10】键	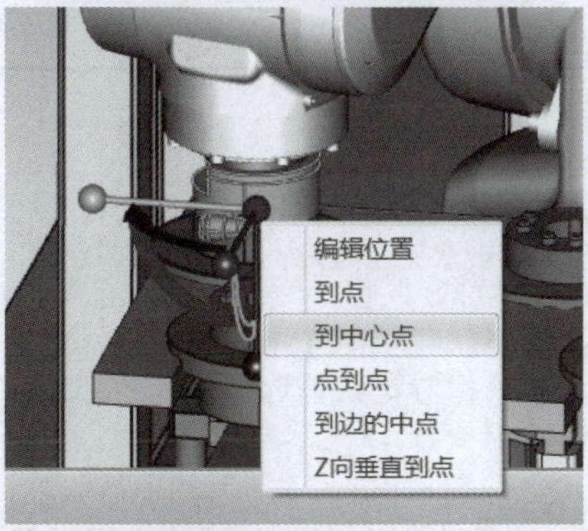

续表

步骤	操作内容	图示
步骤 10	鼠标右键单击需要安装的工具，选择【安装（生成轨迹）】，设置出入刀偏移量为 20	
步骤 11	选择刚刚抓起来的工具，调出三维球，将工具向外拉出（注：平行拉出即可，不要撞到工具台），向外拉到合适位置，设置过渡点，插入 POS 点（Move－Line）	
步骤 12	最后回到 Home 点，在右边状态栏中选择【机器人控制】，单击初始化中设置好的 Home 点，然后单击【插入 POS 点（Move-AbsJoint）】，取工具完成	

3）轮毂推出

取工具夹爪操作步骤如表 7－4 所示。

表 7－4　取工具夹爪操作步骤

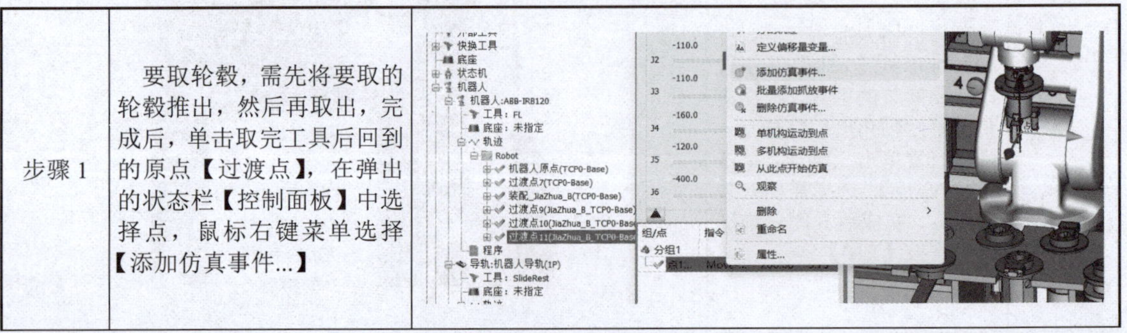

步骤 1	要取轮毂，需先将要取的轮毂推出，然后再取出，完成后，单击取完工具后回到的原点【过渡点】，在弹出的状态栏【控制面板】中选择点，鼠标右键菜单选择【添加仿真事件...】	

续表

步骤	操作内容	图示
步骤 2	在“添加仿真事件”对话框中，执行设备选择“仓储-托盘 6”并确认，数字为要取出轮毂号的托盘，类型改为“抓取事件”，输出位置改为“点后执行”，关联设备改为需要取出的轮毂，如“轮毂 6”，完成后单击【确认】按钮	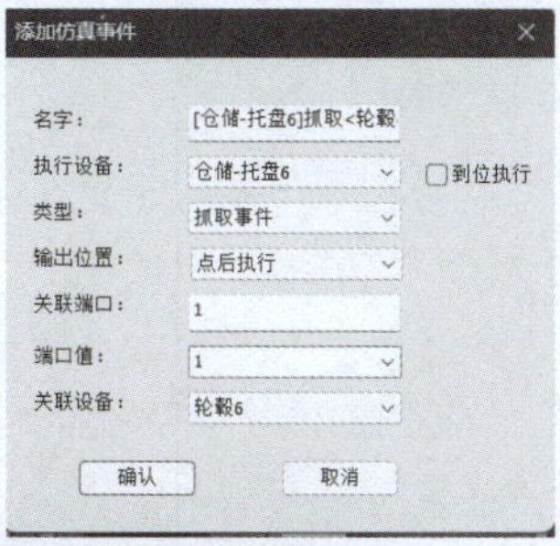
步骤 3	再次选择刚刚使用的点，添加仿真事件，将类型改为“自定义事件”，输出位置为“点后执行”，模板名字改为“仓储-托盘 6：伸出”，单击【确认】按钮即可	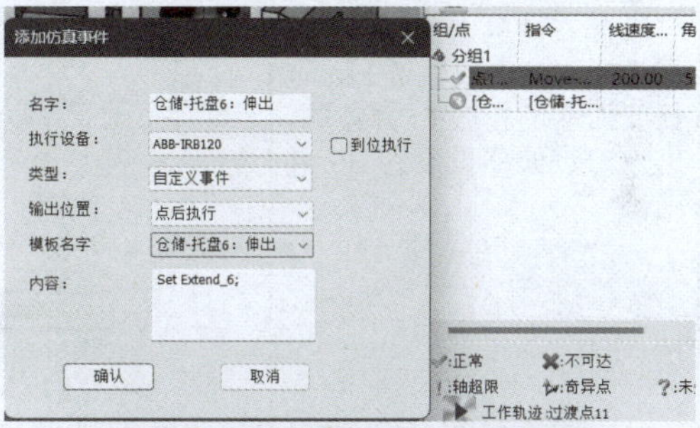
步骤 4	继续选择刚刚使用的点，添加仿真事件，执行设备改为“仓储-托盘 6”，类型改为“放开事件”，输出位置改为“点后执行”，关联设备为需要放开的轮毂“轮毂 6”，单击【确认】按钮退出	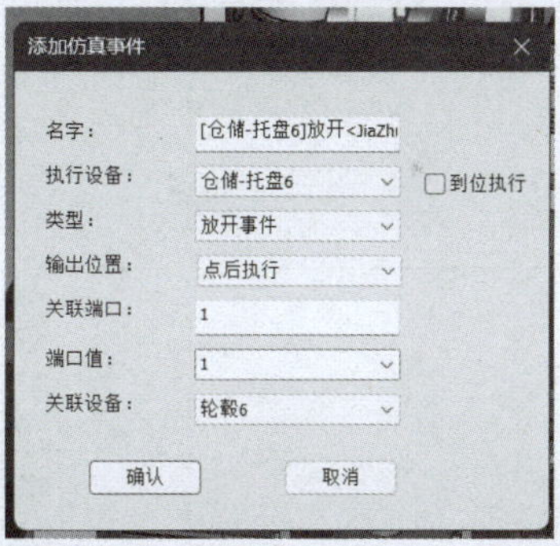

4）取轮毂

取轮毂步骤如表 7-5 所示。

表 7-5 取轮毂步骤

步骤	操作内容	图示
步骤 1	注意取轮毂的正反面，有专用夹爪，根据需要，选择正确的夹具，选择工具并将工具定位到轮毂中心，调整位置、姿态，将工具下调至轮毂夹紧位置，关闭三维球或按【F10】键关闭	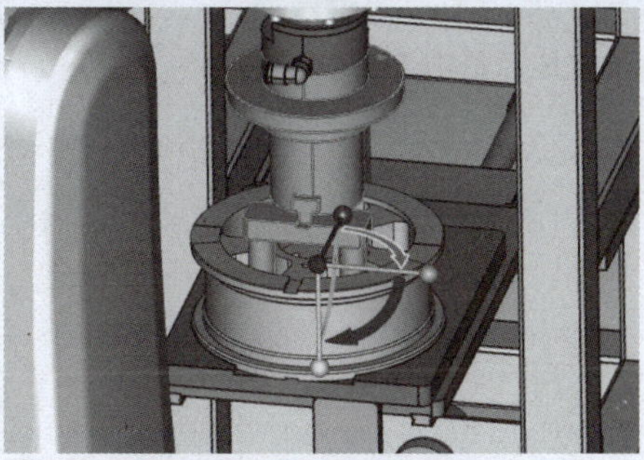

续表

步骤	操作内容	图示
步骤 2	鼠标右键单击机器人，选择【抓取（生成轨迹）】，选择要抓取的轮毂 6，并添加，出入刀点偏移量设为 30 并确认	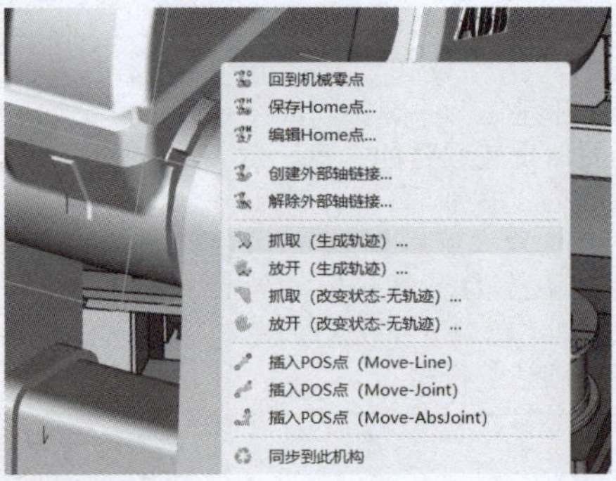 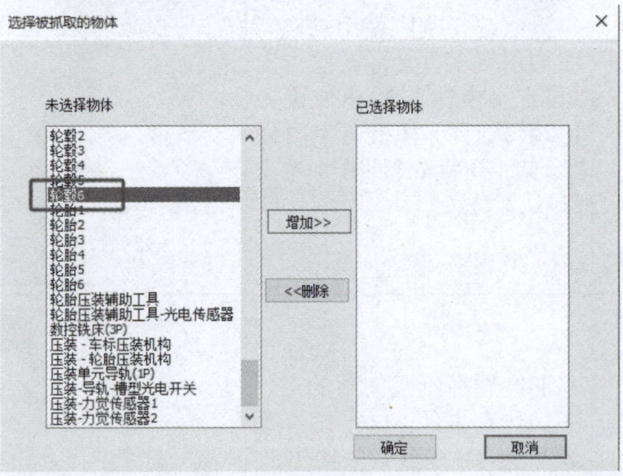
步骤 3	在刚刚设置的抓取轨迹中，选择结束点，单击【添加仿真事件…】来将托盘收回，将类型改为“自定义事件”，输出位置改为“点后执行”，模板名字改为“仓储－托盘 6：缩回”选择托盘，完成后单击【确认】按钮	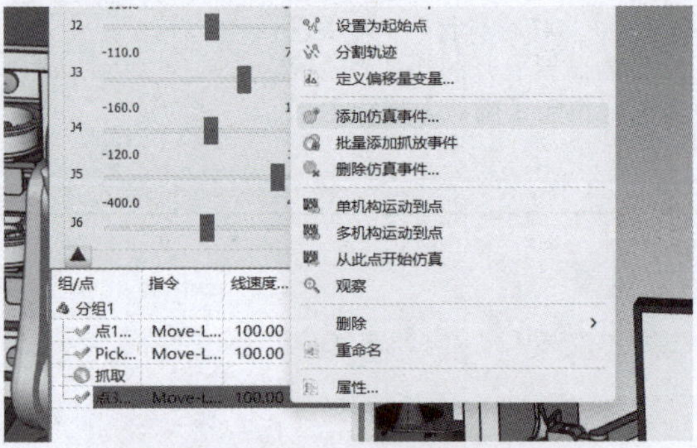 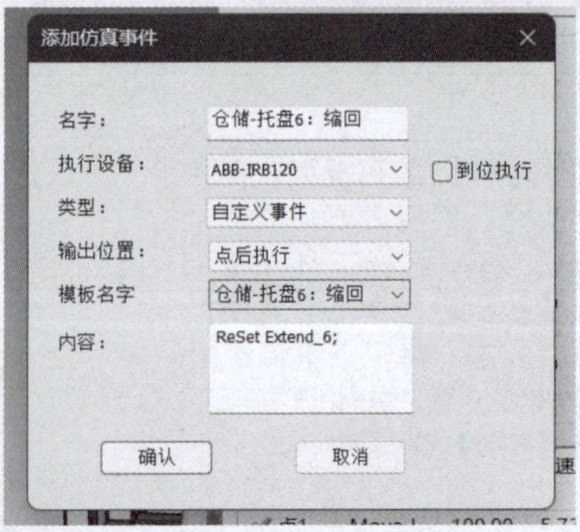

续表

步骤	操作内容	图示
步骤 4	最后回到 Home 点即可，在【机器人控制】中选择创建的“home”，单击机器人插入 POS 点（Move－AbsJoint），轮毂取出完成	

5）放轮毂

放轮毂步骤如表 7－6 所示。

表 7－6　放轮毂步骤

步骤	操作内容	图示
步骤 1	放轮毂操作和取轮毂操作相差不大，只是将【抓取（生成轨迹）】改成【放开（生成轨迹）】，首先将机器人移动到放轮毂的位置，添加发送事件，告知导轨，取完轮毂了	
步骤 2	将导轨拖动至合适位置，添加插入 POS 点，在新建立的点上添加“等待事件” 输出位置改为“点前执行”。添加完毕之后再继续添加“发送事件”，告知机器人已经到位置了，输出位置为“点后执行”	

续表

步骤	操作内容	图示
步骤 2	将导轨拖动至合适位置，添加插入 POS 点，在新建立的点上添加等待事件。 输出位置改为“点前执行”。添加完毕之后再继续添加发送事件，告知机器人已经到位，输出位置改为“点后执行”	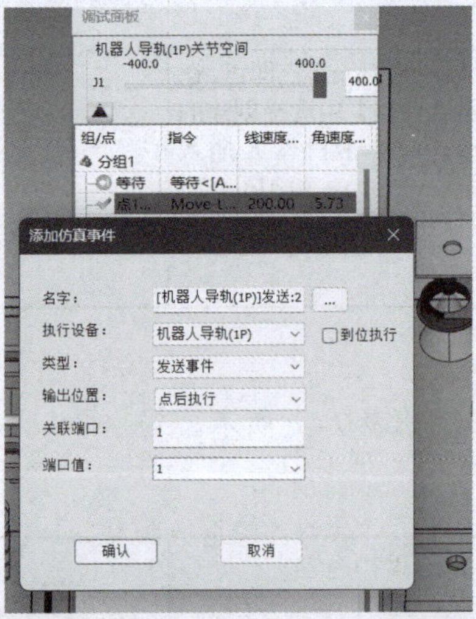
步骤 3	移动完成后，单击机器人建立一个【插入 POS 点(Move－AbsJoint)】，继续打开这个点，添加等待事件，输出位置改为“点前执行”	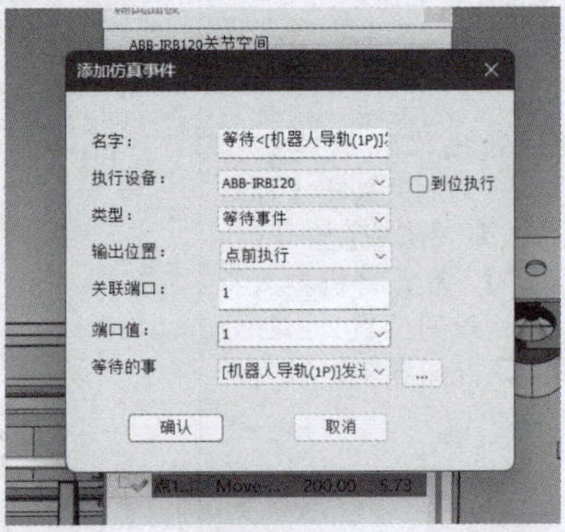
步骤 4	选择机器人抓取的轮毂，打开三维球或按【F10】键，鼠标右键选择【到中心点】，选择需要防止的工位，打磨或旋转工位，调整位姿后，单击工位边，关闭三维球，或按【F10】键	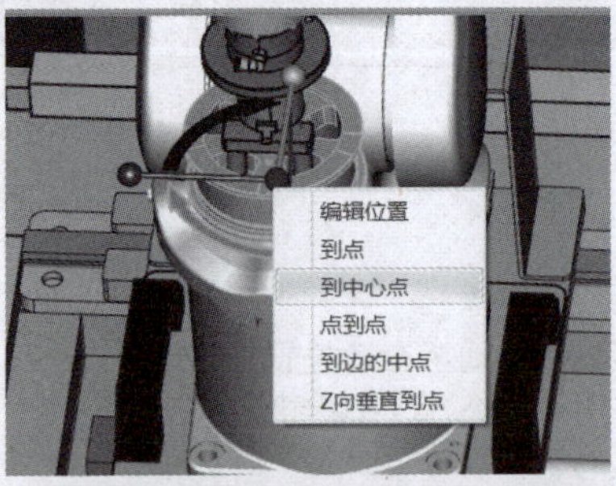 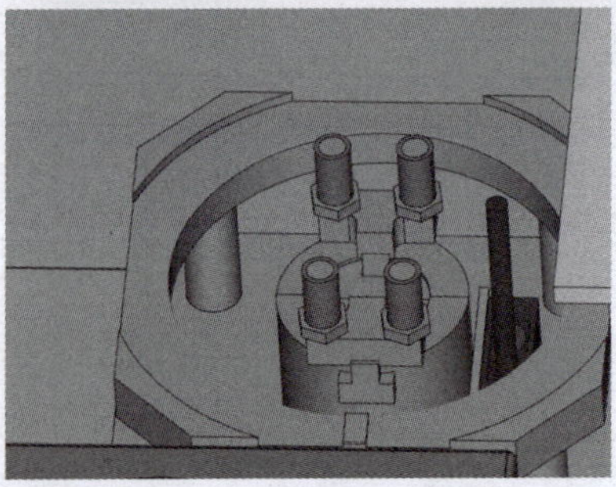

续表

步骤	操作内容	图示
步骤 5	鼠标右键选择机器人，选择【放开（生成轨迹）】，选择所要抓取的轮毂并添加，确认并选择出入刀量，输入 30 或更大值	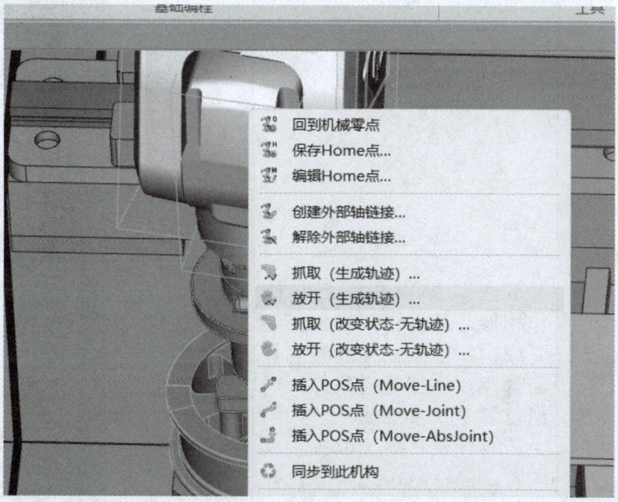
步骤 6	最后回到 Home 点即可，在【机器人控制】中选择创建的“home”，单击机器人插入 POS 点（Move－AbsJoint），放轮毂完成	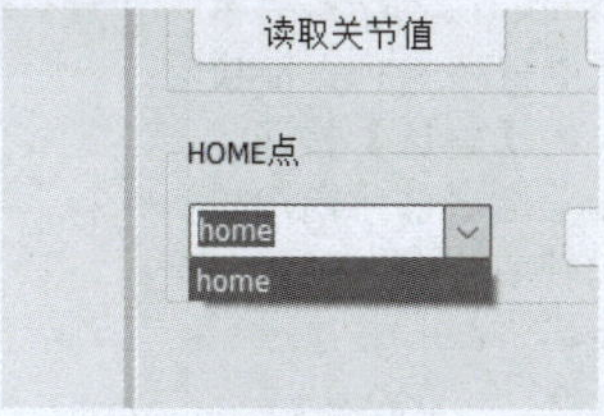

6）放工具

放工具步骤如表 7－7 所示。

表 7－7　放工具步骤

步骤	操作内容	图示
步骤 1	放工具操作和取工具操作相似，首先告知导轨已经完成，单击 Home【过渡点】，选择点，添加发送事件，输出位置为“点后执行”。同上，将导轨移动至取放工具位置，鼠标右击选择导轨并插入 POS 点（Move－Line），选择并在点中添加等待事件，输出位置改为“点前执行”并单击【确认】按钮，继续添加发送事件，告知机器人已经到达，输出位置改为“点后执行”	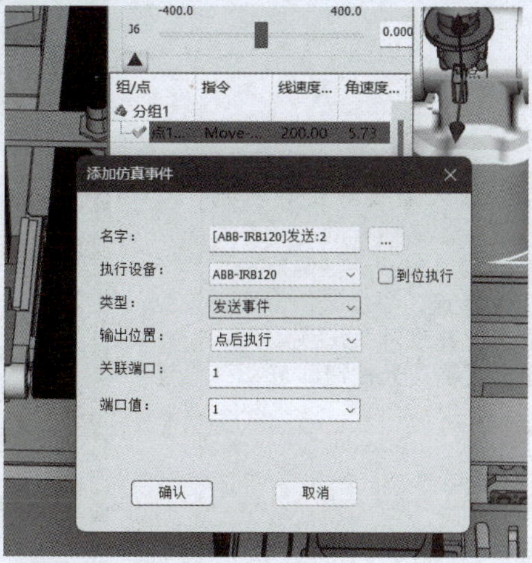

续表

步骤	操作内容	图示
步骤 1	放工具操作和取工具操作相似，首先告知导轨已经完成，单击 Home【过渡点】，选择点，添加发送事件，输出位置为“点后执行”。同上，将导轨移动至取放工具位置，鼠标右击选择导轨并插入 POS 点（Move－Line），选择并在点中添加等待事件，输出位置改为“点前执行”并单击【确认】按钮，继续添加发送事件，告知机器人已经到达，输出位置改为“点后执行”	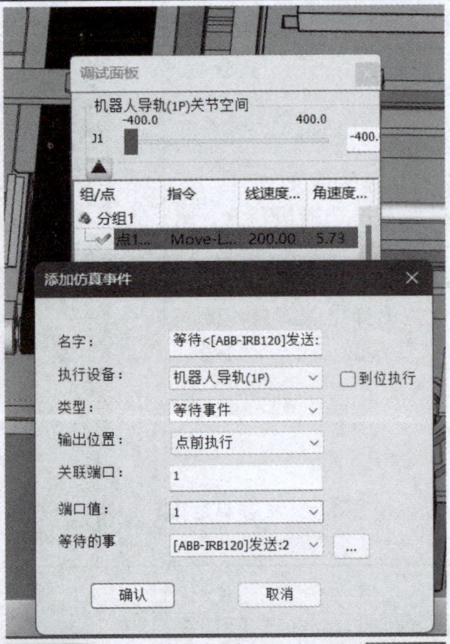 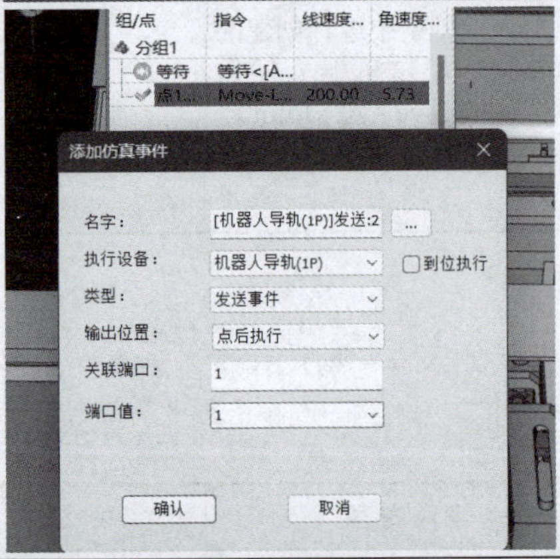
步骤 2	机器人需要等待导轨到达信号，鼠标右键选择添加 POS 点（Move－AbsJoint）并选择点，添加等待事件，输出位置改为“点后执行”，单击【确认】按钮即可	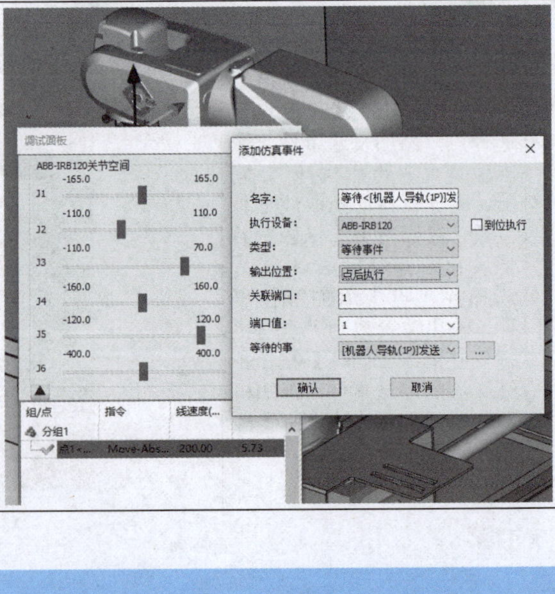

续表

步骤	操作内容	图示
步骤 3	因为放工具和取工具的过渡点是一样的，只是步骤相反，所以可以选择之前的轨迹点，复制过来即可。在机器人轨迹中，双击过渡点查找，找到取工具后对过渡点单击鼠标右键，选择【复制轨迹】	
步骤 4	过渡点设好了，剩下的就是将工具移动至工具栏，选择工具并卸载即可。选择工具，打开三维球或按【F10】键，将工具固定至工具栏中，鼠标右键单击工具，选择【卸载（生成轨迹）】，出入刀点偏移量设置为 20 即可	
步骤 5	最后回到 Home 点即可，在【机器人控制】中选择创建的“home”，单击机器人插入 POS 点（Move-AbsJoint），放工具完成	

7）回原点

回原点步骤如表 7－8 所示。

表 7－8　回原点步骤

步骤	操作内容	图示
步骤 1	最后所有动作完成后，需将机器人移动至最左侧（400）位置，姿态回到最基础的（0.－30.30.0.90.0）即可完成	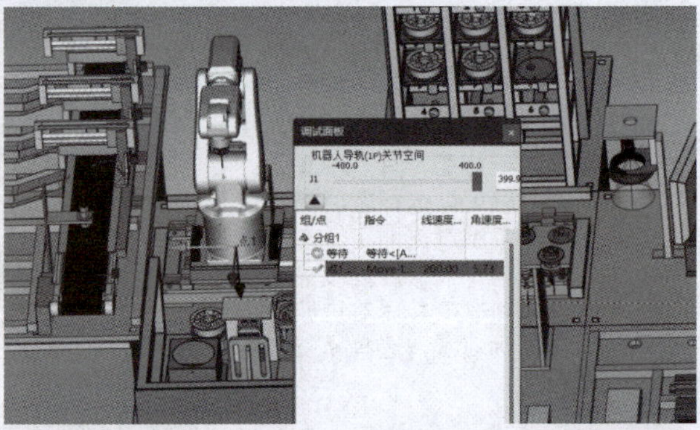
步骤 2	首先机器人告知导轨动作完成，添加发送事件，导轨需要一个接收信号，且将导轨移动至最初位置，只需添加等待事件即可结束	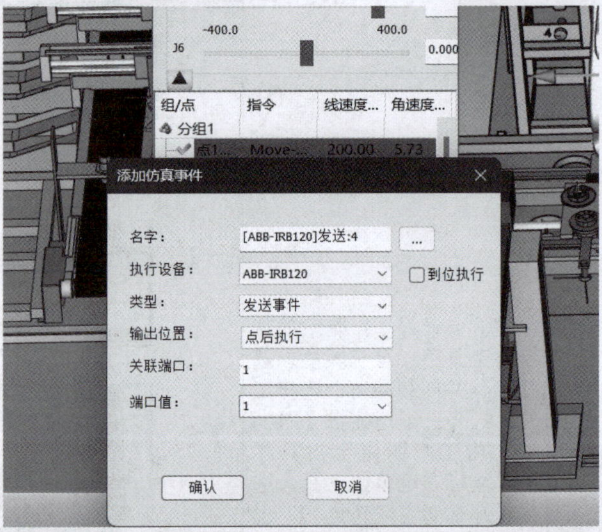 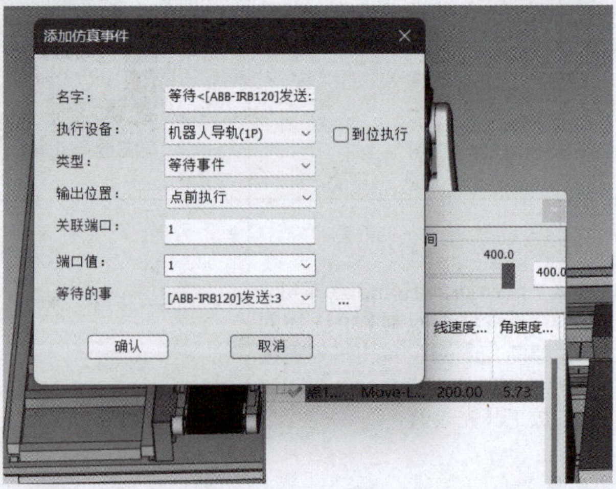

3. 仿真调试

仿真调试步骤如表 7－9 所示。

表 7－9　仿真调试步骤

步骤	操作内容	图示
步骤 1	仿真调试。仿真调试轨迹，确保无不可达点、轴超限点及奇异点	
步骤 2	单击【文件】下的【保存】按钮，保存项目	
步骤 3	将 CHL－KH11（ABB）自动化生产线流程仿真输出动画到云端，复制链接在网页上查看。同时还可以将自己的动画作品分享到作品墙	

任务评价

任务评价如表 7－10 所示。

表 7-10　任务评价

序号	评分扣分项	分值	打分	备注
1	搭建工作站	20 分		
2	取工具	10 分		
3	仓储推出	10 分		
4	取轮毂	15 分		
5	放轮毂	15 分		
6	放工具	10 分		
7	回原点	10 分		
8	综合素质	10 分		
7	仿真调试时出现异常点位、报错	-2 分/处		扣分项
总分				

附录

PQArt 快捷键及专业术语

1. PQArt 快捷键使用方法

PQArt 可操作的快捷键主要是用来切换整个平面的观察视角、显示/隐藏世界坐标系、开关三维球以及保存文件等，如附表 1－1 所示。

附表 1－1　PQArt 快捷键的作用

快捷键名称/操作	快捷键作用
按住滚轮	切换整个平面观察视角
滚轮＋Shift	鼠标变成 ⇦⇧⇨⇩，可拖动整个平面
A	显示/隐藏世界坐标系
F10	开关三维球
空格	取消/恢复三维球关联
F8	调整所有模型到视野中心
Crtl＋S	保存当前工程文件
Crtrl＋Z	撤销
Crtrl＋Y	恢复
Crtrl＋N	新建
Crtrl＋O	打开文档
0	将当前视向设置为轴侧图
1	将当前视向设置为前视图

续表

快捷键名称/操作	快捷键作用
2	将当前视向设置为顶视图
3	将当前视向设置为右视图
4	将当前视向设置为后视图
5	将当前视向设置为底视图
6	将当前视向设置为左视图

2. PQArt 专业术语

PQArt 专业术语如附表 1－2 所示。

附表 1－2　PQArt 专业术语

专业术语	图示	说明
工件校准	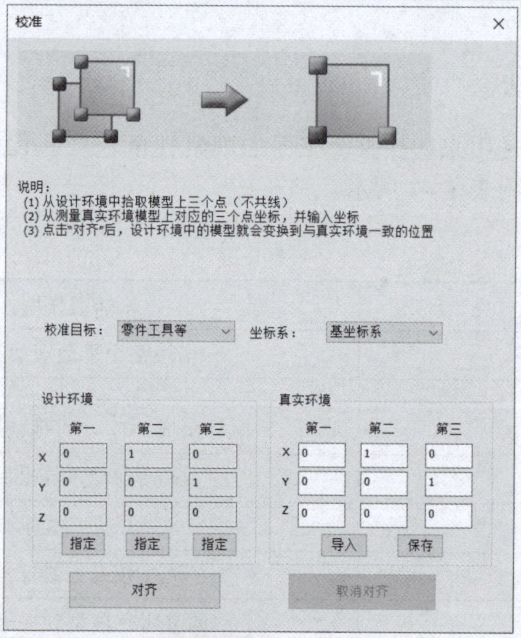	对工件的位置进行校准，保证在 PQArt 搭建的模拟工作站中机器人与工件的相对位置与真实环境中保持一致
外部工具	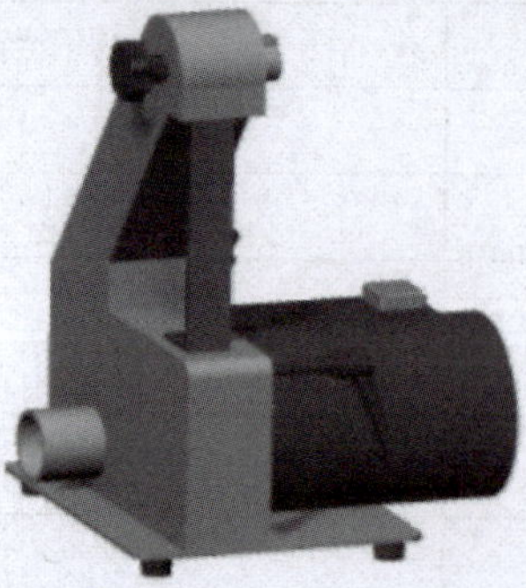	没有安装在机器人上的工具，如砂轮、抛光机等

续表

专业术语	图示	说明
法兰工具		安装在机器人法兰盘上的工具
快换工具	机器人侧用 工具侧用	由机器人侧用和工具侧用组成。机器人侧用指的是与机器人法兰盘连接的工具，工具侧用指的是与法兰工具连接的工具。当机器人需要完成两种及以上的任务时，通过快换工具可以快速更换工具，而不用从法兰盘上拆下工具，省时省力
TCP 点	TCP0	全称 Tool Center Position，即工具中心点、工具工作的点

续表

专业术语	图示	说明
CP 点	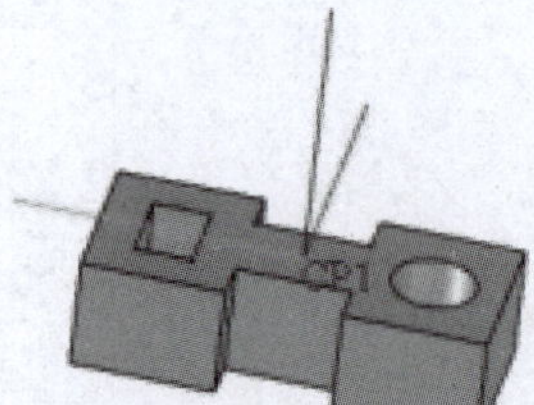	CP 点为安装点、抓取点。具体来说，CP 是工具侧用安装到机器人侧用上的安装点，同时也是零件上被工具抓取的抓取点
FL 点	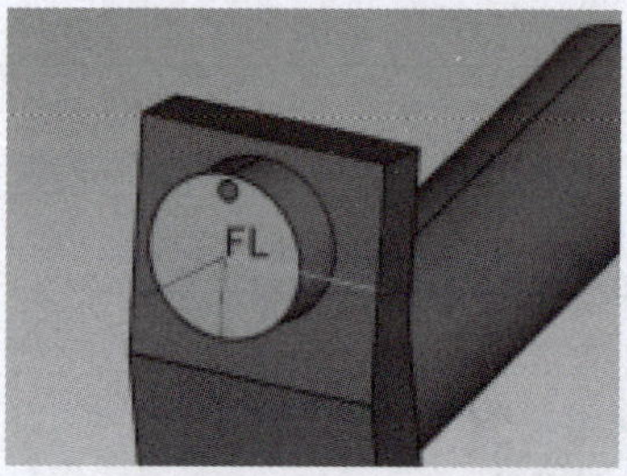	FL 点即法兰工具与机器人法兰盘的相接点，也可理解为法兰工具的安装点
RP 点		RP 点为放开点，一般是工作台上放开零件的点
POS 点	 	PQArt 中的 POS 点有两个作用：一是机器人的过渡点，即安全点，用于优化机器人的运动路径，让机器人避免发生碰撞；二是零件的驱动点，生成零件的驱动轨迹

续表

专业术语	图示	说明
步长		相邻两个轨迹点之间的距离，单位为 mm
后置		即生成后置代码，将代码复制到示教器，实现机器人的真机运行
机械零点		机器人出厂时厂家设定的机器人初始状态（关节角度值不一定为 0，如 KUKA 机器人处于机械零点时，J2 为 –90，J3 为 90）
世界坐标系		整个环境界面的坐标系，多数情况下位于机器人足部
基坐标系		固定在机器人足内，用来说明机器人在世界坐标系中的位置。 用于表明工件或者工装在世界坐标系中的位置（基坐标系显示相对于世界坐标系，数据计算相对于机器人坐标系）

续表

专业术语	图示	说明
工具坐标系	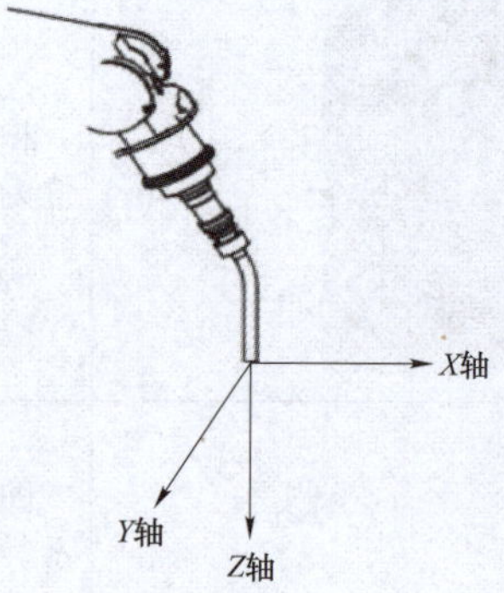	即工具中心点，简称 TCP 点，可自由定义
法兰坐标系	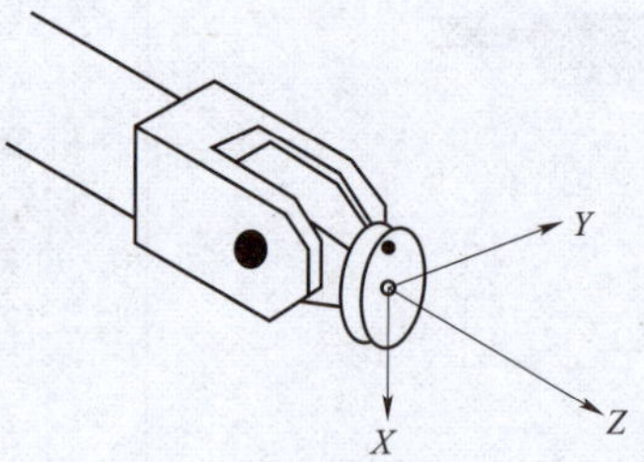	固定于机器人的法兰盘上，是工具的装夹原点（一般常见的法兰坐标系都是 Z 轴朝外，X 轴朝下）
工件坐标系	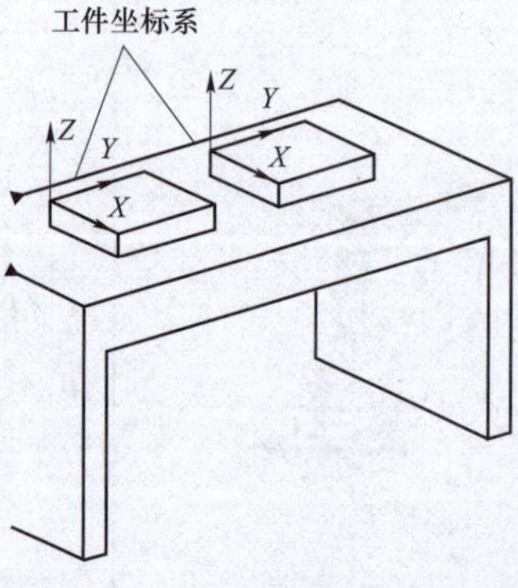	机器人可以拥有若干工件坐标系，或者表示不同工件，或者表示同一工件在不同位置的若干副本
工作单元	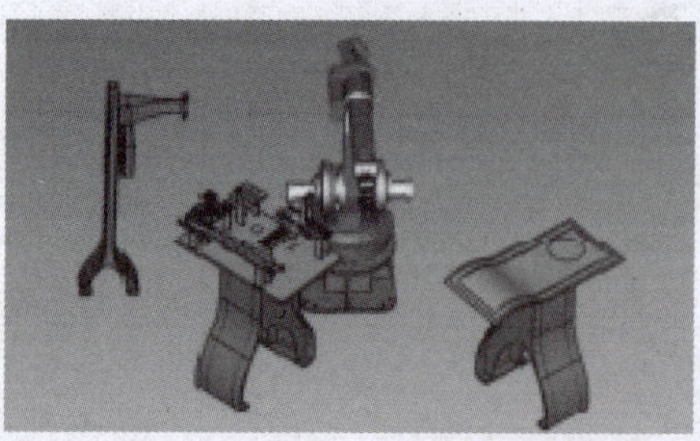	工作单元是包含机器人、工具、零件、状态机等设备的一个系统，既可以是完整的工作站，也可以是单独的某个模型。设置工作单元方便统一管理

续表

专业术语	图示	说明
状态机		只有几种特定状态的机构
串联型 运动机构		指的是组成机构的各部分零部件，通过移动关节（简称 P）或旋转关节（简称 R），首尾相连，形成的一个串联型、非闭环构造形式
仿真事件	添加仿真事件 名字：[ABB-IRB120]发送:0 执行设备：ABB-IRB120　到位执行 类型：发送事件 输出位置：点后执行 关联端口：1 端口值：1 确认　取消	仿真事件即在轨迹点上添加的事件指令，包括抓取、等待、放开、停止事件等，通过端口匹配来发送与接收信号，从而控制机器人的运动
外部轴		指的是与机器人法兰相连的外部串联型运动机构，本质是一种可变位姿的工具。安装这种可变位姿的工具，相当于给机器人增加了关节数；外部轴受机器人的触发信号控制

参 考 文 献

［1］北京华航唯实机器人科技股份有限公司．PQArt“入门必读”及“历年更新说明”［EB/OL］. https://art.pq1959.com/s/i.

［2］北京华航唯实机器人科技股份有限公司．PQArt 使用手册［EB/OL］．https://art.pq1959.com/s/E.

［3］陈维鹏．智能生产线数字化集成与仿真［M］．北京：北京理工大学出版社，2022.

［4］郝建豹，林子其．工业机器人技术虚拟仿真实践教学体系构建［M］．广州：华南理工大学出版社，2021.

［5］陈孟元．智能制造产线建模与仿真 ER-Factory 从 0 到 1［M］．北京：机械工业出版社，2021.